Research on *Taiwania cryptomerioides* in Leigong Mountain

雷公山秃杉研究

杨少辉　谢镇国 ▣ 主　编

余永富　唐秀俊　余德会 ▣ 副主编

中国林业出版社

China Forestry Publishing House

图书在版编目(CIP)数据

雷公山秃杉研究 / 杨少辉，谢镇国主编. —北京：
中国林业出版社，2019.12

ISBN 978-7-5219-0403-1

Ⅰ.①雷…　Ⅱ.①杨…　②谢…　Ⅲ.①秃杉-研究
Ⅳ.①S791.28

中国版本图书馆 CIP 数据核字(2019)第 284568 号

中国林业出版社·自然保护分社(国家公园分社)
策划编辑：刘家玲
责任编辑：刘家玲　葛宝庆

出版	中国林业出版社(100009　北京市西城区德内大街刘海胡同 7 号)
	http://www.forestry.gov.cn/lycb.html　电话：(010)83143519　83143612
印刷	北京中科印刷有限公司
版次	2019 年 12 月第 1 版
印次	2019 年 12 月第 1 次
开本	787mm×1092mm　1/16
印张	16
彩插	48P
字数	370 千字
定价	120.00 元

《雷公山秃杉研究》
编辑委员会

专家顾问：冉景丞　张华海　谢双喜　安明态

主　　任：杨少辉

副 主 任：岑应辉　龙圣勇

主　　编：杨少辉　谢镇国

副 主 编：余永富　唐秀俊　余德会

编　　委：王子明　王加国　龙圣勇　龙飞鸣　伍铭凯　杨少辉

　　　　　杨汉远　杨胜国　岑应辉　余永富　余德会　李　宁

　　　　　陈绍林　和正军　段绍忠　唐秀俊　唐邦权　袁丛军

　　　　　谢镇国　潘成坤

研究人员：

杨少辉　贵州雷公山国家级自然保护区管理局　　局长

张　旋　贵州雷公山国家级自然保护区管理局　　原副局长、高级工程师

岑应辉　贵州雷公山国家级自然保护区管理局　　原副局长

谢镇国　贵州雷公山国家级自然保护区管理局　　研究员

余永富　贵州雷公山国家级自然保护区管理局　　高级工程师

唐秀俊　贵州雷公山国家级自然保护区管理局　　高级工程师

余德会　贵州雷公山国家级自然保护区管理局　　工程师

王定江　黔东南州林业科学研究所　研究员

王子明　贵州雷公山国家级自然保护区管理局　　高级工程师

唐邦权　贵州雷公山国家级自然保护区管理局　　高级工程师

杨学义　黔东南州林业局　研究员

王　英　贵州雷公山国家级自然保护区管理局　　工程师

王　彪　贵州雷公山国家级自然保护区管理局　　助理工程师

毛家福　贵州雷公山国家级自然保护区管理局　　森林公安局大队长

文昌学　贵州雷公山国家级自然保护区管理局　　工程师

朱跃宏　贵州雷公山国家级自然保护区管理局　　森林公安局副局长

伍铭凯　黔东南州林业科学研究所　高级工程师

李　扬　贵州雷公山国家级自然保护区管理局　　工程师

李兴春　贵州雷公山国家级自然保护区管理局　工程师

李　莉　贵州雷公山国家级自然保护区管理局　工程师

李家鑫　贵州雷公山国家级自然保护区管理局　森林公安局教导员

李　萍　贵州雷公山国家级自然保护区管理局　工程师

李登江　贵州雷公山国家级自然保护区管理局　助理工程师

杨汉远　黔东南州林业科学研究所　研究员

杨秀钟　黔东南州林业科学研究所　高级工程师

杨绍军　贵州雷公山国家级自然保护区管理局　工程师

杨绍勇　贵州雷公山国家级自然保护区管理局　工程师

杨绍琼　贵州雷公山国家级自然保护区管理局　工程师

杨胜国　贵州雷公山国家级自然保护区管理局　工程师

吴必锋　贵州雷公山国家级自然保护区管理局　工程师

吴秀能　贵州雷公山国家级自然保护区管理局　森林公安局所长

吴昌鞠　贵州雷公山国家级自然保护区管理局　助理会计师

吴群芳　贵州雷公山国家级自然保护区管理局　工程师

张世玲　贵州雷公山国家级自然保护区管理局　工程师

张世琼　贵州雷公山国家级自然保护区管理局　工程师

张有文　贵州雷公山国家级自然保护区管理局　副科长

张　林　贵州雷公山国家级自然保护区管理局　森林公安局副局长

张前江　贵州雷公山国家级自然保护区管理局　工程师

张艳莉　黔东南州林业局　工程师

陆代辉　贵州雷公山国家级自然保护区管理局　原副站长

陈绍林　湖北星斗山国家级自然保护区管理局　高级工程师

邰正光　贵州雷公山国家级自然保护区管理局　站长

杨胜军　贵州雷公山国家级自然保护区管理局　工程师

杨胜国　贵州雷公山国家级自然保护区管理局　工程师

邰昌德　贵州雷公山国家级自然保护区管理局　森林公安局原教导员

和正军　云南高黎贡山国家级自然保护区贡山管护局　工程师

胖　立　云南高黎贡山国家级自然保护区贡山管护局　技术员

金应洪　贵州雷公山国家级自然保护区管理局　助理工程师

胡　窦　贵州雷公山国家级自然保护区管理局　助理工程师

段绍忠　云南高黎贡山国家级自然保护区腾冲管理局　副局长

姜　山　贵州雷公山国家级自然保护区管理局　助理工程师

姜国华　贵州雷公山国家级自然保护区管理局　助理工程师

侯德华　贵州雷公山国家级自然保护区管理局　工程师

洪小平　贵州雷公山国家级自然保护区管理局　技术员

顾先锋　贵州雷公山国家级自然保护区管理局　工程师

顾梓纯　　剑河县森林公安局　　干警
姚伦贵　　贵州雷公山国家级自然保护区管理局　　工程师
黄　松　　贵州雷公山国家级自然保护区管理局　　助理工程师
梁　芬　　贵州雷公山国家级自然保护区管理局　　工程师
梁　英　　贵州雷公山国家级自然保护区管理局　　工程师
谢　丹　　贵州雷公山国家级自然保护区管理局　　助理工程师
廖　佳　　贵州雷公山国家级自然保护区管理局　　助理工程师
潘成坤　　贵州雷公山国家级自然保护区管理局　　工程师
潘红英　　贵州雷公山国家级自然保护区管理局　　工程师
袁　明　　贵州雷公山国家级自然保护区管理局　　工程师
王兴祥　　贵州雷公山国家级自然保护区管理局　　森林公安局政委
潘秀芬　　贵州雷公山国家级自然保护区管理局　　工程师
袁继林　　黔东南州林业局　　高级工程师
潘　俊　　贵州雷公山国家级自然保护区管理局　　助理工程师
陆代英　　贵州雷公山国家级自然保护区管理局　　助理工程师
杨宗才　　贵州雷公山国家级自然保护区管理局　　工程师
阳永富　　贵州雷公山国家级自然保护区管理局　　原站长
李小海　　贵州雷公山国家级自然保护区管理局　　工程师
付梓源　　贵州雷公山国家级自然保护区管理局　　助理工程师
王　越　　贵州雷公山国家级自然保护区管理局　　助理工程师
王再艳　　贵州雷公山国家级自然保护区管理局　　助理工程师
张文洪　　广西苍梧县国有天洪岭林场　　站长、助理工程师
吴芳明　　黎平县自然资源局　　高级工程师
杜华东　　贵州省龙里林场　　高级工程师
黄金华　　福建省洋口国有林场　　副场长、教授级高工
石　磊　　贵州梵净山国家级自然保护区管理局　　高级工程师
王加国　　贵州省山地资源研究所　　工程师
袁丛军　　贵州省林业调查研究院　　工程师
李　鹤　　贵州省林业调查研究院　　工程师

图片提供：谢镇国　余德会　余永富　龙圣勇　张文洪　吴芳明
　　　　　杜华东　李　萍　黄金华　石　磊

序 言

　　雷公山国家级自然保护区(以下简称"雷公山自然保护区")位于贵州省黔东南州雷山、台江、剑河、榕江四县交界处，地处长江水系和珠江水系的分水岭地带，是构成清水江和都柳江主要支流的发源地和水源补给区，也是长江水系和珠江水系水资源的重要维持者。雷公山自然保护区于1982年6月经贵州省人民政府批准建立，2001年6月经国务院批准晋升为国家级自然保护区，2007年11月加入中国人与生物圈保护区网络。保护区最高海拔2178.8m，最低海拔650m，总面积47300hm^2，林地面积44939.18hm^2，森林覆盖率92.18%，活立木总蓄积410.23万m^3。区内生物资源丰富，已经鉴定的各类生物种类5147种，其中：高等植物2593种，动物2291种，大型真菌263种，列为国家一、二级重点保护野生动植物共有67种。雷公山自然保护区是以保护秃杉等珍稀生物为主的自然资源，具有综合经营效益的亚热带山地森林生态系统类型的自然保护区。区内秃杉是目前国内(大陆)仅有3个天然秃杉群落分布区域中面积最大、数量最多、保存最完整、原生性最强的一处，是重要的天然秃杉林研究基地。

　　秃杉(*Taiwania cryptomerioides*)，又称土杉、台湾杉等，为杉科台湾杉属植物，是分布在中亚热带季风气候区的一种常绿大乔木，属我国特有种和国家二级保护树种。秃杉起源古老，为第三纪古热带植物区系子遗植物，为世界上的稀有珍贵树种。由于受第四纪冰期影响，主要间断分布在云南西部怒江流域的贡山、澜沧江流域的兰坪，湖北西部的利川、毛坝，贵州东南部的雷公山，以及台湾中央山脉、阿里山、玉山及太平山，缅甸北部亦有少量残存。秃杉树形高大挺拔、干形通直，高可达30~90m，树冠长卵形，树叶浓密翠绿，树姿端庄挺秀，无论近观还是远望，在深山密林中都给人以"万木之王"之感。秃杉既是珍贵优良的速生丰产用材树种，也是优良的庭园、道路、园林绿化树种。秃杉作为雷公山旗舰物种，是雷公山自然保护区最主要的特色和首要的保护对象。在积极保护的基础上，开展对雷公山秃杉及秃杉林的研究，特别是对该地区的古气候、古生物、古地质和历史植物区系的演变等研究，具有重要的科学价值。

雷公山自然保护区建立30多年来，省内外专家学者到雷公山自然保护区开展秃杉生物学、生态学、引种育苗造林等诸多方面的研究。在1985年雷公山自然保护区科学考察时，专家对秃杉资源进行了一次初步的调查。2005—2006年开展生物多样性研究本底调查中，雷公山自然保护区管理局又对雷公山保护区的秃杉天然林和散生植株以及人工林进行了较为详细的调查研究。特别是近年来，雷公山自然保护区管理局在秃杉资源量调查分析、种子常规育苗、容器营养袋育苗、秃杉生境维护、秃杉生境对比、人工促进天然更新、秃杉天然更新演替规律、秃杉人工林林分生长规律等开展了较为详细的研究。雷公山自然保护区管理局组织科研团队，经过两年多的艰苦努力，撰写了《雷公山秃杉研究》专著。值此专著出版之际，对各科研单位、大专院校及各位专家、学者、科技人员的辛勤付出表示崇高的敬意和衷心的感谢！同时，这本专著的出版，将为广大林业科技人员和秃杉研究工作者献上一份较为集中翔实的参考资料，为科学合理保护、发展和利用这一宝贵的珍稀物种资源发挥不可估量的作用。

2019 年 10 月 19 日

目 录

第1章
保护区概况及秃杉资源

雷公山国家级自然保护区（以下简称"雷公山自然保护区"）位于贵州省东南部苗岭主峰雷公山区，跨雷山、台江、剑河、榕江四县。其地理位置在北纬 26°15′~26°22′，东经 108°09′~108°22′。主峰雷公山顶海拔 2178.8m，也是黔东南最高山峰，属长江和珠江流域分水岭，是清水江和都柳江水系主要支流的发源地，区内居住总人口约 1.2 万人，苗族占 90%。

雷公山自然保护区于 1982 年 6 月经贵州省人民政府批准建立，2001 年 6 月经国务院批准晋升为国家级自然保护区，2007 年加入中国"人与生物圈"保护网络。保护区总面积 47300hm²，林地面积为 44939.18hm²，其中乔木林地面积 43065.39hm²，竹林地面积 20.86hm²，灌木林地面积 1604.68hm²，其他林地面积 248.25hm²，森林覆盖率 92.18%，活立木蓄积 410.23 万 m³。

雷公山自然保护区是以保护秃杉（*Taiwania cryptomerioides*）等珍稀生物为主的自然资源，具有综合经营效益的亚热带山地森林生态系统类型自然保护区。雷公山自然保护区较好地保存了中亚热带森林生态系统的原始面貌，是难得的科研教学基地。

1.1 保护区概况

1.1.1 自然地理

1.1.1.1 地质地貌

雷公山自然保护区在大地构造上属扬子准地台东部江南台隆主体部分的雪峰迭台拱，地层由下江群浅变质的海相碎屑岩组成。岩性主要为灰色板岩、粉砂质板岩、夹变余砂岩和变余凝灰岩；下部有千枚状钙质板岩和团块状大理岩；中上部有大量复理石韵律发育良好的凝灰岩。这类岩石的塑性极强，抗压强度及弹性模数较小，易于风化，难以产生裂隙，在地貌上形成缓坡、丘陵。在水理性质上，不仅是良好的隔水层，且其靠近地表的分化裂隙带十分浅薄，易于封闭，富水性极弱。然而，经过区域变质作用之后，风化裂隙带发育良好，浅层地下水极为丰富，利于绿色植物生长发育。

雷公山复式背斜组成区域构造的主体,轴向呈北北东向,由若干次级背斜及向斜组成,自东向西有迪气背斜、雷公坪向斜及新寨背斜等。雷公山地形高耸,山势脉络清晰,地势西北高、东南低,主山脊自东北向西南呈"S"形状延伸,主峰海拔2178.8m,主脊带山峰一般大于1800m,两侧山岭海拔一般小于1500m。位于雷公山东侧的小丹江谷地海拔650m,是本区最低的地带。该区河流强烈切割,地形高差一般大于1000m。

1.1.1.2 水文

雷公山自然保护区地处清水江和都柳江的分水岭高地,地形高差大,降水量充沛,地表水文网密集,河流坡降陡且基流量大,水力资源十分丰富,大于8km的河流有10条,最长的巫迷河22.5km,其次是毛坪河18.8km,全区水能蕴藏量在10221kW以上。

雷公山区水文地质结构独特,水文地质条件复杂,水资源的贮存富集条件特殊,大气降水、地表水及地下水循环交替环境比较和谐。雷公山变质岩区域岩石表层构造风化裂隙含水均匀而丰富,地下水埋藏浅,径流排泄缓慢,下部不透水带阻水作用强烈,且造成地下水排泄基准面高,水资源极为丰富。

保护区变质岩区域水文地质特征是岩石表层构造风化裂隙极为发育,在沿地球表面下一定深度范围内,开拓出一个构造风化网状裂隙含水带,构成独特的顶托型水文地质结构,其含水均匀而丰富,地下水埋藏浅,径流排泄缓慢;不透水带阻水作用强烈,且造成地下水排水基准面高,迫使构造风化裂隙带的地下水几乎全部以分散流的形式排泄出地表,使广大地面经常保持湿润状态。

区内地下水的长期观测资料和实地调查,区内水资源总量(地下水和地表水)为每年183731万m^3,其中地下水资源为37382万m^3,是贵州省水资源最丰富的地区之一,为动植物的生存和发展提供了良好的条件。

1.1.1.3 气候

雷公山区地理纬度较低,太阳高度角较大,但由于云雾多,阴雨天频率大,日照较少,全年太阳总辐射值仅为3642.5~3726.3MJ/m^2,比同纬度其他地区少,处在全国低值区内。

雷公山地区属中亚热带季风山地湿润气候区,具有冬无严寒、夏无酷暑、雨量充沛的气候特点。最冷月(1月)平均气温山顶-0.8℃,山麓4~6℃;最热月(7月)山顶17.6℃,山麓23~25.5℃;年平均气温山顶9.2℃,山麓14.7~16.3℃。日均温≥10℃的持续日数,山麓为200~239天,山顶仅为158天;≥10℃积温,山麓4200~5000℃,山顶仅为2443℃。雷公山地区气候的垂直差异明显和坡向差异显著。年平均气温直减率为0.46℃/100m。冬季,东坡、北坡气温较西坡、南坡低;夏季,西坡、北坡气温较东坡、南坡高。

雷公山地区雨量较多,年降水量大致在1300~1600mm之间,并以春、夏季降水较多,而秋、冬季降水较少。4~8月各月降水量均在150mm以上,其中降水集中的5~7月,各月降水量均在200mm以上。由于雷公山光、热、水资源丰富,气候类型多样,为多种多

样的生物物种生长发育提供了良好的生态环境。

1.1.1.4 土壤类型及分布

山地黄壤是保护区分布最广泛的土壤，土壤母质主要由粉沙质板岩风化而成。由于区内相对高差较大，影响土壤形成的气候、植被等因素随海拔高度的变化而出现明显差异，土壤种类分布表现出明显的垂直分布。

① 海拔 700~1400m，主要为山地黄壤，是本区分布面积最大，利用价值最高的一类土壤。土体呈黄色，表层为灰棕色，质地多为壤土，有机质含量较高，土壤呈酸性反应，pH 4.5~5.6。

② 海拔 1400~2000m，为山地黄棕壤。可分为两个亚类，即山地森林黄棕壤和山地生草黄棕壤。土壤呈黄棕色或棕黄色，土层厚度多数达 60~80m，比山地黄壤肥力高，全剖面呈强酸性至酸性反应，表层 pH 4.37~5.19。

③ 海拔 1700~1900m，在山顶封闭的洼地上分布着山地沼泽土，如大、小雷公坪及黑水塘等地。土壤的主要特征是：在长期滞留水和沼泽植物生长下，土壤中进行着强烈的还原过程，有机物质不能进行很好的分解，形成泥炭质物质，土体呈黑棕色，整个土层有机质含量高达到 25% 以上，属有机质土类，pH 5.0~6.0。

④ 海拔 2000~2100m，主要分布山地灌丛草甸土，地处山顶部位。土壤风化度较弱，土层极薄，仅有 20~30cm，心土层发育不明显，但表层养分含量较高，有机质达 13.14%~24.5%。土体呈灰黄色或暗灰黄色，土壤显示酸性反应，pH 4.5~5.5。该土壤是处于水的强烈作用和较低温度条件下形成的。

总之，本区土壤蓄水能力较强，有机质含量高，土层深厚、土质疏松、质地良好，土体湿润，土壤有机质含量达 5% 以上，腐殖质层厚度大多在 15~20cm，肥力水平高，适宜秃杉、杉木等多种植物的生长（周政贤等，1989）。

1.1.2 生物资源

雷公山自然保护区以其优越的地理位置，得天独厚的水、热、土等自然条件，加之地史上未受第四纪冰川侵袭，成为许多古老孑遗生物的避难所。随着保护区管理局进一步加强管理，使森林植被得到恢复，生物多样性得到有效保护，资源数量得到快速增长。现区内已经鉴定的各类生物 5147 种，其中动物 2291 种，列为国家重点保护的有动物 35 种，贵州新记录 202 种，中国新记录 20 种，3 个新属，172 个新种，166 个特有种；高等植物 2593 种，列为国家重点保护的有 32 种，省级重点保护 22 种，列入《濒危野生动植物种国际贸易公约（附录Ⅱ）》74 种，贵州新记录 2 属 34 种，雷公山特有种 10 种；大型菌物有 263 种。

1.1.2.1 森林植物资源

（1）森林植被

雷公山植被类型属典型的地带性植被，森林植被属我国中亚热带东部偏湿性常绿阔叶林，主要组成树种是以栲属（*Castanopsis*）、木莲属（*Manglietia*）、木荷属（*Schima*）为主。雷公山山体高大，区内最高海拔达 2178.8m，最低海拔 650m，相对高差在 1500m 以上。1400m 以下地区是地带性常绿阔叶林，随着地势上升，气候、土壤均发生变化，在 1300~1800m，植被常绿成分逐渐减少，变为以青冈（*Cyclobalanopsis glauca*）、桂南木莲（*Manglietia chingii*）、水青冈（*Fagus longipetiolata*）、光叶水青冈（*F. lucida*）为主的常绿落叶阔叶混交林。1850~2100m 之间，落叶树如樱（*Cerasus* sp.）、湖北海棠（*Malus hupehensis*）、白辛树（*Pterostyrax psilophyllus*）、五裂槭（*Acer oliverianum*）等树种占优势，且由于湿度大和地形因素，树干矮化，苔藓植物发育，出现山顶苔藓矮林。2100m 以上气温低、大风频繁，云雾笼罩时间长，植被表现为杜鹃（*Rhododendron* sp.）、箭竹（*Sinarundinaria* sp.）灌丛。

雷公山植被类型非常丰富，据调查保护区内共有森林植被 20 种类型，分布在不同的海拔高度上。1400m 以下主要有：以甜槠+丝栗栲（Form. *Castanopsis eyrei* +*C. fargesii*）为主的常绿阔叶林，短尾柯（Form. *Lithocarpus brevicaudatus*）为主的常绿阔叶林，亮叶桦+响叶杨+化香树（Form. *Betula luminifera*+*Populus adenopoda*+*Platycarya strobilacea*）为主的落叶阔叶林，枫香树林（Form. *Liquidambar formosana*），马尾松+亮叶桦林（Form. *Pinus massoniana*+*Betula luminifera*），马尾松林（Form. *Pinus massoniana*），杉木林（Form. *Cunninghamia lanceolata*），秃杉林（Form. *Taiwania cryptomerioides*），白栎+狭叶南烛灌丛（Form. *Quercus fabri*+*Lyonia ovalifolia* var. *lanceolata*）。1400~1850m 范围内主要有：银木荷为主的常绿阔叶林（Form. *Schima argentea*），水青冈+光叶水青冈+多脉青冈林（Form. *Fagus longipetiolata*+*F. lucida*+*Cyclobalanopsis multinervis*），湖北海棠林（Form. *Malus hupehensis*），华山松林（Form. *Pinus armandii*），紫柳+水马桑+圆锥绣球灌丛（Form. *Salix wilsonii*+*Weigela japonica* var. *sinica*+*Hydrangea paniculata*），芒+毛秆野古草灌草丛（Form. *Miscanthus sinensis*+*Arundinella hirta*），白茅灌草丛（Form. *Imperata cylindrica*），泥炭藓沼泽（Form. *Sphagnum* sp.）。1850~2100m 内主要有樱+小叶白辛树为主的落叶阔叶林（Form. *Cerasus* sp. +*Pterostyrax corymbosus*）。2100m 以上主要有：大白杜鹃+箭竹灌丛（Form. *Rhododendron decorum*+*Sinarundinaria* sp.），箭竹灌丛（Form. *Sinarundinaria* sp.）。

（2）植物资源

雷公山自然保护区森林植物资源多样性相当丰富。现已鉴定查明区内有高等植物 2593 种，分属 279 科 955 属，其中种子植物有 178 科 722 属 1973 种，苔藓植物 59 科 142 属 353 种，蕨类植物 42 科 91 属 267 种。贵州新记录 36 种，雷公山新分布 41 种。自然分布的国家一、二级重点保护野生植物 32 种；贵州省级保护 22 种；雷公山特有的 10 种；列为《濒危野生动植物种国际贸易公约（附录Ⅱ）》的兰科植物 30 属 65 种，大戟科大戟属（*Euphorbia*）9 种。

大型菌物有 50 科 112 属 263 种。

① 国家重点保护野生植物：雷公山自然保护区国家重点保护野生植物珍稀植物 32 种，属 1999 年国务院批准发布的《国家重点保护野生植物名录（第一批）》国家级保护植物

33 种，其中国家一级重点保护野生植物有红豆杉（*Taxus chinensis*）、南方红豆杉（*T. chinensis* var. *mairei*）、伯乐树（*Bretschneidera sinensis*）、异形玉叶金花（*Mussaenda anomala*）等 4 种；国家二级重点保护野生植物有柔毛油杉（*Keteleeria pubescens*）、黄杉（*Pseudotsuga sinensis*）、秃杉（*Taiwania cryptomerilides*）、金叶秃杉（*T. cryptomerilides* 'Auroifolia'）、福建柏（*Fokienia hodginsii*）、翠柏（*Calocedrus macrolepis*）、鹅掌楸（*Liriodrndron chinense*）、闽楠（*Phoebe bournei*）、花榈木（*Ormosia henryi*）、水青树（*Tetracentron sinense*）、半枫荷（*Semiliquidambar cathayensis*）、马尾树（*Rhoiptelea chiliantha*）、香果树（*Emmenopterys henryi*）等 28 种。

② 贵州省重点保护植物：铁坚油杉（*Keteleeria davidiana*）、铁杉（*Tsuga chinensis*）、三尖杉（*Cephalotaxus fortunei*）、粗榧（*C. sinensis*）、穗花杉（*Amentotaxus argotaenia*）、天女木兰（*Magnolia sieboldii*）、桂南木莲、红色木莲（*Manglietia insignis*）、深山含笑（*Michelia maudiae*）、阔瓣含笑（*Michelia platypetlata*）、乐东拟单性木兰（*Parakmeria lotungensis*）、川桂（*Cinnamomum wilsonii*）、紫楠（*Phoebe sheareri*）、檫木（*Sassafras tzumu*）、小叶红豆（*Ormosia microphylla*）、白辛树、木瓜红（*Rehderodendron macrocarpum*）、刺楸（*Kalopanax septemlobus*）、马蹄参（*Diplopanax stachyanthus*）、华南桦（*Betula austrosinensis*）、青钱柳（*Cyclocarya paliurus*）、瘿椒树（*Tapiscia sinensis*）等 22 种。

③ 贵州特有种在雷公山的分布种：贵州榕（*Ficus guizhouensis*）、长柱红山茶（*Camellia longistyla*）、长毛红山茶（*C. polyodonta*）、榕江茶（*C. yungkiangensis*）、短尾杜鹃（*Rhododendron brevicaudatum*）等 23 种。

④ 雷公山特有种：金叶秃杉、苍背木莲（*Manglietia glaucifolia*）、凯里石栎（*Lithocarpus levis*）、雷山瑞香（*Daphne leishanensis*）、雷山瓜楼（*Trichosanthes leishanensis*）、长柱红山茶、凯里杜鹃（*Rhododendron kailiense*）、雷山杜鹃（*R. leishanicum*）、凸果阔叶槭（*Acer amplum* var. *convexum*）、雷公山槭（*A. legongsanicum*）等 10 种。

1.1.2.2　森林动物资源

雷公山自然保护区的野生动物资源相当丰富，已经鉴定的有 53 目 280 科 2291 种，其中兽类有 8 目 23 科 53 属 67 种；鱼类有 4 目 10 科 30 属 35 种；两栖类有 2 目 8 科 37 种；爬行类有 3 目 10 科 33 属 61 种；鸟类 14 目 31 科 186 种；昆虫有 22 目 194 科 1114 属 1879 种（包括蜘蛛类）；寡毛类 4 科 5 属 26 种。

在雷公山野生动物中国家一级保护的有白颈长尾雉（*Syrmaticus ellioti*）、云豹（*Neofelis nebulosa*）、金钱豹（*Panthera pardus*）、林麝（*Moschus berezovskii*）4 种；二级保护的有鸳鸯（*Aix galericulata*）、白鹇（*Lophura nycthemera*）、红腹锦鸡（*Chrysolophus pictus*）、猕猴（*Macaca mulatta*）、黑熊（*Selenarctos thibetanus*）、大灵猫（*Viverra zibetha*）、大鲵（*Andrias davidianus*）、细痣疣螈（*Tylototriton asperrimus*）、滑鼠蛇（*Ptyas mucosus*）、眼镜蛇（*Naja naja*）、眼镜王蛇（*Ophiophagus hannah*）等 31 种及 110 余种珍稀濒危物种（张华海等，2007）。

1.1.3 自然景观

雷公山优越的地理位置和得天独厚的自然条件，形成了雷公山山体庞大，高耸入云，原始植被垂直分布明显，山清水秀，四季清泉涓涓，瀑布相叠，深潭浅滩相映，动水静树，奇石相立的山水画卷和变化万千、令人叹为观止的云雾蒸腾、冰雪皑皑、雾凇茫茫、晚霞多彩、佛光绚丽的动人画面。

总之，雷公山以丰富、集中、面广的原始森林为基础，以千姿百态的自然景观，神奇茂密的原始植被，清爽宜人的高山气候，珍稀罕见的生物种群，绚丽多彩的真山真水为特色，以独具特色的苗乡梯田、苗寨吊脚楼和多姿多彩的民族风情为底蕴，景观齐全，特色鲜明，神秘奇特，具有极高的旅游观赏价值，是旅游观光、休闲避暑和科研考察的理想场所。

1.1.4 社会经济状况

1.1.4.1 行政区域和人口

雷公山自然保护区地跨雷山、台江、剑河、榕江4县10个乡（镇），管理局设在雷山县城，涉及45个村，区内及周边有30323人，苗族占98%，其中缓冲区966人，实验区11466人，周边17891人。

1.1.4.2 社会经济状况

保护区及周边社区均以农业生产为主，区内有耕地面积963.3hm²，占全区总面积的2%，人均耕地面积0.08hm²，其中：田735.6hm²，土227.7hm²，耕地中坡耕地占23.6%，粮食平均单产256kg，人均口粮550kg，人均纯收入6601元（方祥乡），经济上仍处于自然封闭的小农经济状态，粮食作物以水稻、玉米和马铃薯为主，经济作物有茶（*Camellia sinensis*）、厚朴（*Magndia officinalis*）、杜仲（*Eucommia ulmoides*）和天麻（*Gastrodia elata*）等，是贵州省乃至全国最为贫困的地区之一。

目前保护区内共有中小学17所，教师339人，中小学生4118人，医疗卫生机构24处，医务人员62人，医疗床位55个，均为乡卫生院或村卫生室。

1.2 秃杉资源

1.2.1 雷公山秃杉在全国的地位及作用

秃杉是一种大型的杉科台湾杉属植物，现仅存于我国大陆地区湖北西南部的利川，云南西部的怒江、澜沧江流域贡山、兰坪，福建尤溪和贵州雷公山等局部地区及台湾中央山脉、阿里山、玉山、太平山，为我国特有珍稀物种；缅甸北部亦有少量残存。

1.2.1.1 各分布区秃杉情况

① 雷公山是以保护秃杉等珍稀生物为主的森林生态系统类型自然保护区，秃杉作为

雷公山的旗舰保护物种，保护好秃杉的生存环境，使其他野生动植物的生存繁衍环境也得到有效的保护，据调查统计雷公山现有秃杉 394420 株，其中胸径在 10cm 以上的 6640 株（50~100cm 的 2129 株，大于 100cm 的 692 株），胸径 5~9.9cm 的 77700 株，幼树 224500 株，幼苗 85580 株。分布范围 8908hm²，其中集中连片 41 片，面积 77.7hm²，最大一片面积为 10hm²。区内秃杉活立木总蓄积 51185m³。

自保护区建立以来，秃杉在保护区得到了有效的保护和发展，并进行过 3 次比较详细的调查，第一次调查于 1985 年，胸径大于 10cm 的有近 5000 株；第二次调查于 2004 年，胸径大于 10cm 的有近 6382 株；第三次调查于 2013 年，胸径大于 10cm 的有近 6640 株，并对胸径小于 10cm 的小树、幼苗、幼树进行了调查，经调查，胸径 5~9.9cm 的有 77700 株，幼树（树高 50cm 以上，胸径 5cm 以下）224500 株，幼苗 85580 株（树高 50cm 以下）（表 1.1）。

表 1.1　秃杉天然植株统计信息

调查年度	胸径（cm）	株数（株）	胸径（cm）	株数（株）	幼树	株数（株）	幼苗	株数（株）
1985 年	≥10	5000						
2004 年	≥10	6382						
2013 年	≥10	6639	5~9.9	77700	幼树	224500	幼苗	85580

注：幼树为树高 50cm 以上，胸径 5cm 以下的秃杉植株；幼苗为树高 50cm 以下的秃杉植株。

保护区建立自 1985—2004 年 19 年大于 10cm 的秃杉天然植株净增 1382 株，年均净增 72 株，2004—2013 年的 9 年间，大于 10cm 的秃杉天然植株净增 257 株，年均净增 28 株，自 1985—2013 年的 28 年间，大于 10cm 的秃杉天然植株净增 1640 株，年均净增 59 株。

② 湖北星斗山自然保护区仅有秃杉 42 株，散布于大约 600hm² 范围之内，并大多是 100 年的古大树，近年也没有发现结种，也没有发现天然更新的幼苗、幼树，其生境人为活动较为频繁，对秃杉的生存繁衍产生不利影响。

③ 福建目前也仅发现秃杉 30 株，有 22 株也为古大树，更新幼苗、幼树极少，秃杉古树种群渐趋没落。

④ 云南高黎贡山国家级自然保护区于 2003 年发现的成片原始秃杉群落，面积约为 200hm²。2017 年又在贡山管理分局嘎足管理站其期实验站，发现面积近 1000hm²，分布海拔 2000~2500m，据实测发现胸径超过 200cm 的有 3 株，最大 1 株胸径 211.1cm，树高均在 40m 以上，估计该区胸径 100cm 以上超过 200 株、总株数不少于 10000 株。通过 20m×40m 的大果马蹄荷（*Exbucklandia tonkinensis*）、秃杉群落样地调查，秃杉在乔木层的 3 个亚层均有分布，也发现有幼苗、幼树。秃杉虽具有天然更新能力，但由于该秃杉分布区距离居民区较远，林密人稀，人为活动极少，幼苗、幼树生长不良，给秃杉天然更新带来不利。

1.2.1.2　贵州、云南、湖北三个主要分布区对比

① 通过对雷公山、高黎贡山和星斗山秃杉群落中维管植物对比，雷公山秃杉群落中

物种数最多（132 种），其次是高黎贡山（94 种），最少是星斗山（58 种）。

②秃杉种群在 3 个保护区中占主要优势的是雷公山，在该群落中排名第 1 位，其次是高黎贡山，在该群落中排名第 2 位，星斗山的秃杉群落在该群落中排名第 6 位，优势不显著。

③从物种多样性分析可知，优势度高低：乔木层中雷公山（5.38）＞高黎贡山（4.24）＞星斗山（3.38）；灌木层中高黎贡山（14.70）＞星斗山（11.43）＞雷公山（9.98）；草本层中高黎贡山（6.80）＞雷公山（5.87）＞星斗山（2.09）。丰富度指数乔木层和灌木层中丰富度最高的是雷公山，分别为 5.76 和 10.85，其次是高黎贡山，分别为 4.85 和 5.26，最小的是星斗山，分别为 3.31 和 4.04。物种多样性指数（D_r、H_e' 和 H_2'）乔、灌、草表现为：雷公山＞高黎贡山＞星斗山。均匀度指数（Je）3 个保护区的秃杉群落相差不大，都在 0.7~0.95 之间。由此说明，雷公山物种多样性更丰富和稳定，更利于秃杉的繁衍与生长，星斗山人为活动过度频繁，对秃杉影响最大，应就地保护秃杉的生境。但对于高黎贡山人为干扰太小，不利秃杉的长生，须适当人为干扰，更有利秃杉的更新。

综上，雷公山的秃杉在数量上占全国总数的 95%以上，分布范围 8908hm²，是我国秃杉的主要分布地，更进一步证明雷公山秃杉是我国分布面积最大、数量最多、保存最完整、原生性最强的一处。保护好雷公山，保护好雷公山秃杉，就是保护我国这一珍稀植物的天然基因库，对雷公山秃杉开展深入研究具有全国性、世界性的意义。

1.2.2 秃杉的价值

1.2.2.1 生态价值

对我国三个秃杉分布区域进行分析，同时研究了秃杉分布的地理位置和气候特征。云南的怒江、澜沧江流域的纬度偏低，从而受到西南季风的影响，其属于南亚热带；湖北利川所处位置纬度较高，为北亚热带；雷公山处于中亚热带。在这三个区域当中，雷公山秃杉的植株分布最广，面积最大，保存上也最完整，具有较强的原生性，因此这一区域是中亚热带地区唯一的天然秃杉研究基地。对保护区进行初步统计得出，秃杉胸径在 10cm 以上的植株当前仅存 6000 多株，其中胸径在 50cm 以上的大树 2800 多株，占 46%以上。

雷公山自然保护区秃杉分布，呈现出从单株或小群聚状出现，其中比较难得的是小片秃杉纯林和主要以秃杉为主的针阔混交林分布状态。山区中深山峡谷错综复杂，秃杉高大挺拔，姿态优美，与四周的阔叶林相互交映，结构极为醒目，外貌也比较特别。秃杉给人的感觉就是"万木之王"。同时秃杉林当中还生存着少量的杉木和马尾松，这些伴生植物和秃杉相互交错，形成了不同秃杉群落类型。但是，林下秃杉更新不良，这一现象表明中亚热带地带性植被在演替过程中基本上不生长秃杉林，只有借助人为干预的方式确保秃杉林的稳定性。但是，雷公山区域所分布的秃杉林，生长十分茂盛，具有重要的保护价值和研究价值。在联合国《林业土地评价》中提出，植物区系以及动物区系保护的主要因素是：植物的遗传储备多样性和独特性；存在稀有或者濒危的植物和动物种。雷公山区域所分布的秃杉是我国中亚热带地区不可或缺的种原地，十分珍贵，是雷公山自然保护区首要保护对象，在雷公山森林系统当中占据着十分重要的地位。

秃杉是雷公山森林生态系统的重要组成部分，在雷公山区具有调节气候、涵养水源、保持水土、净化空气、保护野生动植物种源的生态功能。它对清水江以及都柳江的水量起到重要调节作用，秃杉不仅维持着雷公山地区的生态平衡，同时也为科研工作、教学活动提供不可多得的"活化石"。

① 秃杉主要分布在两汪河与乌迷河的源头位置，其属于两汪河以及乌迷河水源的涵养林。秃杉以及相应分布区域内的阔叶林共同形成了一个天然蓄水库，为两河以及区域内各个小溪提供水源，其中呈现出放射状态的河流，经过剑河南哨河汇合之后，均注入清水江当中。

② 秃杉树体含水量高达90%以上，当地居民称为"水杉"，经过相应调查后发现，雷公山区秃杉主要分布在格头、方祥和桥水等地，是雷公山水资源最丰富的地区之一。因此，秃杉在增加地下水的丰富程度方面有着密切的关系。

③ 对秃杉分布区所在地形进行分析，大多为地势陡峭、土质松散和切割较深的地区，秃杉枝干浓密，根系发达，树冠具有一定的截流作用，能够在很大程度上减缓雨水对地表的冲刷，避免洪水突袭，降低水土流失。在一定程度上抑制了洪水暴跌，还能够起到延长地表径流的作用，积蓄了水源，在很长一段时期内，保持丰富的地表径流。

④ 秃杉和秃杉分布区的森林具有促进大气降水。大气降水较为频繁，在地表水和地下水之间转换呈现出良性循环的状态下，地下水动态变化相对稳定。促使该区域风调雨顺，生态平衡，旱涝保收，为农业生产提供保障作用。

⑤ 在雷公山地区的森林生态系统中，因为森林保存的较为良好，具有充足的降水，气候湿润。这种情况下也为珍稀生物的生长和繁衍提供了较为舒适的生态环境。秃杉分布区，森林植物资源多样性相当丰富。现已鉴定查明区内有高等植物2593种，分属279科955属；国家重点保护的珍稀植物有红豆杉、南方红豆杉、伯乐树、异形玉叶金花、柔毛油杉、黄杉、翠柏等32种，已经鉴定的动物有53目280科2291种；国家一级重点保护野生动物有白颈长尾雉、云豹、金钱豹、林麝4种，二级重点保护野生动物有鸳鸯、白鹇、红腹锦鸡、猕猴、黑熊、大灵猫、大鲵等31种以及110余种珍稀濒危物种。这些动植物与其生存的森林生态环境一起，共同组成了雷公山的森林生态系统，对雷公山生态平衡维系起着重要作用。

1.2.2.2　经济价值

秃杉为我国大陆地区，如广西、福建部分地区的主要造林珍贵用材树种之一，心材紫红褐色，边材深黄褐色带红，纹理直，结构细、均匀，可供建筑、桥梁、电杆、舟车、家具、板材及造纸原料等用材，也是优良的庭园、道路、园林绿化树种。

1.2.2.3　科研价值

秃杉为第三纪古热带植物区孑遗植物，距今有180万~6500万年的历史，曾广泛分布于欧洲和亚洲东部，由于受距今 200 万~300 万年前的第四纪冰期影响，全球大面积冰盖的存在改变了地表水体和气候带的分布，大量喜暖性动植物种灭绝，主要残存于中国云南贡山、兰坪，湖北利川、毛坝，福建尤溪，台湾中央山脉、阿里山、玉山及太平山，贵州东南部的雷公山，缅甸北部亦有少量残存，为我国特有植物。因此，在对研究古地理、古气候、古植物区系都具有重要的科学价值。

第2章
研究内容和研究方法

秃杉是我国珍贵的速生用材和适于亚热带山地生长的一种天然针叶树种，属国家二级重点保护野生植物。在我国大陆地区主要分布于北纬 24°30′～30°03′，东经 98°30′～109°05′的湖北西南的利川，云南西部的怒江、澜沧江流域贡山、兰坪和贵州雷公山自然保护区等局部地区，多分散于其他林分中或呈零星小片状，近年福建省也有零星发现。其分布区极其狭窄，面临濒危灭绝之险。在这 3 个秃杉分布区域，因其地理位置和气候特征不同，湖北西南的利川地理纬度稍高，为北亚热带，云南中北的怒江、澜沧江流域贡山、兰坪地处低纬度，为西南季风控制，属南亚热带；贵州雷公山属中亚热带。因此，这 3 个地区的秃杉林的组成结构、分布规律、演替动态及整个生态系统相互关系是不同的，而雷公山的秃杉林群落在这 3 个分布区中是面积最大、数量最多、保存最完整、原生性最强的一处。在我国大陆秃杉分布区均建立了国家级自然保护区对秃杉进行了有效的保护。

2.1 研究方式

30 多年来，国内外专家、学者和专业技术人员在雷公山对秃杉开展了各个方面、各种形式的研究：

① 省内外科研院所、大专院校独自开展研究的。

② 雷公山自然保护区与科研院所、大专院校合作开展研究的。

③ 雷公山自然保护区独立开展研究的。

2.2 研究内容

从 20 世纪 80 年代雷公山自然保护区建立以来，国内外专家、学者就对雷公山秃杉开展生物学、生态学、引种育苗造林、种群结构、群落结构、秃杉资源量调查分析，种子常规育苗、容器营养袋育苗、秃杉生境维护、秃杉生境对比、人工促进天然更新、秃杉天然更新演替规律、秃杉人工林林分生长规律、引种试验等开展了较为详细的研究。另外，在我国大陆地区云南、湖北、福建的秃杉也有相关研究报道。

2.3 研究地点

研究地涉及贵州、云南、湖北、福建、台湾、湖南、广西等省（自治区），主要是在贵州雷公山国家级自然保护区、云南高黎贡山国家级自然保护区、湖北星斗山国家级自然保护区。

2.4 研究方法

2.4.1 种群与群落结构研究

主要在秃杉分布区适宜地块采取样地、样方调查，根据不同要求，样地面积设置为20m×20m、40m×40m、40m×60m、20m×30m、30m×30m、20m×50m，采用相邻格子法（格子小样方的大小有5m×5m、6m×10m、8m×10m、10m×10m、1m×1m、2m×2m 等）对秃杉进行逐株测定，记录胸径、树高、活枝下高、冠幅等指标，并对样地中的其他乔木树种进行调查记录，对灌木树种采用4~6 个 5m×5m 小样方进行调查记录株丛数、平均高、平均地径、盖度等因子，对草本层种类采用4~6 个 1m×1m 或 2m×2m 小样方进行调查记录高度、多度、盖度等因子。同时记录每个样地的海拔、坡度、坡向、坡位、岩石露率、郁闭度等生境指标。对5cm 以下的秃杉植株进行样方、样带调查，统计株数。

2.4.2 繁殖与引种栽培研究

① 采种：种子成熟季进行采种、贮存。

② 育苗：整地，土壤消毒，种子消毒，保持土壤湿润，苗木出土前搭好荫棚，苗木出土后分次揭草。

③ 造林：采用带状、穴状整地。有不同种源对比试验、有杉木秃杉混交林、秃杉纯林、同一种源不同地点和不同海拔高度造林试验等。

④ 无性繁殖：扦插繁殖，采用2~3 年幼林枝，随采随插，插条长 10~15cm。嫁接繁殖，采用1~2 年生枝条，用杉木或秃杉作砧木进行嫁接。

2.4.3 组织培养

选取生长健壮的秃杉侧枝前端，将幼茎在显微镜下剥离出 2mm 左右的茎尖，接种于培养基上进行培养。

2.4.4 遗传多样性研究

① DNA 的提取与检测：采用改进的 CTAB 法从硅胶干燥的针叶中提取 DNA。

② 引物筛选：随机从野生居群和栽培居群中各取一个 DNA 样品，利用优化的 PCR 反

应体系进行扩增筛选。

③ 扩增及产物检测：用筛选好的随机引物对全部的秃杉的样品 DNA 进行 PCR 扩增。

④ 将秃杉种子用温水浸泡，再置培养皿中（30℃）恒温培养，对细胞染色体进行参数测定。

2.4.5 实测观察

对秃杉球果、种子以及播种后的苗圃地、苗木，造林后造林地苗木，扦插苗木、嫁接苗木进行定期或不定期出苗、生长、成活等因子观察、调查记录。

2.4.6 生长规律研究

① 年生长测定：选定一定的固定植株，对树高、胸径（地径）、冠幅逐年进行观测记录。

② 季节（月）生长测定：选定一定的固定植株，在林木生长的 3~11 月，逐月进行观测记录。

③ 昼夜生长测定：主要观测树高生长观测固定植株，于生长季（5~7 月）每日7：00和 19：00 进行测定。

2.4.7 调查数据统计分析

① 乔木层：重要值＝（相对密度+相对频度+相对显著度）／3。

② 灌木层和草本层：重要值＝（相对盖度+相对频度）／2。

③ 物种多样性计算为 Simpson、Berger-Parker、Margalef、Shannon 和 Pielou 均匀度指数等生物多样性指数，公式如下：

Simpson 指数 D_r
$$D_r = \frac{1}{\sum\limits_{i=1}^{3} P_i^2} \qquad P_i^2 = \frac{n_i(n_i-1)}{N(N-1)} \tag{2-1}$$

Berger-Parker 指数 d
$$d = 1/\frac{n_{max}}{N} \qquad (n_{max} \text{为个体数量多物种的个体数量})$$

Margalef 指数 d_{Ma}
$$d_{Ma} = \frac{(S-1)}{\ln N} \tag{2-2}$$

Simpson 指数（以 e 为底）H_e'
$$H_e' = -\sum\limits_{i=1}^{3} P_i \ln P_i \qquad P_i = \frac{n_1}{N} \tag{2-3}$$

Simpson 指数（以 2 为底）H_2'
$$H_2' = -\sum\limits_{i=1}^{3} P_i \log_2 P_i \qquad P_i = \frac{n_1}{N} \tag{2-4}$$

Pielou 均匀度指数 J_e
$$J_e = \frac{H_e}{H_{max}'} \qquad H_{max}' = \ln S \tag{2-5}$$

式中：S 为物种数目；N 为所有物种的个体数之和；n_i 为第 i 个种个体数量。

植物区系数据处理首先统计各个样地科、属、种及其组成。根据世界种子植物科的分布区类型和中国种子植物属的分布区类型确定各个样地植物科及属的分布区类型，进行植物区系对比分析。

2.4.8 生命表及成活曲线

2.4.8.1 秃杉生命表及成活曲线分析

种群统计是研究种群数量动态的一种方法，它的核心是生命表，生命表结构分析是解释种群变化的前提。根据生命表可以预测出该物种在某些特定条件下存活与繁殖的可能性，了解种群的现存状态，分析过去种群的结构与受干扰状态，预测未来的种群动态。通过种群生命表的编制，从中分析出存活率、死亡率等重要参数，可供更多关于种群年龄结构和数量统计方面的信息，还有助于揭示种子散布、萌发及幼苗种群更新等特征。

2.4.8.2 种群生命表的编制

根据秃杉的生活史特点，参考相关文献方法，将秃杉种群划分为 23 个胸径级，把树木径级从小到大的顺序看做是时间顺序关系，统计各龄级株数，编制秃杉种群静态生命表，进而分析其动态变化。由于本研究是雷公山自然保护区实测的所有秃杉数据，数据比较多，所以在计算存活个体数（l_x）时，从存活体系数 1000 扩大 1000 倍。数据集中处理，然后进行生命表编制。

特定时间生命表包括如下内容：

1. x 是单位时间年龄等级的中值；

2. a_x 是在 x 龄级内现有个体数；

3. l_x 在 x 龄级开始时标准化存活个体数（a_o 表示标准化值）；

4. d_x 是从 x 到 $x+1$ 龄级间隔期内标准化死亡数；

5. q_x 是从 x 到 $x+1$ 龄级间隔期间死亡率；

6. L_x 是从 x 到 $x+1$ 龄级间隔期间还存活的个体数；

7. T_x 是从 x 龄级到超过 x 龄级的个体总数；

8. e_x 是进入 x 龄级个体的生命期望或平均期望寿命；

9. K_x 是为消失率（损失度）。

以上 9 个项目项都是相互关联的，其公式如下：

$$l_x = 1000000 \times \frac{a_x}{a_0}, \ d_x = l_x - l_{x+1}, \ q_x = \frac{d_x}{l_x} \times 100\% \qquad (2-6)$$

$$L_x = \frac{l_x + l_{x+1}}{2}, \ T_x = \sum_x^\infty L_x, \ e_x = \frac{T_x}{l_x}, \ K_x = Inl_x - Inl_{x+1} \qquad (2-7)$$

计算软件采用 Excel（97—2003）和 Word 软件进行处理与分析。

2.4.9 秃杉人工林立地指数表的编制

2.4.9.1 计算各龄组标准差

$$S_{H_iA_i} = \sqrt{\sum_{i=1}^{n} (H_{ij} - \overline{H_i})^2 / (n-1)} \tag{2-8}$$

按 3 倍标准差的原则进行检验筛选样地。将计算各龄组标准差，以 A 为横轴，$S_{H_iA_i}$ 为纵轴进行曲线正列。

2.4.9.2 计算各龄阶的标准差

$$S_i = \sqrt{\sum (H_i - \overline{H_i})^2 / n} \tag{2-9}$$

式中：H_i 为优势木实测平均值；$\overline{H_i}$ 为主曲线所对应的理论平均树高值。

2.4.9.3 计算调整系数

$$K = \frac{H_S - \overline{\overline{H}}_K}{\overline{\overline{H}}_K} \times \frac{1}{\overline{\overline{C}}} \tag{2-10}$$

式中：K 为调整系数；$\overline{\overline{H}}_k$ 为标准年龄时的曲线树高值；H_S 为标准年龄时的主曲线上、下其余树高值；$\overline{\overline{C}}$ 为标准年龄时的树高变异系数。

2.4.9.4 精度检验

查表平均优势树高值计算公式：$\overline{X}_i = \dfrac{\sum X_i}{n} \tag{2-11}$

实测得平均优势树高值计算公式：$\overline{Y}_i = \dfrac{\sum Y_i}{n} \tag{2-12}$

2.4.9.5 适用性（F）检验

$$F = \frac{\dfrac{1}{2}\left[\left(a \sum y_i + b \sum x_i y_i\right) - \left(2 \sum y_i x_i - \sum x_i{}^2\right)\right]}{\dfrac{1}{n-1}\left[\sum y_i{}^2 - \left(a \sum y_i + b \sum x_i y_i\right)\right]} \tag{2-13}$$

查 F 分布表：$F_{0.01} = 4.71$，实测优势树高值与理论树高值无显著差异。

2.4.10 数据处理

数据处理及统计软件有 Excel（97—2003）、SPSS 统计、arcgis10.2 和 Word 软件。

第3章

秃杉生物学特性

3.1 生物学结构

秃杉又称台湾杉、台湾爷、亚杉、屠杉等,是一种大型的杉科台湾杉属植物(APG3分类法将杉科并入柏科),为我国特有种。秃杉是分布在中亚热带季风气候区的一种常绿大乔木,起源古老,为第三纪古热带植物区孑遗植物,属于国家二级重点保护野生植物,为世界上的稀有珍贵树种,其树形高大挺拔,干形通直,高可达 30~90m,树冠长卵形,树叶浓密翠绿,树姿端庄挺秀,无论近观或是远看,在深山密林之中,都给人以"万木之王"之感。

3.1.1 外部特征

秃杉树皮淡灰褐色,裂成不规则长条形,材质松软,边材淡黄色,心材紫褐色,切面光滑、光亮美观,是上等家具的装饰材,为我国的主要用材树种之一,在我国云南、广西、福建、贵州的剑河、榕江等部分地区作为重要的造林绿化树种。这个树种是亚洲最高的树种之一,高可达 90m,直径达 300cm。100 年以下的树木,树叶呈针状,长约 8~15mm;成熟的树,树叶变成像鳞状,长 3~7mm。

秃杉枝平展,树冠广圆形或锥形。大树之叶钻形、腹背隆起,背脊和先端向内弯曲,长 3~5mm,两侧宽 2~2.5mm,腹面宽 1~1.5mm,稀长至 9mm,宽 4.5mm,四面均有气孔线,下面每边 8~10 条,上面每边 8~9 条;幼树及萌生枝上之叶的两侧扁呈四棱钻形,微向内侧弯曲,先端锐尖,长达 2.2cm,宽约 2mm。雄球花 2~5 个簇生枝顶,雄蕊 10~15枚,每雄蕊有 2~3 个花药,雌球花球形;球果卵圆形或短圆柱形,中部种鳞长约 7mm,宽 8mm,上部边缘膜质,先端中央有突起的小尖头,背面先端下方有不明显的圆形腺点;种子长椭圆形或长椭圆状倒卵形,连翅长 6mm,径 4.5mm。球果 10~11 月成熟。单个鲜球果重 0.45~1.28g,干球果重 0.09~0.16g,种子千粒重 1.22~1.53g。

3.1.2 内部结构

苗端以湖北利川采的材料为例,春季苗端呈圆锥形,平均高 117.5μm,直径

173.0μm；秋季呈半圆状，平均高 66.3μm，直径 167.5μm。苗端按细胞组织特征分区，可分为顶端原始细胞区、原表皮区、亚顶端母细胞区、周边分生组织区和髓母细胞区，其中顶端原始细胞区具平周和垂周分裂，两者分裂效率几乎相等，此特征与杉木属（Cunninghamia）和密叶杉属（Athrotaxis）一致。

3.1.2.1　叶片

叶片幼叶线形，背腹扁平，属叶型Ⅱ。气孔两面生，皮下厚壁组织单层，维管束 1 条，位于叶片中央，转输组织柏木型，树脂道 1 个，内生于维管束的远轴面。成熟叶为两侧扁平的四棱钻形，属叶型Ⅰ。叶中横切面呈四棱形轮廓，气孔四边生，内陷，完全双环型或偶见三环型，副卫细胞 4~7 个。皮下厚壁组织单层，间断排列。叶肉分化不明显，在萌发枝上，叶由背腹扁平的幼叶逐渐发育成两侧扁平的成熟叶，叶中各类组织均以叶脉维管束与树脂道为轴心，发生了 90° 的旋转。

3.1.2.2　树皮

树皮外表淡灰褐色，裂成不规则长条形，内树皮红褐色。次生韧皮部由轴向系统的筛胞、韧皮薄壁组织细胞、蛋白质细胞、韧皮纤维以及径向系统的韧皮射线所组成。在横切面上，轴向系统的各组成分子均以单层切向带交替的规则排列。其排列顺序为：筛胞—韧皮薄壁组织细胞、筛胞—韧皮纤维—筛胞。

筛胞在横切面上呈长方形或方形。筛胞的径向壁上均匀分布有圆形或椭圆形的筛域，单列，在筛域之间的壁上，嵌埋了许多草酸钙结晶。筛胞长度 0.88~2.88mm，平均为 1.40mm±0.37mm。韧皮薄壁组织细胞呈长矩形，端壁无节状加厚，通常由 12~20 个细胞连成细胞束。远离形成层的韧皮薄壁组织细胞明显扩大。蛋白质细胞单个散布在韧皮薄壁组织细胞束中。韧皮纤维具有两种类型：一类在横切面上成方形或径向伸长的长方形，细胞壁明显加厚，木质化程度较高，纤维长 1.9~4.0mm，平均为 2.67mm±0.41mm；另一类在横切面上呈扁长方形，壁较薄，木质化程度较低，纤维长 1.4~3.3mm，平均为 2.52mm±0.40mm。通常在两层厚壁纤维的切向带之间，夹有 2（-4）层薄壁纤维带。韧皮射线同型，单列，偶见双列，有 1~40 个细胞，多数 2~13 个细胞。每平方毫米含韧皮射线 26~31 条。

3.1.2.3　木材

木材生长轮明显，同一生长轮中早材管胞至晚材管胞渐变。

早材管胞在横切面上呈近方形，径向和切向直径为 21.90~43.80μm，晚材管胞呈长方形，径向直径 14.60~25.50μm，切向直径与早材相近。早材管胞径向壁上具缘纹孔单列，偶见双列，成对列纹孔式，具眉条，腔壁内偶见径列条。管胞切向壁上具少数具缘纹孔。早材管胞长 1.14~2.90mm，平均 1.98mm±0.40mm。晚材管胞长 0.80~2.9mm，平均 1.86mm±0.53mm。木薄壁组织细胞数量较多，细胞内富含深色树脂类物质。在木材横切面上，此等细胞排列成不连续的短切向带，或星散分布在早、晚材中。木薄壁组织细胞端壁平滑，无节状加厚。木射线同型，单列，偶见双列，有 1~17 个细胞，每毫米 4~9 条，平均 6.2 条。在径向切面上，木射线细胞呈长矩形，长平均为 142.50μm，高 15.30μm，水平壁与端壁平滑，细胞四隅处凹痕明显，交叉场纹孔柏木型，1~4 个，通常 2~3 个，排列成 1~2 横列。

3.1.2.4 雄配子体

雄配子体采自湖北利川的秃杉，其花粉管在 5 月中旬已进入珠心组织约 1/6 处。此时，精子器原始细胞已分裂，形成形状大小相似的生殖细胞和管细胞，5 月下旬至 6 月初，生殖细胞分裂，产生精原细胞和不育核。此后，花粉管迅速生长，最终与颈卵器顶部相接触。精原细胞也不断增大，直径约为 20μm，7 月初，直径增加到 70μm 左右。花粉管可能从雌配子体的侧面一直往下生长。6 月底至 7 月初，精原细胞开始分裂，形成 2 个大小形状相等的精子。

3.1.2.5 雌配子体

5 月中旬，雌配子体已处于游离核时期，并已进行第八次分裂，产生 256 个游离核。6 月初，雌配子体进行第十次分裂，即最后一次游离核分裂，产生 1024 个游离核。这些核均匀地分布于大孢子壁内侧周边的薄层原生质中，雌配子体中央为一个大液泡。

大孢子壁和珠心之间有 1~2 层明显的海绵组织包围着的雌配子体，它们具有较浓的原生质和稍大的核，与毗邻的珠心组织细胞显著不同。靠合点端的海绵组织略多，有 5~6 层细胞。随着雌配子体的进一步发育，海绵组织逐渐被消耗。雌配子体最后一次游离核分裂后，开始向心地形成细胞壁，直至最后填满中央腔。6 月初，当雌配子体壁刚形成时，大孢子壁的厚度为 4.2~5.2μm。有些胚珠没有发现雌配子体存在，这说明大孢子发育不正常，或者大孢子已全部败育。6 月上旬，颈卵器原始细胞分裂，形成初生颈细胞和中央细胞。颈卵器数目一般为 6~9 个，聚集成复合颈卵器，着生于雌配子体顶端。套细胞没有明显分化，初生颈细胞经过细胞分裂，形成颈细胞，中央细胞变成卵。没有腹沟细胞或腹沟核。卵核的位置在颈卵器的中部。有些雌配子体细胞全部变成颈卵器原始细胞，这种现象在裸子植物中是比较少见的。

胚胎发育受精卵进行 3 次游离核分裂，形成 8 个游离核，排列成 2 群，并形成胞壁，上面一群是开放层细胞（O），下面一群是初生胚细胞（PE），这两群细胞数目一般为 O：PE＝5：3 或 4：4，少数为 6：2。开放层细胞进行分裂，产生 4~6 个原胚柄细胞，有时开放层的 5 个细胞同时进行有丝分裂，纺锤丝与胚轴方向平行，而下层的 3 个初生胚细胞尚未进行分裂。当原胚柄延长时，初生胚细胞也开始分裂，产生 4~8 个胚细胞。上层细胞比较大，细胞各方面都具壁。秃杉原胚由 3 层细胞组成，即上层细胞、原胚柄细胞和胚细胞。每个胚细胞进一步分裂，形成多细胞团。由于原胚柄发育速度不同，使这些彼此分离独立发展，形成裂生多胚。幼胚不形成初生胚柄。秃杉在 7 月底已开始形成圆柱形的多细胞胚，胚的远珠孔端（与胚柄相反的一端）细胞进行活跃的有丝分裂，细胞数目逐渐增加，体积不断增大。而后，在胚的远珠孔部分的细胞开始出现弧形排列。弧中心附近的细胞分裂旺盛，使弧的顶部不断往胚柄端推进，并在弧顶形成一群根原始细胞，它们向四周提供新的组织细胞。

成熟胚的根冠胚柄部分较不发达，根冠中央由4~5层柱状组织细胞和周围许多层斜向排列的环柱组织细胞组成。根冠胚柄部约占胚全长的1/5。胚的原形成层由10~14层细胞组成，细胞为短柱形，原生质浓，与胚皮层细胞界限明显。原形成层一直达到子叶顶部的表皮下。子叶中原形成层由6~7层细胞组成。下胚轴中的胚皮层由5~7层细胞组成。成熟胚的下胚轴比较发达，约占胚全长的1/2。下胚轴中无髓。胚的表皮细胞是单层的长方形细胞，从横切面看，单层细胞与胚皮层细胞界限明显，表皮细胞只延伸到下胚轴与根冠的交界处。成熟胚具两枚子叶。在下胚轴的表皮下或胚皮层中，有时在一个切面上出现1~2个狭长的分泌细胞，这种细胞长可达650μm，核狭长，长约50μm。正如其他松杉类植物一样，秃杉有1个以上的颈卵器可以同时受精，因此，简单多胚是比较普遍的现象。另外一个受精卵又可以裂生成许多幼胚，通常在一个胚珠中幼胚总数可达25个以上，不过，最后往往只有1个胚成熟。

秃杉的花粉粒为球形或近球形，极面观为圆形，直径为28.0~32.0μm。远极面的乳头状突不明显。在扫描电镜下，花粉粒外壁具粗、细两种大小不同的纹饰类型，细纹饰为很小的颗粒，排列很密，彼此不联结，有时分布不均匀。粗纹饰为圆球状的乌氏体，3~5个成丛或星散分布。经常在同一个花粉上可以看到某些部位具很多乌氏体，而某些部位却一粒也没有。乌氏体表面具小芽孢，其表面特征在各属间有所区别，故有一定的分类意义。在透射电镜下可以看到，花粉外壁由外壁外层和外壁内层所组成。外壁外层为一层电子密度很浓，形状不规则，大小不一致的瘤分子，瘤顶端有不同程度的分叉，偶尔分叉3~4个。在外壁外层上面（瘤分子层的上面）有零星的乌氏体。乌氏体比瘤分子粗，是由油质和孢粉素组成，它是外壁结构的一部分，其表面具小芽孢。外壁内层具片层结构，片层之间界限清楚，共约5片，最外面1片很特殊，它比其他4片厚，具3片层结构，即中央部分为细而明显的透明线，两边各具1条较粗的黑白线。内面的4片稍薄一点，中间的透明线不明显，4片彼此之间的厚度相等（胡玉熹等，1995）。

3.1.2.6 秃杉的核型对比分析

秃杉的核型对比分析表明，雷公山秃杉体细胞染色体数目$2n=22=16m+6sm$，核型类型为"2B"，次缢痕数为7个，均与云南秃杉相同。雷公山秃杉11对染色体总长为117.61μm，云南秃杉11对染色体总长为146.34μm，雷公山秃杉3号染色体可见"着丝点区域"的特殊结构，但不及云南秃杉清楚，这些差异可能是所用处理液不同的原因。雷公山秃杉染色体7个次缢痕的分布位置，与云南秃杉比较，4个相同，3个不同。不同之处为：2号、4号染色体短臂上、8号染色体长臂上，雷公山秃杉有，云南秃杉无；3号染色体长臂上、10号染色体短臂上，雷公山秃杉无，云南秃杉有。这种差异与两种地理分布的差异有关。雷公山秃杉细胞染色体的相对长度组成为$2n=22=2L+8M2+8M1+4S$，云南秃杉为$2n=22=4L+6M2+8M1+4S$；其差异是在2号染色体的相对长度系数，雷公山秃杉为 1.24（M2），云南秃杉为 1.26（L），而 I. R. L. ≥1.26 为 L，1.01≤I. R. L. ≤1.25 为 M2，所以秃杉细胞染色体相对长度组成似应包括"$2n = 22 = 2L+8M2+8M1+4S$"和"$2n = 22 = 4L+6M2+8M1+4S$"两种染色体组成。

3.2 秃杉生长与立地环境的关系

秃杉除原产区雷公山区是浅变质板岩发育的山地黄壤，在引种的其他地区如威宁为山地黄棕壤外，其他地区均为灰岩发育的山地黄壤，有的土层浅薄，石砾含量高，气候为中亚热带、北亚热带季风气候，表现有湿润型、偏湿型和偏干型。秃杉不但可以在浅变质板岩发育的土层深厚的山地黄壤、黄棕壤上正常生长，也能在灰岩发育的山地黄壤和黄棕壤正常生长，不但在潮湿型也能在偏干型气候中生长。

秃杉对土壤、气候类型要求不是很严，幼苗的生长在不同立地条件下，存在着差异，丢荒地比生荒地土质疏松，通透性好、微生物活动强，保土保肥力相对较高，不论是在树高、地径、胸径、冠幅都比生荒地的生长要大。

从坡位来看，坡下部土层深厚，坡上部秃杉的树高、地径、胸径、冠幅都比下部小。

从坡向看，坡向体现光照的影响，在相同地点、相同海拔、光照条件相同的条件下，秃杉的树高、地径、胸径、冠幅生长阳坡大于阴坡、半阳坡大于半阴坡。

3.3 生长的规律

解析木采自保护区内方祥乡格头村，小地名阿尾，海拔 1250m，北向坡，坡度 45°，林分组成 7 秃 2 杉 1 阔，树龄 87 年，树高 35.2m，胸径 83.7cm，材积 8.1236m³，形数 0.4194，南北冠幅长 17.0m，东西冠幅长 17.5m，树冠高度 24.4m。

3.3.1 树高生长

秃杉高生长一般在 10 年后加快，峰值出现在 25～30 年，平均年生长量达 0.87m，年生长量在 0.46～0.67m 持续时间长达 35 年，60 年后逐渐下降。

3.3.2 胸径生长

秃杉胸径生长在 20 年后加快，整个生长过程高峰期出现在 30～55 年，年生长量达 1.22cm，年生长量在 1.08～1.22cm 持续 55 年之久。70 年后年生长量才逐渐下降。

3.3.3 材积生长

秃杉材积生长在 25 年后逐渐增加，35 年后材积迅速增加，至 85 年时达最高值，年材积生长量为 0.18738m³，以后随着年龄的增加而降低。

秃杉整个生长过程，前期生长是比较缓慢的，在 10～25 年后，高、径、材积生长才逐渐加快。秃杉有较长的旺盛生长期，据调查，秃杉人工林早期生长稍低于同海拔杉木的生长速度，10年后生长速度超过杉木。

对林场九十九工区22年生的人工秃杉林平均木树干解析，林分平均高从第7年开始进入速生期，并延续到第20年，以后则趋于平缓；林分平均直径在20年内呈直线上升，20年后林分平均直径增长速度略有减缓，但仍表现出快速生长的趋势；林分材积速生开始期于第11年，持续到第21年。

3.4 金叶秃杉果实形态特征

3.4.1 金叶秃杉枝叶颜色的变异

由表3.1可知，金叶秃杉的金黄色树冠形态是显著区别于秃杉树冠形态的主要表型特征。植物的颜色都是由叶绿素、类胡萝卜素和花青素不同比例决定的，同时受复杂的环境条件与其相互影响的结果。如果类胡萝卜素中的叶黄素占优势，则植物呈黄色。金叶秃杉抑或是个体发生了变异（突变），改变了原有的色素比例结构所致。有观点认为，病毒亦可致植物颜色发生改变。金叶秃杉颜色变异的原因有待进一步研究。

表3.1 金叶秃杉和秃杉树形比较

样本	观察结果
金叶秃杉	树冠金黄色，嫩枝、叶最深，树叶由外向内、由上向下，颜色由金黄色逐渐减弱
秃杉	树冠整体绿色，仅嫩枝、叶淡绿色或略带淡黄色（不明显）

3.4.2 金叶秃杉球果形态的变异

表3.2至表3.4表明，金叶秃杉球果平均纵径0.73cm，明显小于4个产地秃杉球果平均纵径1.50cm、1.62cm、1.69cm、1.71cm；金叶秃杉球果平均横径0.54cm，也小于4个产地秃杉球果平均横径0.63cm、0.58cm、0.71cm、0.66cm，说明金叶秃杉球果稍小，呈卵圆形；秃杉球果稍大，呈长卵圆形。由表3.4可知，金叶秃杉球果纵径与球果横径比为0.7397，最大；金叶秃杉球果纵、横径极差值为0.19cm，最小；说明金叶秃杉球果更接近圆形。4个产地秃杉球果纵径与球果横径比最大是雷山格头，为0.4172，台江交包的秃杉球果纵横径极差值最小，为0.60cm，说明秃杉球果远离圆形，更长些。

表3.2 金叶秃杉和秃杉球果、种子形态比较

样本	观察球果数（个）	观察种子数（粒）	观察结果
金叶秃杉	30	50	球果稍小，稍短，呈卵圆形。种子周围带翅、种子两侧的翅稍宽、种子头部和尾部的翅有裂，裂隙稍浅、稍小、多数
秃杉	30	50	球果稍大，稍长，呈卵圆形。种子周围带翅、种子两侧的翅稍窄、种子头部和尾部的翅有裂，裂隙稍深、稍大、多数

表3.3　球果形态统计信息

产地	样本数（个）	观察数（个）	变量	最大值（cm）	最小值（cm）	平均值（cm）	标准差	变动系数
雷山格头	10	300	球果纵径	1.80	1.40	1.69	0.1287	0.0761
			球果横径	0.80	0.60	0.71	0.0974	0.1372
剑河昂英	10	300	球果纵径	2.00	1.40	1.62	0.1751	0.1081
			球果横径	0.70	0.50	0.58	0.0789	0.1360
榕江小丹江	8	240	球果纵径	2.20	1.40	1.71	0.2531	0.1480
			球果横径	0.80	0.50	0.66	0.0954	0.1446
台江交包	4	120	球果纵径	1.60	1.30	1.50	0.1414	0.0943
			球果横径	0.70	0.50	0.63	0.0957	0.1519
剑河昂英	1	30	球果纵径	1.00	0.60	0.73	0.1150	0.1575
			球果横径	0.70	0.40	0.54	0.0743	0.1376

注：样本数为1的是金叶秃杉。

表3.4　金叶秃杉与秃杉表型特征的比较

产地	果径变幅（cm）		平均果径（纵横径平均值）变幅（cm）	果横径/果纵径	球果纵径极差（cm）	千粒重变幅（g）	备注
	纵	横					
雷山格头	1.4~1.8	0.6~0.8	1.00~1.30	0.4172	0.80	0.96~1.818	10个单株
剑河昂英	1.4~2.0	0.5~0.7	1.00~1.35	0.358	0.80	1.095~1.835	10个单株
榕江小丹江	1.4~2.2	0.5~0.8	1.00~1.35	0.3869	0.80	0.953~1.917	8个单株
台江交包	1.3~1.5	0.5~0.7	1.00~1.15	0.4167	0.60	1.307~1.619	4个单株
剑河昂英	0.73	0.54	0.64	0.7397	0.19	1.42	金叶秃杉

3.4.3　金叶秃杉种子形态的变异

由表3.3的观察结果表明，金叶秃杉种子与秃杉种子形态存在差异。金叶秃杉种子两侧的翅比秃杉种子的稍宽；金叶秃杉的种子比秃杉的稍短；金叶秃杉种子大多数头部和尾部的翅的裂隙比秃杉种子的稍浅、稍小。

3.4.4　小结

通过对金叶秃杉球果与雷公山区的4个产地的秃杉球果外观形态比较分析，金叶秃杉球果与秃杉球果形态上存在很大的差异。

金叶秃杉球果重小于秃杉球果重量；金叶秃杉球果纵径小于秃杉球果纵径；金叶秃杉球果呈卵圆形，秃杉球果呈长卵形（杨秀钟等，2008）。

3.5　秃杉香精油的杀虫作用

居室尘螨可引起支气管哮喘、过敏性鼻炎和特应性皮炎等多种过敏性或变应性疾病。据我国台湾大学林学系 Shang-tzen Chang 等在美国昆虫学会主编的《医学昆虫学杂志》

2001年5月报道，主产于台湾省中部海拔1800~2600m山区的秃杉，其香精油可用于防治居室尘螨。

S. T. Chang等首次检测了秃杉心材中香精油及其组分的杀灭居室尘活性。结果证明，用量为12.6μg/cm²的秃杉香精油，在48小时内对居室尘螨的毒杀率为36.7%~67.0%。还证明，在秃杉香精油的4种主要组分中，以a-杜松醇的杀螨活性为最高。用量为6.3μg/cm²的a-杜松醇，可杀灭1009%的居室尘螨。

此外，S. T. Chang等也证实，秃杉心材中的香精油及其组分可有效抑制真菌和细菌。例如，其中的倍半萜类化合物可抗真菌，a-杜松醇可以低达100ppm的浓度完全抑制彩绒革盖菌和炯孔菌（汪开治，2002）。

3.6 秃杉叶挥发油的成分及其生物活性

3.6.1 秃杉叶挥发油成分及相对含量

对秃杉叶挥发油进行GC-MS分析，共分离出16个组分。化合物的定量分析使用Hewlett-Packard软件按峰面积归一化法计算各峰面积的相对含量。根据GC-MS联用所得质谱信息，经计算机用N1ST98r. 1brSaturn数据库检索与标准谱图对照分析，确认了其中的部分化学成分，结果见表3.5。由表3.5可知，已鉴定的化合物组成占色谱总流出峰面积的比率为90.410%。秃杉挥发油主要含蘑菇醇、二氢苯并呋喃、4-乙烯基-苯酚、乙酸松油酯、反式-2-己烯酸、a-杜松醇、tau-杜松醇、（-）-斯巴醇、石竹烯氧化物、L-4-松油醇、石竹烯、苯乙醛、邻苯二甲酸盐、L-a-萜品醇。

表3.5 秃杉叶挥发油化学成分的GC-MS分析结果

峰号	保留时间（min）	分子式	化合物名称	相对含量（%）
1	3.957	$C_8H_{16}O$	蘑菇醇	22.457
3	4.479	$C_6H_{10}O_2$	反式-2-己烯酸	6.939
4	4.799	C_8H_8O	苯乙醛	1.484
6	6.577	$C_{10}H_{18}O$	L-4-松油醇	3.562
7	6.743	$C_{10}H_{18}O$	L-a-萜品醇	1.367
8	7.016	C_8H_8O	二氢苯并呋喃	11.511
9	8.374	$C_9H_{10}O_2$	4-乙烯基-苯酚	9.482
10	8.824	$C_{12}H_{20}O_2$	乙酸松油酯	7.595
11	9.862	$C_{15}H_{24}$	石竹烯	2.608
12	11.801	$C_{15}H_{24}O$	（-）-斯巴醇	4.785
13	11.890	$C_{15}H_{24}O$	石竹烯氧化物	4.543
14	12.500	$C_{15}H_{26}O$	tau-杜松醇	6.172
15	12.660	$C_{15}H_{26}O$	a-杜松醇	6.424
16	15.785	$C_{16}H_{22}O_4$	邻苯二甲酸盐	1.481

3.6.2 秃杉叶挥发油活性的初步测定

秃杉叶挥发油活性的初步研究表明，抑细菌、抗肿瘤作用都不明显，但具有较好的抑红酵母活性（表3.6）。

表3.6 秃杉叶挥发油的抑菌活性

测定项目	金黄色葡萄球菌	大肠杆菌	红酵母
10mg/mL 挥发油抑制菌圈直径（mm）	—	—	13.1
丙二醇对照抑制菌圈直径（mm）	—	—	—

注：—表示无抗菌活性。

3.6.3 讨论

采用水蒸气蒸馏法提取秃杉挥发油，并经 GC-MS 方法分离鉴定出 14 种化合物，其中主要含蘑菇醇（22.457%），二氢苯并呋喃（11.511%），4-乙烯基-苯酚（9.482%），乙酸松油酯（7.595%），反式-2-己烯酸（6.939%），a-杜松醇（6.424%），tau-杜松醇（6.172%），(-)-斯巴醇（4.785%），石竹烯氧化物（4.543%），L-4-松油醇（3.562%），石竹烯（2.608%），苯乙醛（1.484%），邻苯二甲酸盐（1.481%），L-a-萜品醇（1.367%）。

从抑菌能力看，挥发油对红酵母具有一定的抑制作用，而对金黄色葡萄球菌、大肠杆菌均无作用。而文献报道秃杉心材中的香精油及其组分有很好的抑制真菌和细菌的效果，这可能与秃杉心材和叶中的精油成分不同有关。

秃杉叶的挥发油中检出 a-杜松醇含量为 6.424%，这与文献报道秃杉心材中含 a-杜松醇成分一致。a-杜松醇有强烈的杀螨活性，因此秃杉叶的挥发油在居室杀螨和防治尘螨方面有很好的利用价值（龚玉霞等，2008）。

3.7 秃杉遗传多样性的 ISSR 分析

3.7.1 秃杉遗传多样性分析

研究材料采自湖北、贵州、福建 3 个省的 4 个自然居群（表3.7）。根据居群大小，每个居群随机选取 9~20 个个体，将采集的新鲜嫩叶放入装有硅胶的密封袋中干燥保存。取样时，保证不同个体间距在 20m 以上，同时对所取样本的空间位置进行 GPS 定位。

表3.7 秃杉野生居群的地理位置与样本量

居群	地点	经度	纬度	海拔（m）	采样量（个）
HBLC	湖北利川	109°05′	30°03′	790~920	20
GZLGS	贵州雷公山	108°21′	26°20′	670~1300	18
FJGP	福建古田屏南	119°10′	26°36′	410~900	15
FJYX	福建尤溪	118°25′	26°02′	840~890	9

从100条引物中筛选出10条引物，对秃杉4个居群62个个体进行扩增，扩增谱带的分子量在250～2000bp，共扩增出78条谱带，其中多态性带61条，多态条带百分率为78.21%（表3.8）。不同居群多态条带百分率在35.89%～65.38%，平均值为52.56%（表3.9）。

表3.8　筛选出的10个ISSR引物的序列、退火温度及多态性条带数

引物序号	引物序列	退火温度（℃）	扩增总带数（条）	多态性带数（条）
UBC807	$(AG)_8T$	52	10	7
UBC808	$(AG)_8C$	55	3	2
UBC834	$(AG)_8YT$	52	9	8
UBC835	$(AG)_8YC$	52	8	7
UBC836	$(AG)_8YA$	52	9	7
UBC841	$(GA)_8YC$	52	11	8
UBC844	$(CT)_8RC$	52	8	7
UBC857	$(AC)_8YG$	53	9	8
UBC866	$(CTC)_6$	52	4	3
UBC870	$(TGC)_6$	52	7	4
合计			78	61

表3.9　秃杉居群内的遗传多样性

居群	n	PPB（%）	I	H
HBLC	44	56.41	0.2998	0.2006
GZLGS	51	65.38	0.3045	0.1995
FJGP	42	53.85	0.2784	0.1865
FJYX	28	35.89	0.1881	0.1266
平均	41	52.56	0.2677	0.1783
种水平	61	78.21	0.3778	0.2494

注：n 为多态条带数；PPB 为多态条带百分率；I 为 Shannon's 信息指数；H 为 Nei's 基因多样性。

由表3.9可知，秃杉居群 Nei's 遗传多样性（H）在 0.1266～0.2006，平均值为 0.1783；Shannon's 信息指数（I）在 0.1881～0.3045，平均值为 0.2677。在物种水平上，秃杉的多态条带百分率（PPB）、Nei's 遗传多样性（H）、Shannon's 信息指数（I）分别为 78.21%，0.2494，0.3778，相对其他一些濒危植物，PPB 值高于华木莲（*Sinomanglietia glauca*）（廖文芳等，2004）、刺参（*Oplopanax elatus*）（Lee et al.，2002），但低于珙桐（*Davidia involucrata*）（张玉梅等，2012）、长叶红砂（*Reaumuria trigyna*）（张颖娟等，2008）等，表明秃杉具有中等水平的遗传多样性。

3.7.2　秃杉居群遗传结构分析

从表3.10可知，由 Shannon's 信息指数估算，秃杉总的遗传变异中，70.86%存在于

居群内，29.14%存在于居群间；根据 Nei's 指数估算，秃杉居群间的遗传分化系数 G_{ST} 为 0.2851，表明 4 个秃杉居群的遗传变异主要来自居群内。由 G_{ST} 估算的居群间基因流为 1.25。

表 3.10 4 个秃杉居群间的遗传结构

Shannon's 信息指数		Nei's 基因多样性指数	
I_{POP}	0.2677	H_s	0.1783
I_{SP}	0.3778	H_T	0.2494
I_{POP}/I_{SP}	0.7086	H_S/H_T	0.7149
$(I_{SP}-I_{POP})/I_{SP}$	0.2914	G_{ST}	0.2851
$N_m = 1.2538$			

注：I_{POP} 为居群内遗传多样性；I_{SP} 为种水平总的遗传多样性；I_{POP}/I_{SP} 为居群内遗传多样性占总遗传多样性的比率；$(I_{SP}-I_{POP})/I_{SP}$ 为居群间遗传多样性占总遗传多样性的比率；H_S 为居群内基因多样性；H_T 为种水平的基因多样性；H_S/H_T 为居群内基因多样性占总遗传多样性的比率；G_{ST} 为遗传分化系数；N_m 为基因流。

利用 AMOVA 对秃杉 4 个自然居群的遗传分化系数进行分析，结果表明：秃杉总的遗传变异中有 28.31%存在于居群间，71.69%存在于居群内（$P<0.001$，表 3.11）。AMOVA 的分析结果表明，秃杉居群间已出现了一定程度的遗传分化。

表 3.11 秃杉 ISSR 遗传变异的 AMOVA 分析

变异来源	自由度	总方差	平均方差	方差组分	变异百分比	P
种群间	3	146.6998	48.9	2.7688	28.31	<0.001
种群内	58	406.6389	7.011	7.011	71.69	<0.001

3.7.3 秃杉居群间的遗传距离和聚类分析

秃杉各居群间 Nei's 遗传距离 D 值的变化范围为 0.0537~0.1605，其中福建尤溪（FJYX）和贵州雷公山（GZLGS）的遗传距离最大，为 0.1605，而遗传一致度最小；福建古田屏南（FJGP）和贵州雷公山（GZLGS）的遗传距离最小，为 0.0537，遗传一致度最大（表 3.12）。

表 3.12 秃杉群居间地理距离（km，对角线上方）和 Nei's 遗传距离（对角线下方）

居群	HBLC	GZLGS	FJGP	FJYX
HBLC		680	1411	1388
GZLGS	0.1073		1519	1435
FJGP	0.0905	0.0537		135
FJYX	0.1475	0.1605	0.1043	

根据 Nei's 遗传一致度，利用 UPGMA 法构建居群遗传关系聚类图（图 3.1）。从图 3.1 可以看出，福建尤溪（FJYX）单独聚为一支；贵州雷公山（GZLGS）与福建古田屏南

（FJGP）优先聚在一起，然后再与湖北利川（HBLC）聚在一起。对秃杉4个居群的Nei's遗传距离与地理距离进行了Mantel统计检验，并进行1000次随机重复，结果显示4个居群间的地理距离和遗传距离无显著相关性（$r = 0.0433$，$P = 0.4356$），即秃杉居群遗传多样性分布没有明显的地理趋势。

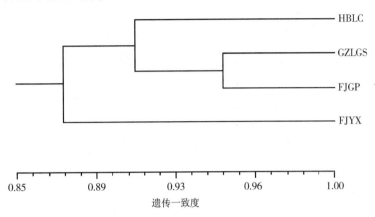

图3.1　秃杉居群间Nei's遗传一致度UPGMA聚类

3.7.4　结论与讨论

（1）秃杉的遗传多样性

遗传多样性是物种长期进化的产物，是居群生存和发展的前提（Barrett et al.，1998）。本研究通过ISSR分析得出：秃杉种水平的多态条带百分率（PPB）、Nei's遗传多样性（H）、Shannon's信息指数（I）分别为78.21%，0.2494，0.3778。这与张瑞麟（2005）（ISSR，PPB = 70.83%）、Lin等（1993）（等位酶，PPB = 50.2%）、陈光富等（2008）（RAPD，PPB = 65.81%）对秃杉居群遗传多样性的研究结果类似，但远高于Li等（2008）用ISSR标记对秃杉居群遗传多样性检测的结果（多态条带百分率、Nei's基因多样性和Shannon's信息指数分别为38.02%，0.1326和0.1986），Li等（2008）取样的4个自然居群有3个与本研究相同（湖北利川、贵州雷公山、福建古田屏南），但遗传多样性参数相差甚远。ISSR技术具有稳定性好、多态性高、操作简单、成本低廉等优点（Wolhf et al.，1995；Esselman et al.，1999；McGregor et al.，2000），不足之处在于稳定性易受到T_{aq}酶、Mg^{2+}、引物、退火温度等多个因素的影响。本研究通过正交试验建立了秃杉优化的ISSR反应体系，利用该优化的反应体系筛选出了10条稳定性强、清晰度高的引物，并进一步对引物的退火温度进行了筛选，以保证试验的准确性。Li等（2008）秃杉的反应体系是参照G_e等（1999）中红树植物的试验条件确定的，利用此反应体系，筛选出了15条引物用于试验，其中有5条引物与本研究筛选出的引物相同：4条（AG）重复的引物和1条三碱基重复的引物，即（AG）$_8$T，（AG）$_8$C，（AG）$_8$YC，（AG）$_8$YA，（CTC）$_6$，其他引物则与本试验不相同。试验条件的不同以及引物筛选的差异可能是导致二者研究结果差异较大的主要原因。

Hamrick 等（1990）的研究表明，物种的地理分布范围和遗传多样性关联显著。一些地理分布范围狭窄的物种由于遗传漂变和基因流的限制，遗传变异水平通常较低，自然分布范围广的物种通常趋向于更高的遗传多样性（Hamrick et al.，1990，1996）。因此一般研究认为濒危物种的遗传多样性水平较低（Hamrick et al.，1990；Li et al.，2002），但也有研究表明一些濒危物种维持了较高的遗传多样性（张玉梅等，2012；Kang et al.，2000；Zawko et al.，2001；Xue et al.，2004）。本研究中，秃杉的遗传多样性在物种水平上丰富。由于历史原因及人为破坏等，濒危种的居群常呈片段化分布，居群规模较小甚至零星分布，但对一些长寿的木本植物（>100 年）而言，由于世代较长，居群片段化的遗传效应暂时还不会反映出来（陈小勇，2000）。因此，就物种而言，秃杉仍保留着较高的遗传多样性。

在所有居群中，贵州雷公山居群的多态条带百分率最高，湖北利川的次之，福建尤溪的最低。遗传多样性较高的贵州雷公山居群处于雷公山自然保护区内，未经历过多的人为干扰，生境相对完好；而福建尤溪居群，野外调查仅发现 9 株，零星分布在房屋、农田附近，每天有大量的人畜活动，生境几乎完全破坏，与其他居群相比，植株群体处于衰退状态。因此，生境破坏可能是导致秃杉物种濒危的一个重要原因。

（2）秃杉的遗传结构

居群是物种进化的基本单位，而一个物种最基本的特征之一就是居群的遗传结构（王祎玲，2006）。本研究使用不同的方法对秃杉居群的遗传结构进行分析，Nei's 基因多样性指数、Shannon's 信息指数以及 AMOVA 分析结果相似，即秃杉的遗传变异主要来自居群内，居群内遗传变异大于居群间的遗传变异，不同居群间存在着遗传分化。这与 Li 等（2008）的研究结果（$G_{ST} = 0.7237$）不同，而与 Nybom 等（2000）对一些裸子植物的统计结果一致。Nybom 等（2000）的研究结果表明：一年生、自交、演替阶段早期的类群遗传变异主要发生在居群间，相比之下，寿命长、异交、演替阶段晚期的类群遗传变异主要来自居群内。秃杉属于长寿的木本植物，生命周期长，异交为主，其居群内保持较高的遗传变异与秃杉物种自身的生物学特性有关。Nybom（2004）对植物居群遗传结构分析表明，混合交配、自交和异交植物的 G_{ST} 值分别为 0.40，0.65 和 0.27，本研究得到的秃杉 G_{ST} 值为 0.2831，这正好符合秃杉风媒传粉、异交为主交配系统的生物学特性。

本研究中，秃杉居群地理距离与遗传距离没有相关性（$r = 0.0433$，$P = 0.4356$），这种变异模式与 UPGMA 的聚类结果一致。从 UPGMA 聚类图上可以看出，地理距离最远的贵州雷公山（GZLGS）与福建古田屏南（FJGP）居群优先聚在一起，而地理距离最近的福建尤溪（FJYX）与福建古田屏南（FJGP）居群没有聚在一起，而是单独聚为一支。福建尤溪（FJYX）居群单独聚为一支，可能与其分布区鹫云山脉和福建古田屏南（FJGP）居群分布区鹫峰山脉地理阻隔有关，而该居群样本稀少可能是其聚类异常的又一原因。Fischer（2000）认为地理距离与遗传距离之间显著不相关意味着遗传漂变在居群分化中起着重要的作用。本研究中的 4 个秃杉居群地理距离相距较远，中间有山脉阻隔，即使秃杉风媒传粉，基因交流也会受到限制。因此遗传漂变可能是导致秃杉居群间发生遗传变异的一个重要因素。

很多因素都会影响居群的遗传结构，在影响居群遗传分化的众多因素中，基因流常常被视为使居群遗传结构均质化的主要因素之一（肖猛，2006）。基因流大的物种，居群间的遗传分化小，反之，居群间的遗传分化大（Rowe et al.，1998）。本研究中，秃杉居群间的基因流 $N_m = 1.2538$，表明秃杉各居群间存在基因交流。然而现存的秃杉居群呈零星分布，片段化严重且高度隔离，尽管其异交为主、风媒传粉的生物学特性，但其种子结实率低、萌发困难，因此其后代向外扩散的能力实际相当有限，居群间基因交流几乎不能发生。因此，推测 N_m 值代表的可能是片段化发生前的基因流大小，反映的是秃杉历史上连续分布居群的遗传结构。秃杉为第三纪古热带区系孑遗植物，曾广泛分布于欧洲和亚洲东部，因此，在其祖先时代，秃杉居群庞大而连续，基因交流频繁畅通，遗传变异丰富。在经历第四纪冰期后，其生境遭到严重破坏，加之人类活动和环境恶化，连续的、大的居群变成了当前小的、隔离的亚居群。由此可见，秃杉居群间的遗传分化可能是由其片段化前居群间的历史基因流形成的。

（3）秃杉的保护策略

基于 ISSR 遗传多样性分析表明，秃杉在物种水平上仍具有较高遗传多样性。这说明，尽管秃杉为濒危孑遗物种，但是造成其珍稀、濒危的原因并非是遗传多样性的降低。野外调查发现，秃杉自然居群多为零星分布，人类的活动使秃杉所处生境严重片段化，秃杉的数量和分布区大大减少。同时生境片段化将秃杉隔离成小居群，导致自交和遗传漂变使居群走向衰退（Hedrick et al.，2000）。因此，应切实地保护秃杉的生存环境，禁止滥砍滥伐，并通过行政干预和立法等强制措施停止人为破坏，使居群逐渐恢复生机。秃杉属异花传粉植物，雌球花自然授粉率低，结籽时间较晚且数量较少，种子发芽率低，幼树生长缓慢（杨琴军等，2009）。因此有必要对秃杉的结实特性、生殖能力以及秃杉种子繁殖和营养繁殖进行研究，突破技术难关，为今后采种育苗，通过无性繁殖快速获得秃杉个体创造条件（李江伟等，2014）。

第4章

秃杉生命表及成活曲线分析

4.1 生命表分析

根据调查结果，按照公式（2-15 与 2-16）编出秃杉种群特定时间生命表，见表4.1。

表 4.1 雷公山自然保护区秃杉种群特定时间生命表

龄级	径级	组中值	a_x	l_x	$\ln l_x$	d_x	q_x	L_x	T_x	e_x	K_x
1	0~4	2	271298	1000000	13.816	980579	0.981	509711	539009	1.057	3.941
2	4~10	7	5269	19421	9.874	16233	0.836	11305	29298	2.592	1.807
3	10~20	15	865	3188	8.067	59	0.018	3159	17993	5.696	0.019
4	20~30	25	849	3129	8.049	704	0.225	2777	14834	5.341	0.255
5	30~40	35	658	2425	7.794	619	0.255	2116	12057	5.699	0.295
6	40~50	45	490	1806	7.499	324	0.180	1644	9941	6.047	0.198
7	50~60	55	402	1482	7.301	63	0.042	1450	8297	5.720	0.043
8	60~70	65	385	1419	7.258	15	0.010	1412	6847	4.850	0.010
9	70~80	75	381	1404	7.247	18	0.013	1395	5435	3.896	0.013
10	80~90	85	376	1386	7.234	365	0.263	1203	4040	3.357	0.306
11	90~100	95	277	1021	6.929	217	0.213	912	2836	3.109	0.24
12	100~110	105	218	804	6.689	302	0.376	652	1924	2.949	0.472
13	110~120	115	136	501	6.217	37	0.074	483	1272	2.634	0.076
14	120~130	125	126	464	6.141	188	0.405	370	789	2.129	0.519
15	130~140	135	75	276	5.622	170	0.613	192	418	2.183	0.950
16	140~150	145	29	107	4.672	29	0.276	92	227	2.460	0.323
17	150~160	155	21	77	4.349	26	0.333	65	135	2.086	0.405
18	160~170	165	14	52	3.944	18	0.357	42	70	1.652	0.442
19	170~180	175	9	33	3.502	29	0.889	18	28	1.500	2.197
20	180~190	185	1	4	1.305	0	0.000	4	9	2.500	0.000
21	190~200	195	1	4	1.305	0	0.000	4	6	1.500	0.000
22	200~210	205	1	4	1.305	0	0.000	2	2	1.000	1.305

存活曲线是反映种群个体在各年龄级的存活状况曲线，是根据生命表、借助于存活个体数量来描述特定年龄死亡率，通过把特定年龄组的个体数量相对时间作图而得到的。本研究以径级相对年龄为横坐标，以存活量的对数为纵坐标，根据雷公山秃杉生命表（表4.1），绘制秃杉种群存活曲线（图4.1）。

　　按 Deevey 的划分，存活曲线一般有3种基本类型。Ⅰ型是凸曲线，该类型种群绝大多数能活到该物种的生理年龄，早期死亡率低，当活到一定生理年龄时，短期内几乎全部死亡；Ⅱ型是直线，也称对角线，该类型种群各年龄死亡率基本相同；Ⅲ型是凹曲线，早期死亡率高，一旦活到某一年龄，死亡率就较低。从表4.1和图4.1可看出，雷公山自然保护区秃杉种群的存活曲线趋向于 Deevey Ⅲ型。出现的幼苗大多是秃杉的实生苗，胸径在4~10cm 的数量也不多，1龄级的数量相当多，以后存活数量迅速下降，3~14龄级比较稳定，到15~20龄级存活数量又趋于较大幅度下降，到20龄级后又趋于稳定。

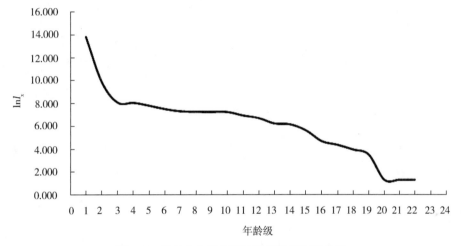

图 4.1　雷公山自然保护区秃杉种群存活曲线

　　秃杉种群生命表和存活曲线从整体上反映了秃杉种群的数量动态变化趋势及结构特征。经对秃杉母树周边林下荫蔽的20个5m×5m的小样方调查发现，种子萌发未达到1年生的每平方米有10株左右，幼苗高度到4cm后，死亡率达到90.00%。对母树周围林窗调查发现秃杉幼苗少，幼树比林下荫蔽环境多。这是秃杉自身特性所决定，秃杉种子需要在荫蔽的环境下才能萌发，且刚萌发的幼苗为喜阴，但幼苗高度达到4cm以后，开始变为喜阳植物，需要阳光的补给，开始不适合于秃杉幼苗生长，使得秃杉幼苗快速地死亡。导致种群在1年生（1年生苗高度在10cm左右）处于中断状态，再加上秃杉种子产量存在大小年现象，种子产量存在波动性，造成对秃杉种群补充的波动性。所以就导致荫蔽幼苗多于林窗的幼苗，而林窗的幼树多于荫蔽的幼树。

4.2　存活曲线分析

　　秃杉的亏损率和死亡率曲线（图4.2）反映了秃杉种群的一般特征；在1和2龄级时，损失度比较大；3~14龄级时波动很小，15龄级时有一个小高峰，19龄级时损失度达第二次高峰，在此阶段后只有少量秃杉个体幸存下来。1 龄级时死亡率出现最高峰，达 98.10%，说明此时环境筛的选择强度很高，只有 1.90% 的幼树进入下一阶段，在 2 龄级时死亡率仍然达到 83.60%，仅剩下最初的 0.12%。此后死亡率变化趋于稳定，到 19 龄级时又达到第二次死亡高峰，死亡率达 88.90%，这时的秃杉已达到了树老枯死的龄级。过后 20 和 21 龄级又趋于平缓。这是因为生长的古树立地条件相当好，古树能够成活下来，如格头寨子旁的"秃杉王"。再到 22 龄级后秃杉古树已达到了生命的尾声。

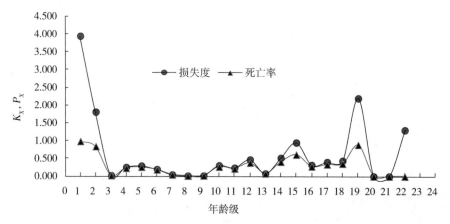

图 4.2　雷公山自然保护区秃杉群落死亡率和损失度曲线

从秃杉更新来看，淘汰得太多（98.10%），幸存得太少（1.90%）。但其原因可能是秃杉本身特性所决定，小幼苗喜阴，大幼苗喜阳，加上幼苗年龄较小，生长和竞争能力不强，导致受到环境筛的强烈筛选而大量死亡。调查中发现：秃杉幼树喜阳，在生长过程中需光线强，秃杉天然林的幼株只有通过光照环境筛的严格筛选才能进入主林层，而在这种缺乏人为干扰的天然林内，很少有秃杉幼株能够通过光照环境筛的筛选，因此大多幼株或缓慢生长等待进入主林层或在等待中逐渐死亡。秃杉种群在 2 龄级时幸存个体数占该种群总数量的 1.00%。由此引起秃杉种群中龄树的缺失，从而导致秃杉种群濒危。

4.3　雷公山秃杉种群生态学

4.3.1　秃杉大小级结构

用大小级（径级）结构分析秃杉的种群结构，图 4.3 是 5 个样地秃杉种群的大小级结构图。横轴表示大小级百分比，纵轴表示大小级。

由图 4.3 可见，样地 1 为疏林地，人为扰动较少，林下光线好，幼苗萌发更新良好，在 50cm 以下的个体比例呈金字塔结构。样地 2 远离村寨，秃杉集中分布在直径 60～120cm，缺少 60cm 以下个体。灌木层主要是箭竹（*Fargesia spathacea*），盖度高达 95%，林下郁闭枯枝落叶层厚，种子不易与地面接触，秃杉喜光喜湿不耐阴的生物学特性是造成这种情况的主要原因。样地 3~5 坡度大，位于村寨附近，大树稀少，幼苗储备量丰富，调查发现样地 3~5 在秃杉种子成熟季节，由于地形的影响易形成槽子风，将种子吹向坡顶，幼苗则分布在距母树上方 10~50m 的范围。5 个样地都有断层现象，群落中都存在一定数量的老年个体。

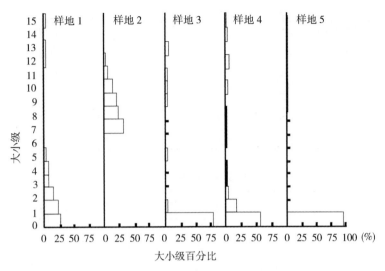

图 4.3　秃杉种群的大小级结构

4.3.2　秃杉静态生命表

选用样地 1 和样地 2 的种群数据编制静态生命表，因为这 2 个样地的金字塔结构比较典型，而样地 3~5 年龄级断层比较明显见表 4.2。表 4.3 和表 4.4 是以径级代替年龄级的静态生命表，表内各参数根据样地 1 和样地 2 野外实测结果（表 4.1），并将数据标准化计算。表 4.3 省略样地内出现的大树，因断层距离间隔大出现负值，但不影响静态生命表的编制。综合样地情况表 4.3 和表 4.4 能够反映秃杉种群的生存规律，表 4.3 反映直径在 50cm 以下的个体生存和死亡的情况。由表 4.3 可知样地 1 种群天然更新良好，种群的增长呈典型的金字塔型。表 4.3 样地 2 没有直径在 60cm 以下的个体，而 60cm 以上的个体呈典型的金字塔型。根据表 4.3、表 4.4 可知，秃杉种群个体的存活数随径级的增加而逐渐降低，数量变化比较平稳；生命期望也随着径级的增加而降低。不同的环境条件下秃杉种群死亡高峰出现在不同的径级，样地 1 出现在 1 径级。样地 2 无幼苗、幼树，当秃杉进入 7 径级时，成年个体数量变化比较稳定。

表 4.2　秃杉调查样地的基本情况

样地	地点	群落类型	样地面积（m²）	海拔（m）	坡度（°）	坡向	人为干扰
1	白虾	常绿阔叶林	2000	1050	37	EN	较少
2	山桥水	常绿阔叶林	3500	1130	35	NE	无
3	白卵	常绿阔叶林	1500	1020	45	NS	明显
4	见帮	针阔混交林	2500	1130	40	NS	明显
5	干扁	针阔混交林	2500	1130	50	EW	明显

表 4.3　秃杉种群静态生命表（样地 1）

径级	胸径间隔 10cm（i）	存活数 L_i（株）	死亡数 d_i（株）	标准化 1000 死亡数 q_i（株）	生命期望 E_i	生存率	积累 死亡率	死亡 密度	危险率
0	0>	10000	1700	170	2663	0.8333	0.167	0.01667	0.020
1	0~10	8300	3300	397.6	2106	0.500	0.500	0.0333	0.050
2	10~20	5000	1667	333.4	2167	0.3333	0.667	0	0.040
3	20~30	3333	0	0	2	0.3333	0	0.1667	0
4	30~40	3333	1667	500.2	1	0.1666	0.833	0.1665	0.067
5	40~50	1667	1667	10000	0.5	0.1111	0.999	0.00001	0.200

表 4.4　秃杉种群静态生命表（样地 2）

径级	胸径间隔 10cm（i）	存活数 L_i（株）	死亡数 d_i（株）	标准化 1000 死亡数 q_i（株）	生命期望 E_i	生存率	积累 死亡率	死亡 密度	危险率
0	0>	0	0	0	0	0	0	0	0
1	0~10	0	0	0	0	0	0	0	0
2	10~20	0	0	0	0	0	0	0	0
3	20~30	0	0	0	0	0	0	0	0
4	30~40	0	0	0	0	0	0	0	0
5	40~50	0	0	0	0	0	0	0	0
6	50~60	0	0	0	0	0	0	0	0
7	60~70	10000	2222	2222	27222	0.7778	0.2222	0.02222	0.025
8	70~80	7778	1111	142.8	2357	0.6667	0.333	0.0111	0.015
9	80~90	6667	2223	333.4	1.6665	0.4444	0.5556	0.0222	0.04
10	90~100	4444	2222	500	1.25	0.2222	0.7778	0.0222	0.06
11	100~110	2222	1111	500	1	0.1111	0.8889	0.0111	0.06
12	110~120	1111	1111	1000	0.5	0	1	0.0111	0.2

4.3.3　秃杉种群生存分析

　　图 4.4 和图 4.5 是与表 4.3 和表 4.4 相对应的种群死亡密度函数和危险率函数曲线图。死亡率函数曲线反映了不同环境条件下秃杉种群死亡率的动态变化。样地 1，0~4 径级个体数量波动大，1 径级死亡率最高，危险率最高；3 径级死亡率最低，危险率也相应降低，以后数量保持稳定。样地 2，数量波动变化相对稳定，危险率函数曲线的波动也比较平稳。

4.3.4　秃杉种群动态特点

　　在疏林林下光线较好和人为干扰比较小的情况下，秃杉种群的各年龄段呈现典型的金字塔型，种群的增长基本符合逻辑斯谛增长规律。当群落郁闭时，种子萌发差，幼年个体

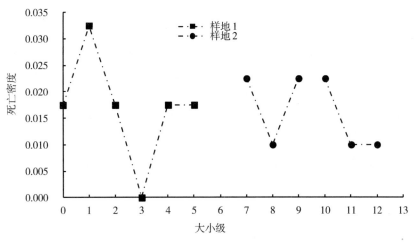

图 4.4　死亡密度函数曲线

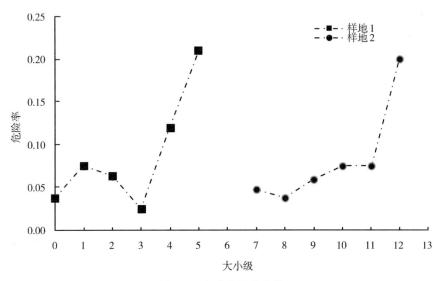

图 4.5　危险率函数曲线

成活率低，成年个体被压木大量死亡，造成 60cm 以下的个体基本没有，种群增长呈倒金字塔型。秃杉幼苗丰富与秃杉种群分布的地形和更新有关，秃杉主要是飞籽更新、无萌芽更新。秃杉种群增长过程出现的断代现象，与种群本身的生物学特性和人为砍伐造成不清楚的干扰有关，如病虫害等引起的死亡。阳含熙（1985），范兆飞等（1992）对红松（*Pinus koraiensis*）种群、水曲柳（*Fraxinus mands*）、蒙古栎（*Quercus mongolica*）、兴安落叶松（*Larix gmelinii*）等的研究中发现，其种群具有断层现象表现为浪潮式更新方式，由竞争引起的自然稀疏，为幼苗在林窗更新创造了条件，但秃杉是否为浪潮式更新有待于进一步研究。

4.3.5 结论

① 雷公山秃杉种群，在林下光线好、人为扰动小的环境条件下，幼苗储备量丰富，种群为迅速增长种群。群落郁闭时，幼年个体及成年个体的被压木大量死亡。

② 秃杉种群静态生命表的生存分析表明，在种群的生活史中，各径级的生存与死亡，死亡密度与危险率 2 种函数都存在前期波动大后期趋于比较稳定的特点。幼年阶段存在明显的自疏和他疏现象。

③ 人为干扰和种群的生物学特性使种群结构出现明显的断代现象，因此应加强自然保护。

第5章

秃杉种群特征

5.1 秃杉群体

5.1.1 秃杉片块

雷公山秃杉成片分布共 41 片, 面积 77.7hm², 其中方祥管理站的格头村、平祥村有 16 片, 面积 29.9hm²; 小丹江管理站的昂英村有 23 片, 面积 45hm²; 交密管理站的交包村有 2 片, 面积 2.8hm²。超过 4hm² 的有 4 片, 最大一片在格头村桐脑 (小地名), 面积达 10hm², 其余 3 片分别在昂英村的白虾、大堰沟头和乔水对面。

5.1.2 昂英秃杉林

在雷公山东面, 位于剑河县境内太拥镇昂英村, 小地名 "白虾", 有一片秃杉林, 经调查, 这片秃杉林有 99 株, 其中胸径 50~100cm 的有 14 株, 101cm 以上的有 17 株。最引人注目的是, 直径分别为 156cm、140cm、135cm 的 3 株秃杉, 第一活枝下高均在 25m 以上, 枝高叶茂。走近一看, 巨大的 3 株秃杉, 树干通直挺拔。

5.1.3 桥水秃杉林

位于剑河县白道乡昂英村桥水老自然寨对面的 "欧养寨", 共有 3 片, 其中较大一片面积 4.2hm², 共有 114 株, 胸径 33.1~140.1cm, 其中 100cm 以上有 50 株, 占总株数的 43.86%; 树高 20~45m, 30m 以上的有 49 株, 占总株数的 42.98%, 平均冠幅在 8m×8m 至 20m×18m 之间, 活立木蓄积 1608.97m³, 公顷蓄积 382.38m³。

5.2 秃杉种群地理分布格局

5.2.1 水平分布格局

雷公山自然保护区共设立 6 个管理站, 其中秃杉主要分布在 3 个管理站辖区, 即方祥管理站、交密管理站和小丹江管理站。雷公山自然保护区秃杉种群水平分布情况见表 5.1。

表 5.1 雷公山自然保护区秃杉种群水平分布

管理站	村名	面积 （hm²）	检尺株数 （株）	幼树株数 （株）	幼苗株数 （株）	合计株数 （株）
方祥管理站	格头村、平祥村、水寨村、雀鸟村、迪气村、陡寨村	35.60	3037	3878	115959	122874
交密管理站	交包村	2.10	41	63	3003	3107
小丹江管理站	昂英村、小丹江村	40.30	3236	4328	149336	156900
合计		78.00	6314	8269	268298	282881

方祥管理站辖区秃杉种群分布面积 35.60hm²，占保护区秃杉分布面积的 45.64%，主要分布在格头村和平祥村，水寨村、雀鸟村、迪气村和陡寨村有少量分布，其中格头村为主要分布区，密度最大达到 3.24 株/m²。交密管理站辖区仅交包村有分布，分布面积小，比较集中，密度为 1.48 株/m²。小丹江管理站辖区主要分布在昂英村，小丹江村有少量分布，其中昂英村分布的秃杉株数最多，达到 156000 株，占保护区秃杉分布株数的 55.15%，密度为 0.39 株/m²。

5.2.2　垂直分布格局

探讨物种种群沿海拔梯度的变化格局及其形成机制与纬度、梯度相比，现代气候因子（如温度、湿度、降雨等）在海拔梯度上变化更大，其中温度的变化速率是纬度梯度上变化速率的 1000 倍。因此，物种的种群在海拔梯度格局比纬度梯度格局更加明显。研究物种种群的海拔分布格局有助于全面理解物种纬度梯度格局及其物种分布地理格局的形成机制。

根据物种多样性在海拔梯度上的分布大致有 4 种普遍格局（单调递减、驼峰分布、先平台后递减、单调递增），其中单调递减格局（占 26.00%）和驼峰分布格局（占 45.00%）最为普遍。对雷公山自然保护区秃杉种群沿海拔梯度变化进行探讨。

通过 2012—2015 年对雷公山自然保护区秃杉胸径在 10cm 以上实测，并记录了每株的海拔高度，共计 5452 株，分布在海拔 650~1695m 之间。本研究将海拔按 50m 梯度进行区间统计秃杉株数（海拔 1400m 以上为一个等级），共计 16 个区间（图 5.1）。

由图 5.1 可见，雷公山自然保护区秃杉分布呈驼峰分布格局。分布在海拔区间株数达到 500 株以上的共有 5 个区间，分别是 900~950m、1000~1050m、1050~1100m、1100~1150m、1150~1200m，共计 3786 株，占整个秃杉株数的 69.44%。其中，分布秃杉株数最多的海拔区段 1050~1100m，共有 1057 株，占整个秃杉株数的 19.39%，占海拔区间秃杉平均株数（305 株）的 346.84%。分布秃杉株数在 200~500 株，有 4 个区间，分别是 800~850m、850~900m、950~1000m、1200~1250m，共计 1213 株，占整个秃杉株数的 22.25%。分布最低海拔在小丹江管理站辖区，仅有 3 株，海拔为 650m。分布最高海拔在方祥管理站辖区，仅有 1 株，海拔为 1696m。

从以上数据可知：雷公山自然保护区秃杉主要分布在海拔 900~1200m（950~1000m

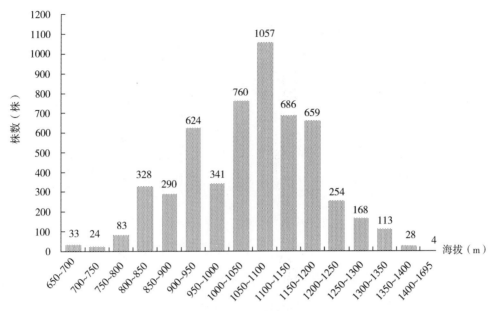

图 5.1　雷公山自然保护区秃杉垂直分布情况

有点波动），其中分布最集中且数量最多是海拔 1050～1100m。之后向海拔区间的两边相同株数减少。说明雷公山自然保护区海拔 900～1200m 非常适合秃杉生长，这与气候条件有关。雷公山自然保护区到了低海拔，由于温度差异比较大，不适应秃杉生长。同样高海拔温度差异大、风大、雾大等不适应秃杉的生长。调查中发现海拔在 1400m 以上的 4 株，胸径分别为 40.3cm、32.7cm、28.4cm、19.2cm，平均高度仅有 7m，长势差。

5.3　秃杉种群结构特征及分布格局

根据湖南环境生物职业技术学院园林系杨宁等（2011）的研究得出如下结果。

5.3.1　秃杉种群结构特征

① 种群的径级结构和年龄结构是种群的重要特征之一，是探索种群动态的有效方法。由于乔木种群个体年龄难于确定，所以采用以立木胸径代替年龄对秃杉种群的年龄结构进行分析（图 5.2）。

从图 5.2 可以看出，6 个样点的秃杉种群的年龄结构有一个共同特点，即它们的年龄结构呈现出两头小、中间大的金字塔形。其中，Ⅳ龄级小树和Ⅴ龄级中树的数量较多；Ⅰ龄级幼苗仅在样点 C 有 1 株，其他 5 个样点皆为 0 株；Ⅱ龄级幼树仅在样点 A 有 2 株；Ⅲ龄级幼树则在样点 E 有 2 株。由此可见，秃杉种群的年龄结构中幼苗、幼树少见，成年树所占比例大，种群处于前期薄弱、后期衰退的不稳定状态，表明秃杉种群的生存受到威胁，呈现出一种衰退型的年龄结构。

② 由于研究的秃杉种群为天然林，而且由"空间推时间""横向导纵向"，调查所得数据并不完全满足编表的 3 个假设，在生命表的编制中会出现死亡率 q_x 为负的情况。对这

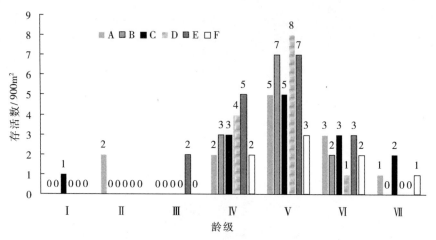

图5.2 雷公山各样点秃杉的年龄组成结构

种情况,Wretten 等（吴承祯等,2000；江洪,1992）认为："生命表分析中产生的一些负的 d_x 值,这与数学假设不符,但仍能提供有用的生态学记录,即表明种群并非静止不动,而是在迅速发展或衰退之中。"据此,采用江洪（1992）在云杉种群生命表的编制过程所采用的匀滑技术对数据进行处理,具体作法如下：根据秃杉群落调查资料,把 7 个龄级,6 个种群相对应的个体数合并,结果发现数据在第 I 龄级和第 III、IV、V 龄级时发生波动,分别小于第 II 龄级和相邻后一龄级的存活数。据特定时间生命表假设,年龄组合是稳定的,各年龄的比例不变。因此,计算从 I 龄级至 VII 龄级存活数的累积：

$$T = \sum_{i=1}^{VII} a_{xi} = 77$$

$$平均数为 \bar{a}_x = \frac{T}{n} = \frac{77}{7} = 11$$

认为 11 是区间组中值,另外,据区间最多存活数与最小存活数之差 34 及区间间隔数为 7,可以确定每一相邻龄组存活数之间差数为 5,故经匀滑修正后得到修正后的 a_x（表5.2）,然后据此编制出秃杉种群的特定时间生命表（表5.2）。以生命表中的 $\ln(l_x)$ 为纵坐标,以各龄级为横坐标,建立秃杉种群的存活曲线（图5.3）。

表5.2 雷公山秃杉种群的特定时间生命表（2010 年）

龄级	存活率 a_x	匀滑后存活率 a_x	l_x	d_x	L_x	T_x	e_x	$la(d_x)$	$\ln(l_x)$	q_x
I	1	26	1000	168	916.0	2729.0	2.729	5.124	6.908	0.168
II	2	21	798	171	712.5	1813.0	2.272	5.141	6.682	0.215
III	2	16	608	150	533.0	1100.5	1.810	5.011	6.410	0.247
IV	19	11	418	123	356.5	567.5	1.358	4.812	6.036	0.294
V	35	6	228	117	169.5	211.0	0.925	4.762	5.429	0.513
VI	14	1	38	31	22.5	41.5	1.092	4.430	3.638	0.826
VII	4	1	38	—	19.0	19.0	0.500	—	3.638	—

从表5.2可以看出，秃杉种群死亡率 q_x 和存活率 l_x 随各龄级变化的总趋势而相应变化。秃杉种群死亡率 q_x 从第 I 龄级至第Ⅶ龄级随着演替的进行而增大，但在增大的过程中，死亡率 q_x 有两次质的"飞跃"，第一次"飞跃"发生在第 V 龄级，其原因是随着演替的进行，种内与种间竞争加剧，从而导致死亡率 q_x 产生第一次飞跃；第二次"飞跃"发生于第Ⅵ龄级，其原因是随着秃杉种群进入生理死亡年龄而产生，种群个体数迅速消亡。结合图5.3显示，秃杉种群的存活曲线接近 Deevey Ⅱ型。

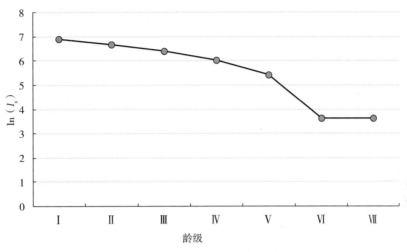

图5.3　雷公山秃杉种群的存活曲线

5.3.2　秃杉种群的分布格局

从表5.3可以看出，6个样地的秃杉种群皆服从聚集分布，且聚集程度较高。在样点 A 中，秃杉母树的种子成熟后受重力作用而掉落在母树周围，致使种子散布的距离不远，种群形成聚集分布格局；在样点 B 中，秃杉的聚集分布格局与该生境的空间异质性有关，由于该群落沿山脊生长，山脊的起伏不平对土壤深度和种子的聚集程度影响较大，凹处易集聚种子，土层也较厚，形成不同规模和尺度的秃杉聚集；在样点 C 中，因为该生境中有裸岩和林木的天然死亡，从而形成大小不等的林窗，秃杉个体为了寻求光照支持，在林窗内和林窗边缘形成异龄聚集，特别是秃杉幼苗在林窗内微环境有利于其生长的地方形成较高密度的聚集现象；在样点 D 中，该群落受到一定程度的人为干扰，在群落内有 $10\sim40m^2$ 的 6 个林窗，在此的聚集分布格局可分为两种类型，一是在较大的林窗内秃杉个体较多，导致较大规模的（$40m^2$）秃杉种群聚集分布；二是在较小的林窗内，林地中透过林冠的光强度在不同位点的差异，造成林下植物的斑块，降落在母树周围的秃杉种子萌发后常产生簇生的幼株群，加之在林窗内小环境的差别，散落其中的秃杉种子在有利于其萌发生长的小环境形成聚集，以争夺环境资源，导致在小规模上的秃杉种群的聚集分布；在样点 E 中，秃杉种群的聚集分布格局主要与地表岩石裸露与土壤侵蚀有关，在裸岩出现之处形成 $9\sim10m^2$ 的秃杉生长空白区，而在裸岩之间凹处积聚的土壤有利于秃杉的生长，形成聚集分布格局；在样点 F 中，林窗环境为箭竹提供了良好的生存条件，箭竹能迅速侵入林窗环境进行克隆生长，密集丛生的枝干和盘根错节的根系影响到秃杉的更新与幼苗的生长（李性苑和李东平，2009a，2009b，2011），但在秃杉母树的周围，由于箭竹发育不良，导致秃杉种群的聚集分布。

表 5.3 雷公山秃杉种群的分布格局

样点号	均值	聚集度指数（I）	聚集指数（C_a）	扩散系数（C）	负二项分布指数（R）	结果
A	0.588	1.9432	3.4978	2.9400	0.2868	聚集分布
B	0.519	1.4568	1.6549	2.0501	0.6209	聚集分布
C	0.568	0.9873	2.5328	2.4999	0.4568	聚集分布
D	0.524	1.1658	2.1859	2.5638	0.4589	聚集分布
E	0.660	1.6888	2.5400	2.1568	0.6221	聚集分布
F	0.654	1.5782	1.9988	1.9874	0.5876	聚集分布

5.3.3 结论

（1）秃杉种群衰退与自身适应能力差有关

目前世界上仅在中国与缅甸北部有天然秃杉分布，而中国天然秃杉林的分布仅限于云南西部怒江流域的高黎贡山、澜沧江流域的兰坪；台湾的阿里山；湖北西南部的利川、毛坝；贵州东南部的雷公山等局部区域，形成间断分布格局，这种地理上的星散间断分布格局构成了不同程度的生殖隔离，不利于种群之间、分布岛之间的基因交流，是该物种走向濒危的遗传学原因。另外，由于自然因素与人为干扰使秃杉种群年龄不连续，树龄老化，数量有限，分布面积狭小，在某一或某些尺度上呈强烈的聚集分布格局，这样种群变小，容易造成近亲繁殖，提高自交率，增加遗传漂变的概率，影响种群的生存能力，导致物种走向濒危。再者，秃杉种子成熟后在重力的作用下散布于母体周围，加上母体周围地表的凹凸不平，在下凹的地方容易造成秃杉种子的聚集，因而秃杉高度的聚集生长、种子更新困难、缺乏无性繁殖、年龄结构不合理、小种群基因流受阻和遗传漂变的增加造成种群生态适应能力差，促进了环境对其强烈的过滤作用。而且秃杉由于个体数量少，雄、雌花序的分布不利于授粉，开花时期雨水多等原因造成结实率低，自然条件下可供更新的有效种子数量少。同时，秃杉种子体积较小，所含的营养物质少，这样当种子成熟自然落下时"一不小心"落进缝裂等土壤较深的不利生境中而"不能自拔"，而造成秃杉种子发芽困难，种子成苗率低。

（2）秃杉种群空间分布格局与群落内小环境有关

在我们讨论的秃杉群落种群中，每一个种群的面积都不大，气候与立地条件基本一致。但群落内岩石的覆盖、土壤的侵蚀以及人为的干扰等因素而形成的小环境，对秃杉种群的空间分布格局有显著的影响，秃杉种群为了在短期内占据有利的生态位而形成聚集分布格局，形成秃杉种群斑块，在斑块内种内竞争加剧，即对劣势的秃杉个体进行淘汰，强势的少数秃杉个体在较小的斑块中容易产生生殖隔离而造成秃杉种群的衰退。因此，秃杉种群的衰退与外界因素有关。

（3）秃杉种群的空间分布格局受群落学特征的影响

秃杉作为共优种，它在群落中的分布受制于其他共优种，如在样点 A 至样点 E 中，秃杉生长于阔叶林或针阔混交林，幼龄树生长空间小，采光不足，导致幼龄树死亡率较高；在样点 F 中，秃杉—箭竹群落中，箭竹的盖度在某些区组内高达 90%，地下根系盘根错节，地上箭竹成丛生长，影响到秃杉的更新与生长，最终使秃杉难以生存。因此，秃杉种群的衰退与群落种类的组成与结构有关，改善秃杉分布的生境条件与树种结构，对于秃杉天然群落的更新有积极作用，同时人工种植方法也是保存该物种的主要措施（杨宁等，2011）。

（4）不同林冠环境下箭竹分株种群结构特征

在贵州雷公山秃杉分布区，随着大林窗向中林窗和林下的深入，林冠开阔度的减小，光照水平减弱，箭竹的分散程度不断提高，单丛分株数、株高、基径与单株生物量呈递减趋势，这一研究结果与 Widmer（1998）对香竹族竹类（*Chusquea* spp.）的研究结果相似。但值得注意的是，本次调查发现，箭竹种群的株高和分株生物量均在大林窗中出现峰值，而并非在林下与林缘旷地最大，这说明不同形态的箭竹对变化的生态因子（包括光、温、水、土壤等）或者各生态因子的配合状况存在行为表现和生存策略的差异，同时也是决定他们能否良好生长的关键；大林窗的光照条件优于中林窗与林下，土壤含水量较林缘旷地充沛，对于喜光、喜高湿的箭竹来说，在大林窗的环境中长势最好，这与植物在其适宜的环境条件下能充分利用光、温、水、土壤等生态因素，实现自身生存扩展最大化的特征基本一致。

在 4 种林窗环境中，在林缘旷地中，光照最强，土壤与大气湿度最低，箭竹为了逃避不利生境，获取更多的生存资源，通过增加其地下茎、粗根与细根的生物量的百分比来扩大其地下营养空间，说明箭竹为逃避不利生境，获取了较强的扩散潜力和吸水能力等有效生态对策，是其长期自然选择的结果。与刘庆等（2004）对斑苦竹的研究结果相似。

单位叶面积重按林缘旷地→大林窗→中林窗→林下的顺序递减，叶的生物量百分比呈现出林下>中林窗>大林窗>林缘旷地的特点，在林下，光照水平低，植株通过增大生物量的百分比用于光合器官——叶的构建，同时通过减少单位叶面积叶重来捕获光能，以适应弱光环境。单叶面积以中林窗→林缘旷地→林下→大林窗的顺序递减，此研究结果与何维明（2000）与李军超等（1995）的"植株随生境相对光强降低，植株的单叶面积增大，单株叶数减少"在研究结果相异，其原因可能与在中林窗的林冠环境中，光照条件较优越，植株利用资源的能力和生产能力得以提高有关；大林窗的单叶面积小于林缘旷地，可能与大林窗的单株叶片数较大有关。

林下箭竹分株种群死亡率显著较低，其他 3 种林冠环境较高且其间无显著差异。原因在于：林下箭竹的幼龄个体数量与单丛数量相对较少，单株生物量相对低，种内竞争弱，个体存活容易，种群死亡率低；而在其他林冠环境中，单丛数量与分株数增大，种内竞争激烈，导致种群死亡率增高，该研究结果与魏辅文等（1999）认为："成竹死亡率与上层乔木郁闭度呈负相关"，以及与Uhl等（1988）认为："林窗大小对林窗内植物的死亡率没有影响"的研究结果相异。在4种林窗环境之中，箭竹种群的平均年龄无差异，即平均存活时间基本相同，体现了箭竹通过其分株形态和生物量分配的变化来适应不同的林窗环境，也就是说箭竹对不同林冠环境的反应主要体现在分株形态的改变与生物量的分配。

野外调查发现，在箭竹生长较好的林窗内，由于其粗壮的地下根茎盘根错节，地上茎叶成丛生长，夺取了秃杉幼苗生长需要的光照条件与营养，与秃杉幼苗的生长与发育形成了尖锐的矛盾，因此秃杉幼苗的数量明显地低于其他林窗环境；同时还发现，在不同林窗环境下，箭竹的种群分布格局也有一定的变化，影响到秃杉幼苗生长与定居。有关不同林冠环境下箭竹的分布格局与秃杉林林窗更新的关系尚待进一步研究（杨宁等，2013）。

5.4 雷公山秃杉种群格局的分形特征

5.4.1 5个秃杉种群格局的信息维数

雷公山地区，5个秃杉种群格局的信息维数计算结果（表5.4，图5.4），其中Q1的相关系数$R=0.868$（$0.05<P<0.01$），检验效果显著，其余4个样地的相关系数R值均在0.970（$P>0.01$）以上，检验效果极显著，具有很好的线性水平，由此进一步表明了秃杉种群的分布格局具有分形特征，适用分形方法描述，图5.4中的拟合直线的斜率即为秃杉种群分布格局的信息维数Di。

表5.4 秃杉种群格局信息维数

样方号	拟合方程	信息维数	相关系数	显著水平
Q1	$Y=1.7873-0.7159X$	0.7159	0.868[*]	$0.05<P<0.01$
Q2	$Y=1.5813-0.7725X$	0.7725	0.975[**]	$P>0.01$
Q3	$Y=1.5802-0.8283X$	0.8283	0.988[**]	$P>0.01$
Q4	$Y=1.9294-1.0027X$	1.0027	0.988[**]	$P>0.01$
Q5	$Y=2.2886-1.4280X$	1.4280	0.982[**]	$P>0.01$

注：*和**分别表示在0.05和0.01水平上的显著性。

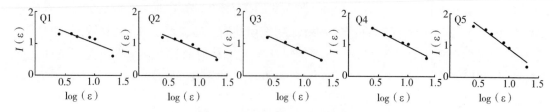

图5.4 秃杉种群分布的信息维数

5.4.2　5个秃杉种群格局信息维数的比较

5个秃杉种群格局信息维数大小依次为：Q5>Q4>Q3>Q2>Q1，其值0.7159~1.4280，表明秃杉个体分布的均匀程度存在较大差异，格局强度显著不同。通常，如更新幼苗、幼树较多，聚集成块，个体分布不均匀，会导致信息维数较高；反之，个体星散分布，随机性明显，或个体均匀分布，格局强度较低，则信息维数较低。因此，信息维数的差异亦揭示了更新状况的差异。另外，由于种群个体竞争的存在，聚集分布多数发生在幼苗、幼树或者幼树与成熟个体之间，而成熟个体之间很少聚集。因此，秃杉种群分布格局信息维数的高低次序，揭示了不同样地中秃杉种群幼苗和幼树比例的差异，进而反映了更新状况的差异。

样地5的信息维数最大（1.4280），信息维数介于1~2，表明该秃杉种群的格局强度尺度变化较大，个体分布不均匀，个体聚集明显，更新状况良好。这与野外情况相符合，该样地有秃杉236株，但大树稀少，林下幼苗、幼树多，幼苗、幼树以斑块状在林窗中出现。

样地4的信息维数次之（1.0027），表明该种群的格局强度变化不大，个体聚集不十分明显，林下幼苗少，更新状况一般。该样地有秃杉49株，有不同胸径级的秃杉分布，由于该样地地势平缓，农田附近，人为扰动较明显，故该样地幼苗、幼树聚集，但聚集程度不大，大树随机分布。样地3的信息维数（0.8283）远离2，表明该样地的秃杉种群格局强度变化低，个体随机分布，更新状况较差。样地3有秃杉38株，由于该样地的灌木层主要是箭竹，盖度90%，群落郁闭，枯枝落叶层厚，地下根系盘结，种子无法接触地面；但该样地处于村子附近，有轻微的人为扰动，故而在光照条件较好的地段出现数量不多的秃杉幼苗和幼树。样地2的信息维数（0.7725）远离2，表明该样地的秃杉种群格局强度变化低，个体随机分布，更新状况极差。这与野外情况不太一致，该样地有秃杉22株，大树稀少，有数量不多的秃杉幼苗和幼树。由于该样地秃杉的幼苗与大树以斑块状出现，并且数量不多，故而该样地的信息维数较低。该样地处在沟谷地段，人为扰动较明显。

样地1的信息维数（0.7159）远离2，表明该样地的秃杉种群格局强度变化低，个体随机分布，更新状况极差。这与野外调查的情况一致，该样地有秃杉20株，且个体胸径达60~170mm，没有秃杉幼苗、幼树；该样地的灌木层主要是箭竹，盖度98%，群落郁闭，枯枝落叶层厚，地下根系盘结，种子无法接触地面，导致秃杉幼苗幼树缺乏。

5.4.3　结论

① 贵州雷公山自然保护区的秃杉种群具有分形特征，5个样方中秃杉种群格局的信息维数在0.7159~1.4280，表明秃杉种群格局信息维数变异显著。信息维数揭示了种群格局的尺度变化程度和对种群个体分布非均匀性的表征。不同生境中秃杉种群分布格局的均匀性程度存在较大的差异，这与实际情况相符合。

② 5个样地中秃杉种群的信息维数都比较低，样地5最高（1.4280），样地1最低（0.7159）。说明该自然保护区秃杉种群的天然更新存在明显差异。在有林窗的群落（样地5）中，秃杉天然更新良好，而郁闭度高的群落（样地1），秃杉天然更新不良，甚至不能进行天然更新。

③ 雷公山秃杉种群的信息维数，与秃杉的立地条件和人为干扰有关。因为人类活动也会致使一些物种占据空间程度降低或增加（李性苑等，2007）。

5.5 秃杉的特殊个体

5.5.1 秃杉最大个体

经调查秃杉最大胸径218.9cm，位于方祥管理站辖区格头寨中；最高树高达53.3m，位于小丹江管理站辖区的"八万山冲头"；最大冠幅达26.0m×24.4m，位于方祥管理站辖区的"丢送盖"；分布最高海拔1510m，位于方祥管理站辖区的"付娘大码"；分布最低海拔680m，位于小丹江管理站辖区的"谢卡路口上"；最高枝下高26.1m，位于小丹江管理站辖区的"八万山冲头"（表5.5）。

表5.5 秃杉最大个体统计信息

最大个体	实测数据	分布海拔（m）	横坐标（m）	纵坐标（m）	分布地点
最大胸径（cm）	210.8	1015	36525522	2921163	格头寨中
最高树高（m）	53.3	1168	36536196	2918168	八万山冲头
最大冠幅（m×m）	26×24.4	914	36528934	2926095	丢送盖
最高枝下高（m）	26.1	1168	36536196	2918168	八万山冲头
最高海拔（m）	1510	1510	36527468	2920074	付娘大码
最低海拔（m）	680	680	36537471	2913743	谢卡路口上

5.5.2 "秃杉王"

在方祥乡的格头村寨中，距小河边20m处，有一株巨大的秃杉，称为"秃杉王"，被当地奉为"镇守该寨的神树"，也是雷公山最大的秃杉，其胸径218.9cm，树高450m，平均冠幅20.0m。据当地村民介绍，该树已有300多年，曾遭雷击烧伤，现仍枝叶茂盛，树干直立挺拔，是人们观瞻秃杉最好的地方。

5.5.3 金叶秃杉

金叶秃杉为贵州省蓝开敏教授在20世纪90年代发表的新栽培变种，叶金黄色，极为美观，经采集种子繁殖，无金黄色性状，扦插和嫁接仍保持此遗传特性，是园艺上值得推广的品种，现已有一定的繁殖。其为雷公山自然保护区特有种，仅2株，其中1985年保护区综合科学考察发现1株，耸立在保护区剑河县太拥镇昂英村白虾的林中，其胸径为131.0cm，树高40m余。2012年，保护区科技人员在开展秃杉资源调查中又在保护区交包村的混交林中发现了1株，胸径为82.8cm，树高37m（表5.6），其叶金黄色，远远看去，金黄色的树冠与周围绿色的针阔叶混交林形成鲜明的对比。

表5.6　雷公山金叶秃杉信息

编号	胸径 （cm）	树高 （m）	枝下高 （m）	冠幅 （m×m）	分布海拔 （m）	横坐标 （m）	纵坐标 （m）	地点	发现时间
1	131.0	40	13	14×14	1076	535120	2917440	昂英白虾	1985年
2	82.8	37	9	12×14	1120	532639	2922422	交包乌干	2012年

5.6　异质环境条件下秃杉种群的更新

5.6.1　秃杉径级结构分析

本研究用大小级（径级）结构分析秃杉的种群结构，图5.5是5个样地（表5.7）秃杉种群的大小级结构图，横轴表示各级植株数量，纵轴表示径级。

表5.7　样地环境资料

样地	植物平均数（株/m²）	海拔（m）	坡度（°）	坡向	干扰
1	0.68	1050	37	EN	明显
2	0.11	1130	35	NE	无
3	0.73	1020	45	NS	明显
4	0.25	1130	40	NS	明显
5	0.29	1130	50	EW	明显

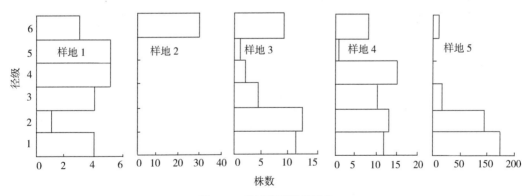

图5.5　秃杉种群径级结构

由图5.5可知，秃杉种群的径级结构存在2个极端3种类型。样地2秃杉群落内无秃杉幼苗幼树，其秃杉个体胸径都是在70cm以上，出现倒金字塔型的径级结构。样地5秃杉群落以秃杉幼树幼苗居多，种群呈金字塔型的年龄结构，但在第Ⅴ级时秃杉数量减少或没有，造成第Ⅵ的秃杉数量比第Ⅴ级的多。在野外调查中发现该样地的幼苗、幼树呈斑块状

47

分布。样地1、样地3、样地4虽然有各径级的秃杉存在，但数量不多，出现复合型的金字塔型。

5.6.2 更新对群落多样性影响分析

β 多样性反映了生境间的差异性（或相似性），β 多样性指数值越大，生境间共有物种越少，也就是说，群落间相似性越小，生境差异大。为了比较不同秃杉群落之间植物物种 β 多样性指数的动态变化，本研究对秃杉群落间的 β 多样性指数进行了相关矩阵分析（表5.8）。由表5.8可知，群落光照条件较好的样地5与其他5个群落之间的 β 多样性指数变化速率较大，说明光照条件是影响秃杉种群更新的主要环境条件。

表5.8 5样地 β 多样性指数相关矩阵

样地		相似性				
		1	2	3	4	5
异质性	1	—	0.28	0.21	0.30	0.29
	2	0.72	—	0.44	0.44	0.32
	3	0.79	0.56	—	0.53	0.51
	4	0.70	0.56	0.47	—	0.57
	5	0.71	0.68	0.49	0.43	—

5.6.3 结论与讨论

雷公山上不同的秃杉群落之间所处的海拔高度差异不大，但通过 β 多样性的分析可以看出，这种差异与秃杉种群的年龄结构和密度都存在着对应关系。事实上，随着秃杉种群数量的改变，年龄的递增，秃杉群落郁闭度逐渐增大，环境也逐渐发生变化。秃杉群落由较开阔到郁闭的变化过程，受秃杉种群年龄结构和种群密度变化的影响。刚开始，秃杉幼苗、幼树数量多，秃杉种群呈金字塔型的年龄结构，但随着秃杉的生长发育，秃杉群落逐渐郁闭，幼年个体和成年个体逐渐减少，最后只剩下以老年个体为主的倒金字塔型的年龄结构。这是由于秃杉种群在生长发育进程中对资源的竞争，造成生境的改变，从而引起秃杉群落的变化。这说明5个样地秃杉群落的 β 多样性指数反映的环境特征的变化，是以光因子为主的环境变化，而这种变化是由秃杉种群年龄结构和种群密度的变化引起的。

很明显，如果秃杉种群都如样地2，该种群就会衰亡，甚至灭绝，但事实上秃杉种群并未灭绝。调查发现秃杉幼苗集中出现的地段，除了路边、林缘，就是在群落内的林窗，如样地4和样地5有明显的林窗出现，且林窗内的秃杉幼苗比较多，形成幼年个体占优势的金字塔型年龄结构，所以秃杉种群的更新主要是林窗更新。关于林窗更新，国外和国内许多学者都有研究，并提出了林窗更新的动态过程有3个期相或阶段：起始期相、过渡期相和终止期相，这些期相可概括为更新复合体。因此，雷公山秃杉种群的更新是否存在3个林窗期相，其秃杉种群是否是1个更新复合体，有待进一步研究（李性苑和李东平，2009）。

第6章

秃杉群落结构

6.1 群落学特性

秃杉在其分布区范围经常是零星地间杂在常绿阔叶林中，构成群落的组成成分。由于它植株高大，树干通直，树冠高耸于其他阔叶树冠之上，故极易于辨别。在小片集中分布区中，秃杉常构成群落的建群种，形成特有的森林类型。在群落的上层以秃杉为主，中下层常伴有常绿阔叶树和少数针叶树种。例如，在西片分布区以滇青冈（*Cyclobalanolpsis glaucoides*）、硬斗石栎（*Lithocarpus hancei*）、银荷木、西藏山茉莉（*Huodendron tibeticum*）、贡山木兰（*Magnolia cambelia*）、红色木莲、马蹄荷（*Exbucklandia populnea*）、云南樟（*Cinnamomum glanduliferum*）、贡山润楠（*Machilus gongshanensis*）和滇北杜英（*Elaeocarpus borealiyunnanensis*）等。混生的其他针叶树有乔松（*Pinus wallichiana*）、云南松（*P. yunnanensis*）等，而东片常见有青冈、甜槠、银荷木、桂楠木莲、大果润楠（*Machilus macrocarpa*）、厚斗柯（*lithocarpus elizabethae*）、短尾柯、楠木（*Phoebe zhennan*）、薯豆（*Elacocarpus japonicus*）、红淡比（*Cleyera japonica*）、深山含笑、毛棉杜鹃花（*Rhododendron moulmainense*）、老鼠矢（*Symplocos stellaris*）、大叶鼠刺（*Itea macrophylla*）、尾叶冬青（*Ilex wilsonii*）、鹅掌楸等，混生的针叶树有杉木和马尾松。

秃杉为喜光植物，且无萌芽能力，通常林内幼苗和幼树极少，这与林内荫庇，光线不足，加以地表枯枝落叶层较厚，落下的种子也难于接触土壤有关。但是母树周围 10~50m 范围的林缘或天窗，特别是小块撂荒地上的幼苗易于成活，据调查有些地方在 100m² 范围内各级立木可达 60 多株。一般 1~2 年生秃杉幼苗生长较慢，3 年后加速，5~10 年才进入生长旺盛时期。在亚热带山地引种栽培都比较成功，例如，雷公山 16 年生林木平均高 12.6m，胸径平均为 15.1cm；昆明 6 年生林木平均高 2.7m，平均胸径 12.3cm。但平原地区由于夏季天气比较干热，容易枯死，必须解决这个问题才能正常生长（胡玉熹等，1995）。

6.2 秃杉群落主要乔木树种种间联结性

6.2.1 总体相关性分析

植物群落由共存的物种构成，各物种间的关系，决定着整个群落的动态及结构特征。

多物种间总体关联反映出群落内多个种群间关联程度。雷公山秃杉群落主要乔木树种间总体相关性的方差比率 $VR = S_T^2/\delta_T^2 = 0.8738 < 1$，说明 16 个主要树种种间呈负关联。由于种间的正负关联可以相互抵消，再采用统计量 W 来检验 VR 偏离 1 的显著度。经计算 $W = VR \cdot N = 52.491$，查表得出 $\chi_{0.95}^2$（60）$= 43.19$，$\chi_{0.05}^2$（60）$= 79.08$，其值在 $\chi_{0.95}^2$（60）$< W < \chi_{0.05}^2$（60）范围之内，说明 16 个主要树种之间关联性表现为不显著负关联。一般来说，群落结构及其种类组成会随着植被群落的演替进展，逐渐趋于正相关，以求得物种间的稳定共存。该秃杉群落种间表现出不显著负关联，表明该群落乔木层各主要树种之间总体上处于简单的随机组合阶段，还没有形成有机的偶合关系。由于该地是以秃杉为优势种的次生林，对空间、光照和养分等资源存在共同需求，种间竞争激烈，群落处于动态演替的不稳定阶段。

6.2.2 种对间关联性分析

（1）χ^2 检验分析

秃杉群落主要树种间 120 个种对（表 6.1），正关联 56 对，负关联 3 对，无关联 3 对，分别占总对数的 46.67%、50.83%、2.5%，其中正联结中极显著正联结的种对不存在，显著正联结有 2 对，即光枝楠（*Phoebe neuranthoides*）与栓叶安息香（*Styrax suberifolius*）、石木姜子（*Litsea elongata* var. *faberi*）。栓叶安息香属南方广泛分布种，且生态幅较宽，常生于海拔 100 ~ 3000m 山地、丘地常绿阔叶林中，在生境上和生于海拔 2000m 以下山地密林中的光枝楠具有一定相似性，彼此产生了一定的生态位重叠。石木姜子与光枝楠均属亚热阔叶树种，是山地森林的重要成分，均可生长于密林中，两者都有一定的耐阴性。不显著正联结 54 对，占 45%，这些种对间对资源的要求相同或相似较少，生态位重叠少。负联结中，极显著负联结（$\chi^2 \geq 6.635$ 不存在；显著负联结有 3 对，即黄丹木姜子（*Litsea elongata*）与甜槠，秃杉与石木姜子、光枝楠。黄丹木姜子喜生长在林下，甜槠成年较喜光，虽然其对环境适应性强，但实地调查的甜槠均为成年树种，在光资源利用上和黄丹木姜子差异较大。秃杉属喜光树种，和耐阴树种石木姜子、光枝楠也存在光资源利用差异。不显著负联结 58 对，占 48.33%。所有种对中，93.33% 种对间联结性不显著，说明秃杉群落种间联结性较为松散，种对间的环境和生物学特性差异较大，种对间独立性较强。

表 6.1　秃杉群落乔木层主要种群间 χ^2 统计量

序号	1	2	3	4	5	6	7	8	9	10	11	12	13	14	15
1															
2	0.02														
3	0.33	0.33													
4	0.70	0.04	1.96												
5	0.57	0.10	4.69*	0.74											
6	0.19	1.67	1.08	0.39	0.10										
7	0.07	1.15	0.52	3.75	0.01	0.65									
8	0.52	0.23	0.94	0.16	0.07	2.09	0.26								
9	0.99	0	5.76*	0.82	3.47	1.42	1.35	2.14							
10	0.03	0.48	0.48	2.19	0	0	0.08	0.11	0.02						
11	0.07	0.07	0.13	0	0.01	2.59	0.16	0.38	0.05	0.28					
12	0.01	0.84	2.25	1.29	0.98	4.57	0.02	0.12	0	0.24	0.02				
13	0.21	0.21	5.42*	0.01	1.05	0.68	0.02	1.32	4.9*	0.68	0.02	0.57			
14	0.03	0.03		0.21	0.15	2.41		0.02	0.36	0.10	0	3.68	0.84		
15	3.60	0.03	0.05	0.21	0.21	0.27		0.02	0.36	0.53		0.28	0.03	0.23	
16	0.52	0.23	0.94	1.85	0.07	0.52	0.26	0.02	0.04	0.16	0.26	1.43	0.15	1.70	0.02

注：* 表示 $3.814 < \chi^2 < 6.635$ 显著联结，1：栗 Castanea mollissima；2：枫香树 Liquidambar formosana；3：光枝楠 Phoebe neuranthoides；4：桂南木莲 Manglietia chingii；5：栓叶安息香 Styrax suberifolius；6：黄丹木姜子 Litsea elongata；7：交让木 Daphniphyllum macropodum；8：杉木 Cunninghamia lanceolata；9：石木姜子 Litsea elongate var. faberi；10：水青冈 Fagus longipetiolata；11：香港四照花 Dendrobenthamia hongkongensis；12：甜槠 Castanopsis eyrei；13：秃杉 Taiwania cryptomerioides；14：杨梅 Myrica rubra；15：云贵鹅耳枥 Carpinus pubescens；16：长蕊杜鹃 Rhododendron stamineum，图 6.1 同。

（2）关联度指数分析

由于 χ^2 检验只能得出种间联结性是否显著，并不能直观地判断出种对间联结性的大小。有一些种对联结性在 χ^2 检验中不显著，但并不意味着它们之间不存在联结性，只不过是经 χ^2 检验未到达显著水平而已。从图 6.1 可以看出，该秃杉群落乔木层各主要树种种对中，共同出现百分率 $PC \geqslant 0.41$ 的仅有 1 对，占总对数的 0.83%，即水青冈与秃杉，两者均属喜光树种，对生境要求相似，同时出现概率较大，说明彼此能够较好地利用共处生境的资源，实现和谐共处；$0.33 \leqslant PC < 0.41$ 的种对数 2 对，占总对数 1.67%，即黄丹木姜子与水青冈、秃杉，水青冈和秃杉处于群落上层，为中小乔木黄丹木姜子提供庇荫生境；$0.24 \leqslant PC < 0.33$ 的种对数 8 对，占总对数的 6.67%；$0.16 \leqslant PC < 0.24$ 的种对数为 17，占总对数 14.17%；$0.08 \leqslant PC < 0.16$ 的种对数为 32，占总对数的 26.67%；$PC < 0.08$ 的种对数为 60，占总对数 50%，其中 $PC = 0$ 的有 28 对，占总数的 23.33%，在 60 个样方中从未同时出现，说明这些种对环境的要求差异巨大，不可能同时出现。

种间联结系数的高低表示 2 个物种间的有利程度，系数越高，2 物种间越有利，或者是这 2 个物种对环境的差异有相似的反应；系数低或为负值表示两个物种所需的生境不同，或是一个种的存在对另外一个种起到了排斥作用。图 6.1 显示，联结系数 $AC \geq 0.67$ 的种对数为 3，占总对数的 2.5%，即黄丹木姜子与香港四照花（*Dendrobenthamia hongkongensis*），杨梅（*Myrica rubra*）与甜槠、秃杉。黄丹木姜子生于溪旁或杂木林下，和香港四照花喜温暖气候和阴湿环境，适生于肥沃而排水良好的土壤，适应性强，能耐一定程度的寒、旱、瘠薄的环境有相似的生态适应性。秃杉、甜槠和杨梅均可生长于酸性土壤，但前两者属喜光树种，可为耐阴的杨梅提供了有利生境；$0.3 \leq AC < 0.67$ 的种对数为 7，占总对数的 5.83%；$0 \leq AC < 0.33$ 的种对数为 49，占总对数的 40.83%；$0.33 \leq AC < 0$ 的种对数为 15，占总对数 12.5%；$-0.67 \leq AC < -0.33$ 的种对数为 17，占总对数的 14.17%；$AC < -0.67$ 的种对数为 29，占总对数 24.17%，其中 $AC = -1$ 的种对数有 28 个，占总对数的 23.33%，这些种对共同出现百分率值较低，几乎不可能同时出现。由此可知，呈正联结的种对数为 59 对，呈现负联结的种对为 61 对，分别占总对数的 49.17%、5.83%，负联结程度略大于正联结程度，表现为不显著的负联结。总看来，乔木层各主要种群大部分呈联结不紧密或无联结状态，具有独立分布的特点，这与 χ^2 检验的结果一致。

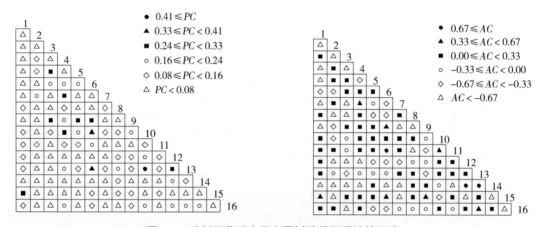

图 6.1　秃杉群落乔木层主要树种种间联结性矩阵

（3）种间相关性分析

种对秩相关系数是反映 2 个物种之间线性关系的重要指标，其处理的是定量数据，反映 2 个物种同时出现的可能性程度。图 6.2 是雷公山秃杉群落乔木层 16 个主要树种的秩相关（Spearman）系数星座图。据秩相关系数分析，正相关种对共 48 对，占所有种对的 40%，负相关种对共 72 对，占总对数 60%。正相关性系数较高的有栗与云贵鹅耳枥，秃杉与杉木、杨梅，杨梅与甜槠，以及光枝楠、石木姜子、栓叶安息香 3 个树种彼此之间。栗与云贵鹅耳枥两者的生态位宽度大，对环境的适应能力较强，对各种资源的利用较为充分，表现正相关。杉木与秃杉都喜光，杉木对土壤要求比一般树种要高，喜肥沃、深厚、湿润、排水良好的酸性土壤，和秃杉之间形成一定的竞争关系，但研究区杉木个体较小，对资源的需求并不高，而秃杉个体较大，竞争性较强，到一定阶段，杉木和秃杉之间可能会逐渐趋向负相关。杨梅与秃杉之间正相关与种间高联结系数结果一致。光枝楠、栓叶安息香、石木姜子三者相互之间呈现正相关，由于在生境要求上较为接近，这和 χ^2 检验相吻合。负相关系数较高的有甜槠与黄丹木姜子、光枝楠，杉木与石木姜子，杨梅与黄丹木姜子，禿杉与光枝楠。甜槠喜光，适于气候温暖多雨地区的肥沃、湿润的酸性土上生长，与喜生于路旁、溪边及杂木林下的黄丹木姜子，生于密林光枝楠生境差别明显。杉木与石木姜子、禿杉与光枝楠均属大乔木与灌木、小乔木之间的关系，同处一个群落之中，对光照竞争明显。杨梅和黄丹木姜子均属群落中层，具有在空间上的排斥和资源上的竞争。整体而言，雷公山禿杉群落主要树种间以负相关占明显优势，正相关亦占有较大的比重，该群落的多数树种间仍存在对光照、养分等资源位存在激烈竞争。

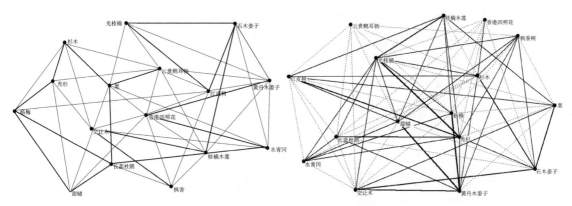

图 6.2 正、负相关种对 Spearman 系数星座

注：图中线的粗细程度随着相关系数值的大小变化，相关系数绝对值越大，线越粗，显著度越突出。

6.2.3 结论与讨论

禿杉群落主要树种总体间呈不显著负关联，指示着禿杉群落的结构和组成尚不成熟，还处于动态演替阶段，与黑石顶自然保护区森林次生演替的喜光常绿阔叶林阶段总体负联结性相似。种间总体关联性反映了群落的稳定性，一般而言，稳定性是随着群落的演替进程而逐步加强的，主要体现在群落结构和物种组成方面，群落越向顶级方向演替，其稳定性就越强，种间关系也将不断趋向正关联。种对间的负关联，说明种群间的排斥性，这主要是由于各种群生物学特性的不同以及对环境喜好不同或者相互竞争所致。由于群落在演替的过程中，受到水分、光照、土壤等因素影响，加上不同物种对环境的要求不同，占据各自的生态位；或有些物种占有共同生态位而导致激烈竞争，使种间存在较小的正关联或较大的负关联。对于禿杉群落而言，建群种禿杉和水青冈在群落中主要都是以大、中径级为主，缺少幼苗幼树，整个种群处于衰退状态。实地调查发现，禿杉幼苗幼树在林内分布较少，而在光照充足的林缘更新良好，说明禿杉林下更新不良。

禿杉群落 120 个种对中，正联结 56 个种对，负联结 61 个种对，无关联 3 个种对。93.33%种对间联结性不显著，其中禿杉与大多数种群之间正联结不强，具有一定的独立性，这可降低和减弱对其他树种的相互依赖、相互竞争，各物种都能占据有利位置，有利于各树种在群落中的和谐共处。与禿杉呈显著负联结的有石木姜子、光枝楠，禿杉属喜光树种，和石木姜子、光枝楠之间存在光照竞争，但两者在群落中的株数较少，和禿杉只有局部强烈竞争，总体竞争性较弱，表明秃杉在群落中竞争处于优势地位。

关联度指数检验中，水青冈与秃杉同时出现概率最大，两者均属喜光树种，对生境要求相似，有一定生态位重叠，但彼此能够较好地利用共处生境的资源，实现和谐共处；秃杉与杨梅联结最为紧密，由于秃杉处于群落上层，为杨梅提供了适宜生境。秩相关系数检验 48 个种对为正相关，72 个种对为负相关，正、负联结种对数差异明显。在长期的演替过程中，各物种占据适合自己的生态位，和谐共处，所以多数种对间联结不显著，关系松散，独立性较强。有研究表明，群落越稳定，无联结的种对越多，种对间独立性越强。秃杉群落正负联结比例较高，无联结种对较少，仅占总对数 2.5%，与稳定的顶级群落相比，向地带顶级演替仍是一个漫长的过程。对于珍稀濒危植物秃杉的保护不仅是保护其成年植株，更要保护其所在群落和生境，关注其更新状况。

种间联结本质是从出现与否来分析种对关系，而种间相关是从数量特征来分析，对于种间关联的测度，两者结合更为科学。从各个不同的层次来分析秃杉群落种间关系，包括主要种群的总体联结性、种对间关联分析、种对间联结分析，种间相关性分析，较为科学地研究了秃杉群落种群间的关系。根据种间联结、种间相关的分析结果可以看出，种对的正关联或者负关联并不能推导出种对间呈现正相关或负相关，反之亦然。种间关联测定秃杉和水青冈为正关联，而种间相关分析得出秃杉和水青冈呈现负相关。所以，种间联结和种间相关者两种分析方法同时进行是必要的，可以使结论更加全面。种间关联测度，仅使用 χ^2 检验，联结系数 AC 和共同出现百分率 PC 其中一种，都会存在一定的局限，例如 χ^2 检验结果秃杉和杨梅种对间无显著关联，联结系数 AC 测定结果显示它们存在显著关联。因此，研究种间关系必须研究相关种在光、温、水、养分方面的竞争，种与环境的相关，以及他感作用等（王加国等，2015）。

6.3 秃杉群落种间协变研究

雷公山自然保护区是天然秃杉分布的主要区域，为揭示该地区秃杉群落的演替趋势，对乔木层、灌木层和草本层采用样方法，对优势种群进行种间协变定量分析，使用 Pearson 积矩相关系数与 Spearman 秩相关系数研究。结果表明：秃杉群落中乔木层负协变大于正协变约 15%，Pearson 积矩相关系数和 Spearman 秩相关系数的显著关联分别有 9 个种对和 13 个种对，各占总种对数的 8.57% 和 12.38%，该秃杉群落处于不稳定状态；灌木层和草本层正负协变各占约 50%，种间显著关联几乎都为极显著关联，可见秃杉群落灌木层和草本层以和谐共处为主；秃杉群落的植被类型为针阔混交林，正向该地区的顶级植被类型常绿阔叶混交林演替。

种群间的相互关系是各个种群在不同环境中相互影响相互作用形成的，其中每一物种同生境中的其他物种相互作用、相互影响，并表现为种间关系（于永福，1994）。通过对种间关系的研究，能够客观地反映不同物种在空间和时间上的相互关系，反映不同物种与环境的相互作用方式，这种方式的定量关系就是种间协变（于永福和傅立国，1996）。种间协变是生物群落的重要特征之一，当两个种的种间协变为正协变就意味着当一个种的多度在一个样方中增加时，则另一个种的多度在同一样方中相应地增加，负协变反之。因此，种间正协变意味着物种之间的和谐共处，种间负协变则意味着物种间的竞争排斥。显然，种间正协变有利于群落的稳定（工力军等，2011）。开展群落种间协变研究，旨在对不同物种间的相互作用对群落水平格局、种群进化和群落演替动态具有重要的意义。

依据雷公山自然保护区秃杉群落中物种在样方中的重要值从大到小排列，乔木层选取前 15 位的物种、灌木层和草本层分别选取前 10 位的物种进行 Pearson 积矩相关和 Spearman 秩相关的种间协变定量分析。

6.3.1　乔木层种间协变

在秃杉群落中的乔木层 15 个主要种群采用 Pearson 积矩相关系数和 Spearman 秩相关系数分析，组成 105 个种对（表 6.2），其中正协变分别有 34 个（32.38%）种对和37 个（35.24%）种对，负协变分别有 71 个（67.62%）种对和68 个（64.76%）种对。Pearson 积矩相关系数中极显著关联有 6 个种对，显著关联有 3 个种对；Spearman 秩相关系数中极显著关联有 6 个种对，显著关联有 10 个（其中有 3 个种对为负显著关联）种对，其中在 Pearson 积矩相关系数和 Spearman 秩相关系数中相同物种种对都是极显著关联有 3 个种对，分别是云贵鹅耳枥与枫香树，交让木（*Daphniphyllum macropodum*）与杉木，交让木与云贵鹅耳枥；另有两个种对在两个相关系数中种间协变为极显著关联或显著关联，分别是马尾松与黄丹木姜子，马尾松与杉木。从显著关联和极显著关联种对可知，这些种对的种群以阳性树种为主，在林层中几乎不属于同一层次，和谐共处各自占据自身生态位，有利于种群的和谐发展。但从整个秃杉群落来看，负协变比正协变大 15% 左右，种群之间竞争激烈，群落处于不稳定状态。通过重要值排序可知，雷公山自然保护区秃杉群落属于针阔混交林，但该地区顶级植被类型属典型的地带性植被，属我国中亚热带东部偏湿性常绿阔叶林（马克平，1994），显然秃杉群落正向常绿阔叶林的演替过程，导致种群之间竞争激烈。

秃杉与其他物种之间共有 14 个种对，都没出现显著关联和极显著关联。该种群在 Pearson 积矩相关系数中有 5 个种对为正协变，占秃杉与其他物种种对的 35.71%，负协变有 9 个种对，占秃杉与其他物种种对的 64.29%；Spearman 秩相关系数中有 6 个种对为正协变，占秃杉与其他物种种对的 42.86%，负协变有 8 个种对，占秃杉与其他物种种对的 57.14%。可见，正协变小于负协变，相差 10% 左右。秃杉在群落林相中处于最上层，枝叶茂盛，有利于自身的生长。但对于其他种群根本达不到林层的上层，无法与之竞争，经过自然法则的环境筛选，其他种群只能在下层与秃杉小树及幼树、幼苗竞争或和谐共处。可知，秃杉种群与其他种群没有显著关联和极显著关联，且与其他种群保持相对稳定。

表 6.2 雷公山自然保护区秃杉群落乔木层主要种种间协变相关系数

Pearson 积矩相关系数（上三角）；Spearman 秩相关系数（下三角）

种对	A	B	C	D	E	F	G	H	I	J	K	L	M	N	O
A	1	-0.174	0.056	-0.016	0.016	-0.197	-0.097	0.057	-0.028	0.006	-0.032	0.046	-0.148	-0.091	-0.007
B	-0.205	1	-0.021	-0.096	0.127	-0.136	-0.092	-0.064	-0.042	-0.071	-0.045	0.436**	-0.090	-0.065	-0.083
C	0.089	0.195	1	-0.061	0.213	0.054	-0.002	-0.054	-0.052	-0.059	0.619**	-0.077	-0.076	-0.023	0.192
D	0.034	-0.089	-0.008	1	-0.175	-0.010	-0.152	-0.084	-0.018	0.220*	-0.081	0.020	0.078	-0.143	-0.155
E	0.005	-0.025	0.218*	-0.218*	1	0.092	0.205	0.174	-0.112	-0.173	0.220*	0.014	-0.127	0.168	0.355**
F	-0.100	-0.134	-0.044	-0.028	0.149	1	-0.091	0.041	0.000	-0.128	0.052	0.009	0.052	-0.148	-0.084
G	-0.013	-0.195	0.055	-0.184	0.211	-0.050	1	-0.100	-0.096	-0.110	0.049	-0.144	0.057	0.318**	0.583**
H	0.094	-0.121	-0.064	-0.057	0.127	0.213	-0.127	1	-0.031	-0.077	-0.048	-0.100	-0.098	-0.085	-0.092
I	0.123	-0.037	-0.079	0.000	-0.127	-0.015	-0.158	0.042	1	0.145	-0.046	-0.096	-0.046	-0.042	-0.084
J	-0.053	-0.161	-0.084	0.350**	-0.236*	-0.173	-0.168	-0.104	0.227*	1	-0.053	-0.043	0.120	-0.094	-0.101
K	-0.068	-0.084	0.276*	-0.106	0.288**	0.134	0.094	-0.055	-0.068	-0.072	1	-0.045	0.179	-0.059	0.246*
L	0.010	0.007	-0.127	0.222*	-0.114	-0.016	-0.254*	-0.158	-0.197	0.035	0.018	1	-0.060	-0.122	-0.088
M	-0.140	-0.178	-0.093	0.030	-0.188	-0.086	0.003	-0.116	-0.030	0.269*	0.125	-0.004	1	-0.120	-0.129
N	-0.052	-0.049	0.084	-0.191	0.243*	-0.170	0.378**	-0.098	-0.003	-0.130	-0.068	-0.197	-0.145	1	0.535**
O	-0.008	-0.163	0.256*	-0.215	0.479**	-0.072	0.194	-0.111	-0.129	-0.147	0.319**	-0.060	-0.163	0.691**	1

注：** 表示在 0.01 水平（双侧）上极显著相关（极显著关联）；* 表示在 0.05 水平（双侧）上显著相关（显著关联）；- 表示负关联。A：秃杉 Taiwania cryptomerioides；B：水青冈 Fagus longipetiolata；C：黄丹木姜子 Litsea elongata；D：栗 Castanea mollissima；E：石木姜子 Litsea elongata var. faberi；F：甜槠 Castanopsis eyrei；G：枫香树 Liquidambar formosana；H：光枝楠 Phoebe neuranthoides；I：栓叶安息香 Styrax suberifolius；J：杉木 Cunninghamia lanceolata；K：马尾松 Pinus massoniana；L：桂南木莲 Manglietia chingii；M：青榨槭 Acer davidii；N：云贵鹅耳枥 Carpinus pubescens；O：交让木 Daphniphyllum macropodum。

6.3.2　灌木层种间协变

在秃杉群落中的灌木层 10 个主要种群采用 Pearson 积矩相关系数和 Spearman 秩相关系数分析各有 45 个种对（表 6.3），种间正负协变各占约 50%，其中出现明显的种间正协变有 7 个种对，没有出现明显的种间负协变。该群落中极显著相关有 5 个种对，分别是檵木（*Loropetalum chinense*）和细齿叶柃（*Eurya nitida*）、藤黄檀（*Dalbergia hancei*）和细齿叶柃、网脉酸藤子（*Embelia rudis*）和黑果菝葜（*Smilax glaucochina*）、西域旌节花（*Stachyurus himalaicus*）和黑果菝葜、西域旌节花和网脉酸藤子等；显著相关有 2 个种对，分别是溪畔杜鹃（*Rhododendron rivulare*）和黑果菝葜、中国旌节花（*Stachyurus chinensis*）和菝葜（*Smilax china*）。可见，雷公山自然保护区秃杉群落中灌木层竞争不太激烈，灌木层种群较稳定，都是些喜阴植物占据主要位置。秃杉群落中郁闭度几乎都在 0.5 以上，最高达到 0.9，显然灌木层都处于阴湿环境，更有利于灌木层喜阴植物的生长。

表 6.3　雷公山自然保护区秃杉群落灌木层主要种种间协变相关系数

种对	Pearson 积矩相关系数									
	①	②	③	④	⑤	⑥	⑦	⑧	⑨	⑩
①	1	-0.168	-0.171	-0.224	0.165	0.064	-0.097	-0.005	-0.199	0.315
②	-0.232	1	0.029	-0.182	0.307	0.587 **	0.795 **	-0.146	-0.161	-0.057
③	-0.233	0.083	1	-0.186	0.457 *	-0.021	0.087	0.644 **	0.676 **	-0.127
④	-0.267	-0.266	-0.266	1	-0.239	-0.223	-0.144	-0.195	-0.216	-0.166
⑤	0.102	0.117	0.395	-0.268	1	0.068	0.429	0.088	0.136	-0.056
⑥	0.083	0.435 *	0.280	-0.266	0.073	1	0.399	-0.179	-0.197	-0.152
⑦	0.031	0.416	0.083	-0.267	0.117	0.116	1	-0.063	-0.127	0.001
⑧	0.100	-0.196	0.572 **	-0.225	0.132	-0.196	0.116	1	0.647 **	0.352
⑨	-0.233	-0.233	0.468 *	-0.267	0.088	-0.233	-0.233	0.542 *	1	-0.147
⑩	0.484 *	0.131	-0.196	-0.225	0.115	-0.196	0.162	0.238	-0.197	1
Spearman 秩相关系数										

注：** 表示在 0.01 水平（双侧）上显著相关（极显著关联）；* 表示在 0.05 水平（双侧）上显著相关；- 表示负关联。①：中国旌节花 *Stachyurus chinensis*；②：细齿叶柃 *Eurya nitida*；③：黑果菝葜 *Smilax glaucochina*；④：狭叶方竹 *Chimonobambusa angustifolia*；⑤：溪畔杜鹃 *Rhododendron rivulare*；⑥：檵木 *Loropetalum chinense*；⑦：藤黄檀 *Dalbergia hancei*；⑧：网脉酸藤子 *Embelia rudis*；⑨：西域旌节花 *Stachyurus himalaicus*；⑩：菝葜 *Smilax china*。

6.3.3　草本层种间协变

通过对雷公山自然保护区秃杉群落中的草本层 10 个主要种群采用 Pearson 积矩相关系数和 Spearman 秩相关系数分析各有 45 个种对（表 6.4），种间正负协变各约 50%，其中出现正负显著种间协变有 8 个种对，其中负显著关联只有 1 对（里白 *Hicriopteris glauca* 和庐山楼梯草 *Elatostema stewardii*），正显著关联有 1 对（三叶地锦 *Parthenocissus semicordata* 和背囊复叶耳蕨 *Arachniodes cavalerii*），极正显著关联有 6 对，分别是矛叶荩草 *Arthraxon lan-*

ceolatus 和淡竹叶 *Lophatherum gracile*、庐山楼梯草和三叶地锦、葎草 *Humulus scandens* 和三叶地锦、葎草和庐山楼梯草、鸢尾 *Iris tectorum* 和庐山楼梯草、鸢尾和葎草。可见，秃杉群落中草本层主要种群以喜阴植物为主，中性植物为辅；草本之间以和谐共处占主导，相互竞争不激烈。因乔木层和灌木层占据了主要位置，只有偏阴性的植物才能生长，草本之间竞争主要集中在吸收养分或水分，经过长期的自然选择，不能生存在秃杉群落的草本以被淘汰，从而形成了较为稳定的草本群落结构。

表 6.4　雷公山自然保护区秃杉群落草本层主要种种间协变相关系数

种对	Pearson 积矩相关系数									
	1	2	3	4	5	6	7	8	9	10
1	1	0.282	−0.448	0.134	0.005	0.055	−0.296	−0.397	−0.397	−0.413
2	0.277	1	−0.011	−0.086	−0.054	0.079	−0.289	−0.385	−0.370	−0.437
3	−0.477	0.019	1	−0.342	0.241	−0.214	0.499	−0.238	−0.093	0.110
4	0.099	−0.060	−0.237	1	−0.101	0.534*	0.014	0.413	0.271	0.015
5	0.294	0.080	0.098	0.032	1	−0.197	0.701**	−0.230	−0.221	−0.261
6	0.033	0.057	−0.160	0.490	−0.126	1	0.135	0.662**	0.642**	0.487
7	−0.300	−0.302	0.357	0.196	0.324	0.398	1	0.090	0.163	0.090
8	−0.469	−0.528*	−0.214	0.241	−0.409	0.430	0.044	1	0.908**	0.668**
9	−0.443	−0.442	0.081	0.028	−0.343	0.506	0.399	0.574*	1	0.845**
10	−0.435	−0.445	0.123	−0.022	−0.344	0.471	0.372	0.545*	0.994**	1
Spearman 秩相关系数										

注：** 表示在 0.01 水平（双侧）上显著相关（极显著关联）；* 表示在 0.05 水平（双侧）上显著相关；−表示负关联。1：狗脊 *Woodwardia japonica*；2：里白 *Hicriopteris glauca*；3：大叶贯众 *Cyrtomium macrophyllum*；4：背囊复叶耳蕨 *Arachniodes cavalerii*；5：淡竹叶 *Lophatherum gracile*；6：三叶地锦 *Parthenocissus semicordata*；7：矛叶荩草 *Arthraxon lanceolatus*；8：庐山楼梯草 *Elatostema stewardii*；9：葎草 *Humulus scandens*；10：鸢尾 *Iris tectorum*。

6.3.4　结论与讨论

①雷公山自然保护区秃杉群落中乔木层种间协变共有 105 个种对，负协变比正协变大 15% 左右，可见秃杉群落乔木层竞争较为激烈，群落处于不稳定状态。通过显著关联分析，Pearson 积矩相关系数极显著关联与显著关联种对共有 9 个种对，占总种对数的 8.57%；Spearman 秩相关系数中极显著关联和显著关联共计 13 对，占总种对数的 12.38%，可知，只有 10% 左右有利于种群的和谐发展，这些种对的种群以阳性树种为主，在林层中几乎不属于同一层次，和谐共处各自占据自身生态位。秃杉种群与其他种群之间的种间协变正负相差不大，没有出现显著关联，这与秃杉大树占据林层的最上层，其他种群对秃杉大树构不成竞争关系，只有秃杉种群达不到最上层的植株才与其他种群构成竞争，出现与其他种群即和谐共处也竞争，对秃杉种群相对较稳定。

②秃杉群落中灌木层和草本层的正负种间协变都在 50% 左右，可见相互竞争不激烈。灌木层有 5 个种对为极显著关联，有 2 个种对为显著关联；草本层有极显著关联有 6 个种

对，显著关联有 2 个种对，1 个为正，1 个为负。可见秃杉群落灌木层和草本层以和谐共处为主，由表 6.2 和表 6.3 可知，灌草物种是以偏阴性的物种，它们共同生长，成为了相对稳定的群落结构。

③ 从雷公山自然保护区秃杉群落乔灌草种间协变可知，乔木层处于不稳定状态，这与群落结构有关。秃杉群落植被类型属于针阔混交林，然而雷公山自然保护区地区顶级的植被类型属我国中亚热带东部偏湿性常绿阔叶林，显然秃杉群落植被类型正向常绿阔叶林的演替过程，导致种群之间竞争激烈，群落结构不稳定。而秃杉群落中灌草层处在阴湿环境，经自然选择灌草层的种群已成为稳定结构，当秃杉群落演替为偏湿性常绿阔叶林时，林下仍然是阴湿环境，灌草层群落结构变化不大，所以导致灌草层群落种间正负协变对数处于几乎相等的情况。

6.4 秃杉群落 β 多样性分析

6.4.1 二元属性数据 β 多样性分析

（1）Whittaker（β_w）指数分析

各群落的 β_w 的计算结果见图 6.3。由图 6.3 可以看出秃杉群落的 β_w 多样性指数随物种个体数的变化而发生变化，进一步说明了 Whittaker 指数 β_w 能够直观反映 β_w 多样性与物种丰富度之间的关系。

（2）Cody（β_c）指数分析

Cody 指数把 β 多样性理解为调查中物种在生态梯度的每个点上被替代的速率。指数通过对新增加和失去的物种数目进行比较从而获得十分直观的物种更替概念，并清楚地表明 β 多样性的含义 。

秃杉群落之间的 Cody 指数计算见表 6.5。根据表 6.5，结合文献分析，当群落间秃杉的径级结构较一致时，其 β_c 值最大，如样地 1 和样地 4，样地 4 和样地 5。当群落之间秃杉的径级结构不同时 β_c 较小且基本接近，如样地 1 和样地 2、样地 1 和样地 5、样地 2 和样地 3，样地 2 和样地 5，样地 3 和样地 5。同时也出现当群落之间秃杉径级结构不同时，其 β_c 值也基本接近，如样地 1 和样地 3，样地 2 和样地 5，说明秃杉群落间的 β_c 多样性波动幅度较大，秃杉的径级结构影响了物种的替代速率。

6.4.2 数量数据 Morisita-Horn（C_{mh}）指数分析

数量数据指标是群落 β 多样性测度的重要指标。C_{mh} 指数是较典型的数量数据的相似系数，即两样地的物种组成越相似，个体数越接近，其值越大，其秃杉群落的数量数据 Cmh 指数见表 6.6。根据表 6.6，结合文献分析，当秃杉种群龄级结构不同，样地间的相似性系数不同，并且有明显的变化趋势，这与样地的秃杉径级梯度有关，样地 1、3、4 存在各径级的秃杉，而样地 2、5 秃杉出现断层现象，因而这两个样地间的 β 多样性最大。

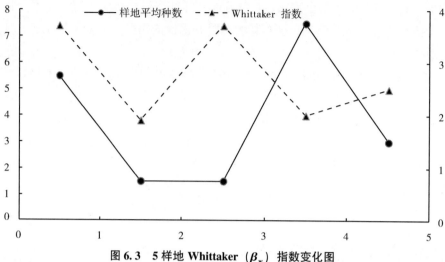

图 6.3　5 样地 **Whittaker**（β_w）指数变化图

表 6.5　**Cody**（β_c）多样性指数

样地号	1	2	3	4
2	33			
3	41.5	32.5		
4	48	40	38	
5	31.5	31	32	47.5

表 6.6　**Morisita-Horn**（C_{mh}）多样性指数

样地号	1	2	3	4
2	0.36			
3	0.13	0.34		
4	0.14	0.58	0.28	
5	0.61	0.75	0.24	0.47

6.4.3　结论

① 秃杉群落的 β 多样性随物种个体数的变化而发生变化。

② Cody（β_c）指数和 Morisita-Horn（C_{mh}）指数说明了秃杉种群径级结构不同影响了群落的物种替代速率；并且当秃杉种群的径级结构相似时秃杉群落间的相似性较大。

6.5　物种多样性分析

6.5.1　物种组成分析

根据调查，雷公山自然保护区秃杉分布区共有维管束植物 179 科 513 属 1073 种，占保护区维管束植物总科数（220 科）的 81.36%，总属数（813 属）的 63.10%，总种数（2240 种）的 46.30%，其中蕨类植物有 32 科 57 属 134 种；裸子植物有 5 科 7 属 10 种，被子植物有 142 科 449 属 929 种。根据《国家重点保护野生植物名录》（第一批），秃杉分布区有国家重点保护野生植物 11 科 9 属 13 种（除兰科植物），国家一级重点保护野生植物有红豆杉、南方红豆杉和伯乐树 3 种，国家二级重点保护野生植物有秃杉、闽楠、半枫荷、马尾树、香果树、翠柏、福建柏、花榈木、十齿花、水青树 10 种，占雷公山自然保护区国家一级重点保护野生植物的 100.00%，国家二级重点保护野生植物的 35.71%。

调查区维管束植物科含单属单种有 81 科，占雷公山自然保护区秃杉分布区维管束植物科数的 45.20%；科中含有 2~3 属的共有 50 科，占秃杉分布区维管束植物科数的 27.90%。科中含有最多属是禾本科有 33 个属，其次是菊科有 30 个属。

区内秃杉分布区维管束植物中，属种关系为 1 属含 1 个物种的最多，共有 202 属，占秃杉分布区维管束植物属数的 39.40%；其次是 1 属 3 种，共有 169 属，占秃杉分布区维管束植物属数的 38.20%。属中含物种数最多是悬钩子属有 13 种。

以上说明秃杉物种多样性丰富，能和多种物种并列生存，但同样为了生存空间，相互竞争也大。

6.5.2　物种多样性指数分析

群落物种多样性主要是由物种丰富度和个体分配的均匀性构成，它能有效地表征生物群落和生态系统结构的复杂性。群落在组成和结构上表现出的多样性是认识群落特征，甚至功能状态的基础，也是生物多样性研究中至关重要的方面。从雷公山自然保护区秃杉天然群落的多样性分析比较中（表 6.7）可以看出，样地 Y14 和 Y16 群落的丰富度指数最大，为 23 和 20，而样地 Y3、Y4、Y5、Y10 和 Y19 的丰富度指数均最小，为 8；样地 Y16，Sirnpson 多样性指数最高，达 2.8349；样地 Y19，Sirnpson 多样性指数最低，只有 1.6164；用 Shannon-Wiener 多样性指数用来衡量雷公山自然保护区秃杉群落的 20 个样地中，最大值也出现在样地 Y16，为 0.9225，最小值同样出现在样地 Y19，为 0.7333，与 Sirnpson 多样性指数的研究结果一致。从 Pielou 均匀度指数分析比较中可以看出，样地 Y17 群落均匀度指数最高，达 0.9547 和 0.9795，Pielou 均匀度指数最低值出现在样地 Y19 的群落中，为 0.7773 和 0.8381。

雷公山自然保护区秃杉群落不同样地差异主要表现在物种组成以及物种多样性水平上，丰富度、物种多样性指数和均匀度指数都表现出基本一致的变化趋势。物种丰富度指数、物种多样性指数和均匀度指数与群落的结构以及立地环境条件等有密切的关系，结构复杂的群落较其他群落的多样性指数高。样地 Y19 为秃杉+水青冈群系，物种单调，且秃杉和水青冈占有相当的种群优势，所以导致多样性指数低，符合针阔混交林植被的共有特征，同时也表明雷公山自然保护区秃杉群落的结构简单，自然环境恶劣，这对秃杉的群落的保护和更新提出更高要求。

表 6.7　雷公山自然保护区秃杉群落物种多样性

样地号	D	H	S	J_{sm}	J_{si}
Y1	0.8492	2.1476	12	0.8642	0.9265
Y2	0.7928	1.8842	10	0.8183	0.8809
Y3	0.8444	1.9750	8	0.9498	0.9650
Y4	0.8197	1.8676	8	0.8981	0.9368
Y5	0.8166	1.8603	8	0.8946	0.9333
Y6	0.8362	2.0981	12	0.8443	0.9122
Y7	0.8539	2.2076	13	0.8607	0.9251
Y8	0.8791	2.3350	13	0.9104	0.9523
Y9	0.7771	1.8429	9	0.8387	0.8743
Y10	0.7594	1.7134	8	0.8240	0.8679
Y11	0.9163	2.6680	18	0.9231	0.9702
Y12	0.8394	2.1441	12	0.8628	0.9157
Y13	0.9091	2.5877	17	0.9133	0.9659
Y14	0.8286	2.3307	20	0.7780	0.8722
Y15	0.8345	2.1790	14	0.8257	0.8987
Y16	0.9225	2.8349	23	0.9041	0.9645
Y17	0.8904	2.2893	11	0.9547	0.9795
Y18	0.8385	2.0702	11	0.8633	0.9224
Y19	0.7333	1.6164	8	0.7773	0.8381
Y20	0.8597	2.1078	10	0.9154	0.9553

注：D 表示 Sirnpson 指数；H 表示 Shannon-Wiener 指数；S 表示丰富度；J_{sw}，J_{si} 表示均匀度指数。

6.6　秃杉群落的种类组成

雷公山秃杉群落组成约有 60 科 115 属 170 种，其中蕨类植物 8 科 10 属 10 种，裸子植物 4 科 5 属 5 种，双子叶植物 43 科 91 属 146 种，单子叶植物 5 科 9 属 9 种，共有 11 属含 1~2 种，可见植物种类极其丰富。从区系组成看，乔木第 1 亚层有杉科的秃杉、杉木，壳斗科的锥栗（Castanea henryi）、水青冈，金缕梅科的枫香树，松科的马尾松等，占各层总种数的 2.65%，第 2 亚层是以双子叶植物中壳斗科、樟科、蔷薇科、山茶科、杜鹃花科和山矾科的种类为主，计 89 种，占各层总种数的 53.10%；草本和层间植物种类较少，分别占 3.54% 和 1.33%。

6.6.1　秃杉的层次结构

雷公山秃杉群落的层次现象比较明显，可以分为乔木层（A）、灌木层（F）、草本层（H）。地被物发育较差，层外植物不多见。

乔木层可分为 2 个亚层：第 1 亚层主要以秃杉占绝对优势，由于秃杉树体高大，冠大，高居乔木上层，一般高20m以上，最高53m，以30~40m的大树居多，胸径一般在40~140cm，最大达218cm，冠幅直径为10~20m，最大可达40m，有"万木之王"之称，达到该层的，还可见到杉木和阔叶树种有锥栗、水青冈、枫香树、马尾松等。第2亚层高度在4~15m，胸径在4~30cm，最大达60cm，冠幅直径较小，一般为1.5~10m。除有部分秃杉和杉木外，主要以阔叶树种占优势，常见植物有毛棉杜鹃花、雷公鹅耳枥（*Carpinus viminea*）、柃木（*Eurya* spp.）、桂南木莲、闽楠、水青冈、甜槠、薯豆、锥栗（*Castanea henryi*）、四川樱桃（*Cerasus szechuanica*）、大萼杨桐（*Adinandra glischroboma* var. *macrosepala*）、香港四照花、瑞木（*Corylopsis multiflora*）、木荷（*Schima superba*）、厚斗柯、茅栗（*Castanea seguinii*）、越橘（*Vaccinium* sp.）、阴香（*Cinnamomum burmannii*）、青榨槭（*Acer davidii*）、虎皮楠（*Daphniphyllum oldhami*）、海南木犀榄（*Olea hainanensis*）、深山含笑等，整个乔木层郁闭度达95%，其中秃杉最大，约占乔木层的80%~100%。

在秃杉群落中，常绿高位芽植物秃杉在乔木层第1亚层占优势，次为常绿中高位芽植物和落叶中高位植物。第2亚层是以常绿阔叶中高位芽植物占优势，占40.35%，其次为落叶阔叶中高位芽植物和落叶小高位芽植物，分别占28.07%和17.54%，再次为常绿阔叶小高位芽植物，占14.04%。

灌木层受上层林冠影响较大，密度不大，冠幅小，覆盖度为30%~60%，有柃木、毛棉杜鹃花、穗序鹅掌柴（*Schefflera delauayi*）、山鸡椒（*Litsea cubeba*）、香叶树（*Lindra communis*）、油茶（*Camellia oleifera*）、满山红（*Rhododendron mariesii*）、杜鹃（*Rhododendron simsii*）、大萼杨桐、总状山矾（*Symplocos botryantha*）、山香圆（*Turpinia montana*）等树种组成，个别群落以箭竹为优势。灌木层主要是由常绿阔叶小高位芽植物和常绿阔叶矮高位芽植物构成，分别占灌木层种类的41.38%和24.14%，其次为落叶阔叶小高位芽植物和落叶阔叶矮高位芽植物，分别占20.69%和13.78%。此外，在灌木层中尚有部分常绿中高位芽植物的幼树，如杉木、小果润楠（*Machilus microcarpa*）、桂南木莲、光枝楠、樟（*Cinnamomum camphora*）、栓叶安息香、薯豆、深山含笑、杨梅、丝栗栲、西南赛楠（*Nothaphoebe cavaleriei*）等同时也有部分落叶阔叶中高位芽植物的幼树，如瑞木、青榨槭、马尾树、水青树、雷公鹅耳枥、枫香树等。

林内草本层不够发达，高40~120cm，盖度为30%~60%，主要有里白、狗脊（*Woodwardia japonica*）、福建观音座莲（*Angiopteris fokiensis*）、光脚金星蕨（*Parathelypteris japonica*）、小花姜花（*Hedychinm sinoaureum*）、五节芒（*Miscanthus floridulus*）、薹草（*Carex* sp.）等。

层间植物极少，偶尔有滕黄檀、菝葜（*Smilax* sp.）、悬钩子（*Rubus* spp.）、花椒（*Zanthoxylum bungeanum*）等。

6.6.2　秃杉更新与演替

早在第四纪冰期前，我国有大面积秃杉林分布。经过第四纪的几次冰期和间冰期的反复，秃杉得以在雷公山及前述个别地区保存下来，形成间断分布。基于雷公山森林植被长期遭受人为干扰破坏的历史，目前残存的秃杉林亦具有明显的次生性，约占70%。以秃杉树龄来看，秃杉大树一般在100~200年，保护区内保存较完好的秃杉林均距离居民点较近，树体高大，林内有人为活动痕迹普遍，其他树种伐桩累见，由于历来秃杉被少数苗族群众视为"神树""龙树"，人们一般不采伐。但农事活动等生产活动中，亦出现剥皮或伐倒现象。从以上几个方面说明保护区秃杉林的次生性是由苗族的习俗，有意无意地保存下来而形成的半人为、半自然的森林类型。

秃杉无萌芽更新现象，一般通过飞籽来实现更新，但在秃杉林下更新极困难，主要是由于秃杉林下的枯枝落叶层很厚、光照条件不足所致，一般在距离母树10~100m范围内疏林、灌木林、林中空地、林中小道边，秃杉更新幼苗较多，在灌木林中更新较好，各高度级均有分布，在疏林地中更新也较为理想。人工抚育措施对秃杉天然更新幼苗、幼树的生长具有较为明显的促进作用，不同郁闭度林分中，郁闭度为0.3的树高、地径、冠幅的生长量分别增加610.7%~696.2%、421.43%~866.67%和409.69%~756.28%；郁闭度为0.5的树高、地径、冠幅的生长量分别增加82.71%~271.75%、200%~521.43%和89.62%~538.46%。由此可见，对林下有天然更新的秃杉幼苗、幼树的林分进行适当的人工抚育，疏伐部分乔木层，或对部分乔木层进行修枝，降低上层郁闭度，或对中间灌木层及草本层进行清除，降低覆盖度以增加透光度，是促进天然更新秃杉幼苗、幼树的生长、成林的重要措施。

雷公山自然保护区不同郁闭度级下秃杉天然更新幼树、幼苗数量不同。低郁闭度级（0.39）下乔木树种幼苗、幼树天然更新株数略低于秃杉株数，灌木树种与秃杉株数相当，但树高相差极大，乔木树种和灌木树种高分别是秃杉高的9倍和7倍以上；中郁闭度级（0.40~0.69）下乔木树种幼苗、幼树和灌木树种天然更新株数分别是秃杉株数的1倍以上，树高相差更大，乔木树种和灌木树种高分别是秃杉高的28倍和15倍以上；高郁闭度级（0.70以上）下乔木树种幼苗、幼树天然新株数和秃杉相当，灌木树种天然更新株数是秃杉株数的5倍以上，树高相差也非常明显，乔木树种和灌木树种高分别是秃杉高的23倍和32倍以上，并且各郁闭度级下的乔木和灌木幼苗、幼树均比秃杉幼苗、幼树长势良好。森林植被主要是朝着常绿阔叶林、常绿落叶阔叶混交林或以阔叶为主的针阔混交林的地带性植被演替。尽管如此，林下还是有1150~6403株/hm² 的秃杉幼苗、幼树，仍具有天然更新的能力。

秃杉自然飞籽距离一般密集区集中在10~50m，超过50m后，更新数量显著减少。据观察，秃杉更新苗分布，在秃杉母树上方，更新树苗较多，两侧较少，下方极少发现。其原因是秃杉种子成熟季节，由于地形的影响，改变了气流方向而形成的槽子风所致。总的来说，雷公山自然保护区自然条件适宜秃杉的生长和繁衍，在灌木林下，特别是疏林下、林中空地，只要有母树存在，飞籽更新都很良好，能够成林。由于早期幼苗、幼树在长期的庇荫下，生长比较缓慢，一般到20~30年后，生长加快，逐步占据林冠上层，形成以秃杉为优势的常绿针阔叶混交林。

由于历史原因，秃杉林的分布具有分散、零星、小片状及不连续的特点。特别是 20 世纪 70~80 年代，人们对秃杉木材纹理、色泽的优美之喜爱，使之遭受严重的破坏。当秃杉林遭受破坏后，取而代之的是杉木、壳斗科、樟科、木兰科等树种的常绿针阔叶混交林。所形成的常绿林分再次遭受破坏后，林下光照条件改善，则喜光树种如枫香、麻栎、亮叶桦等会很快侵入，形成常绿落叶阔叶混交林。植被再遭受破坏，光照条件更好，土壤干燥，落叶树种就会大量增加，并占据优势而演变成落叶阔叶林。如此恶性破坏下去，将会出现具有强萌生性的壳斗科植物，以丛生状存在而形成灌木，禾本科杂草亦会入侵，破坏仍无止境，则禾本科植物将迅猛发展成为五节芒等逆向演替成灌丛荒草坡。雷公山自然保护区建立 30 多年来，秃杉生境得到了有效的保护和恢复，主要是加强保护与管理，严格控制人为活动所取得的效果，现在秃杉分布区已逐渐演替为以秃杉为主的常绿针阔叶混交林，如格头村至平祥顺河而下的桐脑（小地名）一带。保护区的建立，为秃杉林的顺向演替提供了有利的条件。

6.7 秃杉在群落中的地位分析

植被数量生态学中重要值（important value，IV）是由 Curtis 等研究森林群落时首先提出来的，它是反映某个物种在森林群落中作用和地位的综合数量指标。自从马克平用 IV 代替"物种个体数量"计算物种多样性指数后，我国大部分研究者都以 IV 作为计算生物多样性指数的指标。本研究通过对雷公山自然保护区秃杉群落重要值变化研究，旨在为进一步研究秃杉群落的多样性提供理论依据。

本研究雷公山自然保护区秃杉群落，共设置 20 个样地，合计调查到 163 个物种，其中乔木有 87 个物种，灌木有 42 个物种，草本有 34 个物种。通过计算乔木层重要值，其中重要值总和未达到 20 的有 43 种。计算相对重要值的值保留 2 位小数，相对重要值的值为 0。为了统计方便这 43 种没有列入相对重值计算。这 43 种分别是深山含笑、枳椇（*Hovenia acerba*）、野茉莉（*Styrax japonicus*）、小果润楠、椴树（*Tilia tuan*）、薄果猴欢喜（*Sloanea leptocarpa*）、川黔润楠（*Machilus chuanchienensis*）、丝栗栲、新木姜子（*Neolitsea aurata*）、油柿（*Diospyros oleifera*）、南酸枣（*Choerospondias axillaris*）、木荷、尾叶樱桃（*Cerasus dielsiana*）、蓝果树（*Nyssa sinensis*）、五裂槭、银木荷、大叶新木姜子（*Neolitsea levinei*）、山槐（*Albizia kalkora*）、老鸹铃（*Styrax hemsleyanus*）、江南花楸（*Sorbus hemsleyi*）、赤杨叶（*Alniphyllum fortunei*）、黄樟（*Cinnamomum porrectum*）、山拐枣（*Poliothyrsis sinensis*）、沙梨（*Pyrus pyrifolia*）、钩栲（*Castanopsis tibetana*）、光叶山矾（*Symplocos lancifolia*）、杜英（*Elaeocarpus decipiens*）、毛叶木姜子（*Litsea mollis*）、湖北海棠、川杨桐（*Adinandra bockiana*）、江南越橘（*Vaccinium mandarinorum*）、红麸杨（*Rhus punjabensis* var. *sinica*）、海通（*Clerodendrum mandarinorum*）、润楠（*Machilus nanmu*）、厚皮香（*Ternstroemia gymnanthera*）、刺楸、西南红山茶（*Camellia pitardii*）、云南樟、闽楠、石栎（*Lithocarpus glaber*）等。雷公山自然保护区秃杉群落中 44 个物种的重要值情况，见表 6.8。

通过表 6.8 可见，调查 20 个样地中秃杉的重要值在 13 个样地中最大，占样地总数的 65.00%。且在每个样地中都占有优势。重要值合计最大的也是秃杉，达到 1419.54，占整个重要值的 25.43%，其次是水青冈，重要值合计 730.83，占整个重要值的 13.09%。有且只有秃杉和水青冈相对重要值超过 10.00，说明秃杉种群占绝对优势，其次是水青冈种群。

在相同样地中重要值最大的前两位是秃杉和水青冈的样地有 Y1、Y2、Y7、Y8、Y10、Y19 等 6 个，占样地总数的 30.00%。相同样地中重要值最大的前两位分别是：Y3 和 Y9 中都是秃杉和桂南木莲，Y4 中秃杉和栓叶安息香，Y5 和 Y20 中都是秃杉和光枝楠，Y6 中秃杉和甜槠，Y11 中秃杉和马尾松，Y12 中栗（*Castanea mollissima*）和水青冈，Y13 中青榨槭和野漆（*Toxicodendron succedaneum*），Y14 中秃杉和笔罗子（*Meliosma rigida*），Y15 中甜槠和水青冈，Y16 中杉木和米槠（*Castanopsis carlesii*），Y17 中杉木和秃杉，Y18 中秃杉和紫楠，证明雷公山自然保护区秃杉分布区，是以秃杉+水青冈群落为主，其次是秃杉+桂南木莲和秃杉+光枝楠为辅。

重要值总和在 500 以上的只有 2 种，在 200~500 之间共有 4 种，分别是黄丹木姜子、甜槠、杉木、栓叶安息香。重要值总和在 100~200 之间共有 7 种，分别是枫香树、光枝楠、栗、石木姜子、马尾松、桂南木莲、青榨槭等。重要值总和小于 100 的有 31 种，分别是长蕊杜鹃、小叶安息香（*Styrax wilsonii*）、交让木、麻栎（*Quercus acutissima*）、云贵鹅耳枥、香港四照花、川桂、白栎、石灰花楸（*Sorbus folgneri*）、亮叶桦、山矾（*Symplocos sumuntia*）、罗浮栲（*Castanopsis fabri*）、尖萼厚皮香（*Ternstroemia luteoflora*）、笔罗子、山橿（*Lindera reflexa*）、米槠、紫楠、野漆、锥栗、杨梅、小果冬青（*Ilex micrococca*）、小蜡（*Ligustrum sinense*）、中华槭（*Acer sinense*）、香叶子（*Lindera fragrans*）、檫木、华中樱桃（*Cerasus conradinae*）、贵定山柳（*Clethra cavaleriei*）、雷公鹅耳枥、猴欢喜（*Sloanea sinensis*）、虎皮楠、冬青（*Ilex chinensis*）。

通过相对重要值可以发现，在 1.00 以下的有 25 个物种，占调查计算物种重要值总种数的 56.80%；相对重要值在 1.00~2.00 的有 6 个物种，占调查计算物种重要值总种数的 13.60%；相对重要值在 2.00~3.00 的有 4 个物种，占调查计算物种重要值总种数的 9.10%；相对重要值在 3.00~4.00 的有 5 个物种，占调查计算物种重要值总种数的 11.30%；相对重要值值在 4.00 以上的有 4 个物种，占调查计算物种重要值总种数的 9.10%。可见，雷公山自然保护区秃杉群落优势种占绝对优势，种与种之间种群分布不均，在以后相当一段时间内秃杉群落中优势种不会改变。

表6.8 雷公山自然保护区秃杉群落重要值

物种	Y1	Y2	Y3	Y4	Y5	Y6	Y7	Y8	Y9	Y10	Y11	Y12	Y13	Y14	Y15	Y16	Y17	Y18	Y19	Y20	合计	相对重要值
1	79.69	103.38	82.89	78.70	78.75	84.53	64.28	72.07	124.39	122.40	48.27	23.27	33.43	108.08	6.72	5.33	41.00	72.49	128.16	61.71	1419.54	25.43
2	62.53	76.07	*	19.32	23.54	*	76.62	44.53	41.17	66.19	20.53	53.09	22.46	*	95.48	*	*	14.95	73.95	40.39	730.83	13.09
3	30.25	32.01	36.03	43.41	45.95	13.51	22.16	23.59	*	*	*	*	*	9.49	*	6.37	*	*	36.62	33.08	332.45	5.96
4	*	*	21.62	*	*	68.31	25.33	10.15	*	*	*	*	*	36.02	60.22	27.95	40.55	*	11.03	*	301.18	5.40
5	19.65	15.69	*	*	*	*	*	10.47	12.23	13.80	14.04	10.13	*	*	16.04	48.94	43.97	*	*	*	204.96	3.67
6	*	*	*	75.70	14.61	*	*	15.81	*	26.00	*	*	*	*	*	*	*	29.21	10.92	30.74	203.00	3.64
7	*	*	27.08	14.87	*	15.41	16.57	36.37	16.95	*	*	*	*	9.71	7.83	13.78	33.60	*	*	*	192.17	3.44
8	*	*	*	22.07	78.42	*	*	*	*	*	*	*	*	*	*	*	*	*	11.31	63.61	175.41	3.14
9	32.85	*	*	*	*	10.51	12.05	*	*	*	*	94.53	10.46	*	*	*	*	*	13.90	*	174.30	3.12
10	*	11.15	38.00	34.86	15.01	7.94	8.77	*	*	*	*	*	*	*	*	*	*	*	12.38	23.05	151.14	2.71
11	*	*	*	*	*	15.69	*	*	*	*	40.50	13.19	10.44	*	*	32.01	23.15	*	*	*	134.98	2.42
12	*	16.21	39.55	*	*	*	8.38	20.18	30.38	13.42	6.41	*	*	*	*	*	*	*	*	*	134.52	2.41
13	*	*	*	*	28.75	*	8.38	*	*	13.85	21.64	9.65	50.35	*	*	*	*	*	*	*	132.62	2.38
14	*	*	*	*	*	34.38	37.59	*	12.23	*	*	*	*	*	*	*	*	*	*	*	84.20	1.51
15	*	*	*	*	*	*	*	*	*	*	*	*	*	*	*	*	*	77.96	*	*	77.96	1.40
16	*	12.37	*	*	*	*	*	21.21	25.20	16.20	*	*	*	*	*	*	*	*	*	*	74.98	1.34
17	12.28	*	*	*	*	*	*	*	*	*	*	9.86	33.07	*	*	*	*	*	15.63	*	70.85	1.27
18	20.08	*	35.34	11.07	*	*	*	*	*	*	*	*	*	*	21.79	*	*	*	*	*	88.28	1.58
19	7.73	*	19.50	*	*	*	8.95	10.82	*	*	*	*	*	*	*	*	*	*	*	11.31	58.31	1.04
20	*	*	*	*	*	8.19	*	10.12	*	*	*	*	*	4.78	*	*	20.38	*	*	11.14	54.61	0.98
21	8.15	*	*	*	*	*	*	*	*	*	11.10	24.12	9.16	*	*	*	*	*	*	*	52.53	0.94
22	*	*	*	*	*	27.70	*	*	*	*	*	*	*	*	22.14	*	*	*	*	*	49.83	0.89
23	*	*	*	*	*	8.21	9.75	*	*	*	*	*	28.26	*	*	*	*	*	*	*	46.21	0.83
24	*	*	*	*	14.97	*	*	*	*	28.14	*	*	*	*	*	*	*	*	*	*	43.11	0.77
25	*	*	*	*	*	*	*	*	*	*	*	*	*	*	*	*	40.33	*	*	*	40.33	0.72
26	*	*	*	*	*	*	*	*	*	*	6.01	9.98	*	*	*	10.89	11.94	*	*	*	38.83	0.70

样地号

（续）

物种	Y1	Y2	Y3	Y4	Y5	Y6	Y7	Y8	Y9	Y10	Y11	Y12	Y13	Y14	Y15	Y16	Y17	Y18	Y19	Y20	合计	相对重要值
27	*	*	*	*	*	*	*	*	*	*	*	*	*	38.76	*	*	*	*	*	*	38.76	0.69
28	*	*	*	*	*	*	*	*	*	*	27.81	*	*	9.59	*	*	*	*	*	*	37.40	0.67
29	*	*	*	*	*	*	*	*	*	*	*	*	*	*	*	35.75	*	*	*	*	35.75	0.64
30	*	*	*	*	*	*	*	*	*	*	*	*	*	*	*	*	*	34.65	*	*	34.65	0.62
31	*	*	*	*	*	*	*	*	*	*	*	*	34.01	*	*	*	*	*	*	*	34.01	0.61
32	*	*	*	*	*	*	*	*	*	*	*	*	8.35	4.90	17.66	*	*	*	*	*	30.90	0.55
33	*	*	*	*	*	11.17	9.84	*	*	*	8.90	*	*	*	*	*	*	*	*	*	29.90	0.54
34	*	*	*	*	*	*	*	*	*	*	*	*	6.64	5.39	*	17.46	*	*	*	*	29.50	0.53
35	7.70	10.85	*	*	*	*	*	10.52	*	*	*	*	*	*	*	*	*	*	*	*	29.08	0.52
36	*	*	*	*	*	*	*	15.59	*	*	12.54	*	*	*	*	*	*	*	*	*	28.13	0.50
37	*	*	*	*	*	*	*	*	*	*	*	*	*	*	*	5.56	22.14	*	*	*	27.69	0.50
38	*	*	*	*	*	*	*	*	*	*	*	*	*	*	*	13.62	12.40	*	*	*	26.02	0.47
39	*	*	*	*	*	*	*	*	*	*	*	18.58	6.71	*	*	*	*	*	*	*	25.29	0.45
40	*	*	*	*	*	*	*	*	*	*	*	*	17.19	*	*	5.56	*	*	*	*	22.74	0.41
41	*	*	*	*	*	*	*	*	*	*	*	*	*	*	21.79	*	*	*	*	*	21.79	0.39
42	*	*	*	*	*	*	*	*	13.87	*	*	*	*	*	*	7.46	*	*	*	*	21.33	0.38
43	*	*	*	*	*	*	*	*	*	*	13.93	*	*	*	*	6.85	*	*	*	*	20.78	0.37
44	*	*	*	*	*	*	*	*	*	*	20.35	*	*	*	*	*	*	*	*	*	20.35	0.36

注：*：重要值为0；W：物种名；1：秃杉，2：水青冈，3：黄丹木姜子，4：交让木，5：杉木，6：栓叶安息香，7：枫香树，8：光枝楠，9：栗，10：石木姜子，11：马尾松，12：桂南木莲，13：菁南栲，14：长蕊杜鹃，15：小叶安息香，16：山矾，17：麻栎，18：云贵鹅耳枥，19：香港四照花，20：川桂，21：白栎，22：石灰花楸，23：亮叶桦，24：山柿，25：罗浮栲，26：山鸡椒，27：笔罗子，28：尖萼厚皮香，29：山橿，30：米槠，31：紫楠，32：野漆，33：杨梅，34：小果冬青，35：小蜡，36：中华槭，37：香叶子，38：檫木，39：华中樱桃，40：贵州山柳，41：贵定山柳，42：雷公鹅耳枥，43：虎皮楠，44：冬青。

6.8 主要群落分析

本次研究取样在雷公山自然保护区秃杉主要群落分布点，共设 20 个 20m×20m 乔木层样地，每个样地内设置 5 个 5m×5m 的灌木层样方，且分别在各个灌木层样方的右下角设置 2m×2m 的草本层样方，灌木层和草本层分别共计 100 个小样方。根据 TWINSPAMN 数量分类方法将 20 个乔木层样地选取有代表性的 8 个群落类型进行分析，其中秃杉群落处于优势地位的有 4 个，处于次要地位的有 1 个，处于中间地位的有 3 个（表 6.9）。

表 6.9　雷公山自然保护区秃杉主要群落

样地号	群落类型	海拔（m）	坡向	秃杉种群在样地中的地位
Y2	秃杉+水青冈群系	1123	东南	主要地位
Y10	秃杉-狭叶方竹群落	935	南	主要地位
Y11	秃杉-瑞木-金星蕨群落	1120	东坡	主要地位
Y12	栗-芒群落	1130	西南	中间地位
Y13	青榨槭-细齿叶柃-狗脊群落	1132	西	中间地位
Y14	秃杉-溪畔杜鹃-里白群落	883	西	主要地位
Y15	水青冈-西域旌节花-芒萁群落	1200	南	中间地位
Y17	杉木-腺萼马银花-里白群落	800	东南	次要地位

6.8.1　秃杉+水青冈群系

秃杉+水青冈群系位于样地 Y2 中。海拔 1123m，坡向为东南坡，土壤类型为黄壤。群落高度为 20m，总盖度为 90%，其中乔木层郁闭度为 0.7，灌木层盖度为 10%，草本层盖度为 10%。

乔木层中重要值最大是秃杉为 103.38，占该层重要值的 34.46%，在群系中处于绝对优势地位。其次是水青冈，重要值为 76.07，占该层重要值的 25.36%。其中重要值最小是小蜡和穗序鹅掌柴为 10.85，这 2 种在群落中处于劣势地位。此层中处于中间地位有桂南木莲、黄丹木姜子、杉木、交让木、木荷、石木姜子 6 种。

群系中有零星分布的西域旌节花、菝葜、山地杜茎山（*Maesa montana*）、光叶山矾、金星蕨（*Parathelypteris glanduligera*）、狗脊、芒萁（*Dicranopteris dichotoma*）、堇菜（*Viola verecunda*）8 种。

6.8.2　秃杉-狭叶方竹群落

秃杉-狭叶方竹（*Chimonobambusa angustifolia*）群落位于样地 Y10 中。海拔 935m，坡向为南坡，土壤类型为黄壤。群落高度为 25m，总盖度为 98%，其中乔木层郁闭度为 0.7，灌木层盖度为 80%，草本层盖度为 5%。

乔木层中重要值最大是秃杉为 122.40，占该群系重要值的 40.80%，在群落中处于绝对优势地位，其次是水青冈，重要值为66.19。其中重要值最小（13.42）桂南木莲，在群落中处于劣势地位。该层中处于中间地位的有栓叶安息香、山矾、杉木、交让木、青榨槭5种。

灌木层中以狭叶方竹占绝对优势地位，其重要值达263，占该层重要值的87.67%。其他伴生种重要值都没有超过10，长势较差，随时都有被淘汰的可能，这些种是紫金牛（*Ardisia japonica*）、菝葜、常春藤（*Hedera nepalensis* var. *sinensis*）、细齿叶柃、棠叶悬钩子（*Rubus malifolius*）、三叶木通（*Akebia trifoliata*）、南五味子（*Kadsura longipedunculata*）、五月瓜藤（*Holboellia fargesii*）8种。

草本植物和层间植物在该群落中分布稀少，分别是小叶楼梯草（*Elatostema parvum*）、斜方复叶耳蕨（*Arachniodes rhomboidea*）、金星蕨、戟叶堇菜（*Viola betonicifolia*）、荩草（*Arthraxon hispidus*）、锦香草（*Phyllagathis cavaleriei*）、具芒碎米莎草（*Cyperus microiria*）7种。

6.8.3 秃杉-瑞木-金星蕨群落

秃杉-瑞木-金星蕨群落位于样地Y11中。海拔1120m，坡向为东坡，土壤类型为黄壤。群落高度为15m，总盖度为95%，其中乔木层郁闭度为0.8，灌木层盖度为40%，草本层盖度为50%。

乔木层中重要值最大是秃杉为48.27，在该群系落中处于优势地位，其次是马尾松，重要值为40.50。其中重要值最小（5.45）是厚皮香，该种在群落中处于劣势地位。乔木层中其他伴生种有雷公鹅耳枥、白栎、中华槭、青榨槭、冬青、杨梅、深山含笑、尖叶川杨桐（*Adinandra bockiana* var. *acutifolia*）、桂南木莲等10种。

灌木层中瑞木在这层中处于优势地位，其重要值最大（93.7），占灌木层的31.23%。其次是苎麻（*Boehmeria nivea*），重要值为78.3，占这层重要值的31.23%。重要值最小（3.26）的是青灰叶下珠（*Phyllanthus glaucus*）、花椒簕（*Zanthoxylum scandens*）、西域旌节花、棠叶悬钩子4种，在该层中处于劣势地位。在该层中处于中间地位的有百两金（*Ardisia crispa*）、格药柃（*Eurya muricata*）、山地杜茎山、山矾、光叶山矾、长叶冻绿（*Rhamnus crenata*）、波叶新木姜子（*Neolitsea undulatifolia*）等8种。

草本层中金星蕨处于优势地位，其重要值为40.67，占该层重要值的13.56%。其次是日本蛇根草（*Ophiorrhiza japonica*），重要值为25.3。重要值最小（1.63）是半边铁角蕨（*Asplenium unilaterale*）、斜方复叶耳蕨、大叶贯众（*Cyrtomium macrophyllum*）、灰背铁线蕨（*Adiantum myriosorum*）4种，在该草本层中处劣势地位。在该层中处于中间地位的有穴子蕨（*Ptilopteris maximowiczii*）、接骨草（*Sambucus javanica*）、吉祥草（*Reineckia carnea*）、赤车（*Pellionia radicans*）、庐山楼梯草、翠云草（*Selaginella uncinata*）、悬铃叶苎麻（*Boehmeria tricuspis*）、卵叶盾蕨（*Neolepisorus ovatus*）、山姜（*Alpinia japonica*）、秋海棠（*Begonia grandis*）、堇菜、楼梯草（*Elatostema involucratum*）、白接骨（*Asystasiella neesiana*）、狗脊、沿阶草（*Ophiopogon bodinieri*）、姬蕨（*Hypolepis punctata*）、凤丫蕨（*Coniogramme japonica*）、瘤足蕨（*Plagiogyria adnata*）、具芒碎米莎草、长叶铁角蕨（*As-*

plenium prolongatum)、大叶金腰(*Chrysosplenium macrophyllum*)、天门冬(*Asparagus co-chinchinensis*)、戟叶堇菜、开口箭(*Campylandra chinensis*)24 种。

秃杉-瑞木-金星蕨群落中层间层物种有淡红忍冬(*Lonicera acuminata*)、常春藤、南五味子、风藤(*Piper kadsura*)、毛花猕猴桃(*Actinidia eriantha*)、鄂赤瓟(*Thladiantha oliveri*)、珍珠莲(*Ficus sarmentosa* var. *henryi*)7 种。

6.8.4 栗-芒群落

栗-芒群落位于样地 Y12 中。海拔 1130m,坡向为西南坡,土壤类型为黄壤。群系高度为 8m,总盖度为 70%,其中乔木层郁闭度为 0.5,灌木层盖度为 5%,草本层盖度为 50%。

乔木层中重要值最大是栗为 94.53,占该群落重要值的 31.51%,在该群落中处于优势地位。其次是水青冈,重要值为 53.09,占重要值总和的 17.70%。其中重要值最小是青榨槭为 9.64,该种在群系中处于劣势地位。该层中处于中间地位的有秃杉、白栎、杉木、云贵鹅耳枥、华中樱桃、山槐 6 种。

草本层中芒处于绝对优势地位,其重要值达 200.26,占该层重要值总和的 66.75%。其次是矛叶荩草,重要值为 41.39,占该层重要值总和的 13.80%。重要值最小(7.21)是鸢尾,在该草本层中处劣势地位。在该层中处于中间地位有大叶贯众、翠云草、吉祥草、具芒碎米莎草、堇菜、狗脊 6 种。

栗-芒群落中灌木层和层间层有苎麻、长叶冻绿、山莓(*Rubus corchorifolius*)、白叶莓(*Rubus innominatus*)、菝葜、葛(*Pueraria montana*)等 7 种。

6.8.5 青榨槭-细齿叶柃-狗脊群落

青榨槭-细齿叶柃-狗脊群落位于样地 Y13 中。海拔 1132m,坡向为西坡,土壤类型为黄壤。群落高度为 10m,总盖度为 80%,其中乔木层郁闭度为 0.75,灌木层盖度为 60%,草本层盖度为 60%。

乔木层中重要值最大是青榨槭为 50.35,占该群落重要值的 16.78%,在该群系中处于优势地位。其次是野漆,重要值为 34.01,占重要值总和的 11.34%。其中重要值最小是小果冬青为 6.64,该种在群落中处于劣势地位。该层中处于中间地位的有秃杉、亮叶桦、麻栎、水青冈、锥栗、栗、毛叶木姜子、白栎、贵定山柳、川黔润楠、马尾松、华中樱桃 12 种。

灌木层中细齿叶柃在该林层中处于优势地位,其重要值最大为 80.34,占该层重要值的 26.78%,其次是檵木,重要值为 60.31,占该层重要值的 20.10%。重要值最小的是西藏吊灯花(*Ceropegia pubescens*),重要值为 6.79,在该林层中处于劣势地位。处于中间地位的有细枝柃(*Eurya loquaiana*)、杜鹃、中国旌节花、江南越橘、山矾、溪畔杜鹃、淡红忍冬、地菍(*Melastoma dodecandrum*)8 种。

草本层中狗脊处于优势地位,其重要值为 90.65,占该层重要值总和的 30.22%。其次是里白,重要值为 80.39,占该层重要值总和的 26.80%。重要值最小(6.23)是黑鳞珍珠茅（*Scleria hookeriana*），在该层中处于劣势地位。在该层中处于中间地位有矛叶荩草、庐山楼梯草、背囊复叶耳蕨、山姜、透茎冷水花（*Pilea pumila*）、虾脊兰（*Calanthe discolor*）、翠云草、瘤足蕨、裂叶秋海棠（*Begonia palmata*）、剑叶耳草（*Hedyotis caudatifolia*）、芒萁、淡竹叶 12 种。

青榨槭-细齿叶柃-狗脊群落中层间植物有长托菝葜（*Smilax ferox*）、千金藤（*Stephania japonica*）、粉叶爬山虎（*Parthenocissus thomsonii*）、黑果菝葜、当归藤（*Embelia parviflora*）、藤黄檀、广东蛇葡萄（*Ampelopsis cantoniensis*）7 种。

6.8.6　秃杉-溪畔杜鹃-里白群落

秃杉-溪畔杜鹃-里白群落位于样地 Y14 中。海拔 883m，坡向为西坡，土壤类型为黄壤。群落高度为 25m，总盖度为 90%，其中乔木层郁闭度为 0.70，灌木层盖度为 60%，草本层盖度为 50%。

乔木层中重要值最大是秃杉为 108.08，占该群落重要值的 36.03%，在该群落中处于优势地位。其次是笔罗子，重要值为 38.76，占重要值总和的 12.92%。其中重要值最小是钩栲为 7.42，该种在群落中处于劣势地位。该层中处于中间地位的有黄丹木姜子、甜槠、山橿、深山含笑、大叶新木姜、南酸枣、锥栗、新木姜子、枫香树、闽楠、石栎、云南樟、川桂、枳椇、小果冬青 15 种。

灌木层中溪畔杜鹃在该林层中处于优势地位，其重要值最大为 76.41，占该层重要值的 25.47%，其次是细齿叶柃，重要值为 50.32，占该层重要值的 16.77%。重要值最小的是蝴蝶荚蒾（*Viburnum plicatum* var. *tomentosum*），重要值为 5.42，在该林层中处于劣势地位。处于中间地位的有腺鼠刺（*Itea glutinosa*）、海南树参（*Dendropanax hainanensis*）、苎麻、小赤麻（*Boehmeria spicata*）、常山（*Dichroa febrifuga*）、合轴荚蒾（*Viburnum sympodiale*）、百两金、盾叶莓（*Rubus peltatus*）、棱果海桐（*Pittosporum trigonocarpum*）、变叶榕（*Ficus variolosa*）10 种。

草本层中淡竹叶处于优势地位，其重要值为 34.70，占该层重要值总和的 11.57%。其次是日本蛇根草，重要值为 30.21，占该层重要值总和的 10.07%。重要值最小（5.12）是鸢尾，在该草本层中处劣势地位。在该层中处于中间地位有大叶贯众、矛叶荩草、牛膝（*Achyranthes bidentata*）、槠头红（*Sarcopyramis napalensis*）、庐山楼梯草、大片复叶耳蕨、薹草、山姜、透茎冷水花、虾脊兰、翠云草、瘤足蕨、裂叶秋海棠 13 种。

层间植物有峨眉鸡血藤（*Callerya nitida* var. *minor*）、长萼赤瓟（*Thladiantha longisepala*）、金线吊乌龟（*Stephania cephalantha*）、菝葜、华中五味子（*Schisandra sphenanthera*）、粉背南蛇藤（*Celastrus hypoleucus*）、三裂蛇葡萄（*Ampelopsis delavayana*）、硬齿猕猴桃（*Actinidia callosa*）、飞龙掌血（*Toddalia asiatica*）、爬藤榕（*Ficus sarmentosa* var. *impressa*）、棱茎八月瓜（*Holboellia pterocaulis*）11 种。

6.8.7　水青冈-西域旌节花-芒萁群落

水青冈-西域旌节花-芒萁群落位于样地 Y15 中。海拔 1200m，坡向为南坡，土壤类型为黄壤。群落高度为 15m，总盖度为 90%，其中乔木层郁闭度为 0.60，灌木层盖度为 70%，草本层盖度为 50%。

乔木层中重要值最大是水青冈为 95.48，占该群落重要值的 31.83%，在群系中处于优势地位。其次是甜槠，重要值为 60.22，占群落重要值总和的 20.07%。重要值最小的是新木姜子为 6.52，在群系中处于劣势地位。群系中处于中间地位的有秃杉、锥栗、川杨桐、杉木、石灰花楸、雷公鹅耳枥、丝栗栲、枫香树、银木荷、川黔润楠 10 种。

灌木层中西域旌节花在该林层中处于优势地位，其重要值最大为 91.3，占该层重要值的 30.43%，其次是瑞木，重要值为 60.52，占该层重要值的 20.17%。重要值最小的是狭叶润楠（*Machilus rehderi*），重要值为 5.45，在该林层中处于劣势地位。处于中间地位的有溪畔杜鹃、云广粗叶木（*Lasianthus japonicus* subsp. *longicaudus*）、石木姜子、细枝柃、毛枝格药柃（*Eurya muricata* var. *huiana*）、硬齿猕猴桃、常山、杜茎山（*Maesa japonica*）、花椒簕、苎麻、棠叶悬钩子、百两金、格药柃、山矾、光叶山矾、波叶新木姜子 16 种。

草本层中芒萁处于优势地位，其重要值为 82.31，占该层重要值总和的 27.44%。其次是里白，重要值为 60.52，占该层重要值总和的 20.17%。重要值最小（7.62）是淡竹叶，在该草本层中处劣势地位。在该层中处于中间地位有半边铁角蕨、斜方复叶耳蕨、大叶贯众、接骨草、吉祥草、翠云草、山姜、堇菜、楼梯草、狗脊、瘤足蕨、具芒碎米莎草 12 种。

层间植物有菝葜、淡红忍冬、常春藤、南五味子、黑果菝葜、藤黄檀 6 种。

6.8.8 杉木-腺萼马银花-里白群落

杉木-腺萼马银花-里白群落位于样地 Y17 中。海拔 800m，坡向为东南坡，土壤类型为黄壤。群落高度为 12m，总盖度为 80%，其中乔木层郁闭度为 0.6，灌木层盖度为 60%，草本层盖度为 70%。

乔木层中重要值最大的是杉木为 43.97，占该群落重要值的 14.66%，在该群落中处于优势地位。其次是秃杉，重要值为 41.00，占群落重要值的 13.67%。再次是甜槠和罗浮栲，重要值分别为 40.55、40.33。其中重要值最小（10.55）是五裂槭，该种在群落中处于劣势地位。群落中处于中间地位的有尖萼川杨桐、香叶子、枫香树、川桂、杉木、马尾松、檫木 7 种。

灌木层中腺萼马银花（*Rhododendron bachii*）在该层中位于优势地位，其重要值最大为 103.52，占该层重要值的 34.42%。其次是西域旌节花，重要值为 80.61，占该层重要值的 26.72%。重要值最小（10.6）的是桃叶珊瑚（*Aucuba chinensis*）、黑老虎（*Kadsura coccinea*）和疏花卫矛（*Euonymus laxiflorus*）3 种，在该层中处劣势地位。处于中间地位的有中国旌节花、山檨、溪畔杜鹃、云广粗叶木、狭叶润楠、石木姜子、细枝柃、毛枝格药柃、硬齿猕猴桃、常山、杜茎山 11 种。

草本层中里白处于优势地位，其重要值为 163.52，占该层重要值总和的 54.51%。其次是狗脊，重要值为 50.62，占该层重要值总和的 16.87%。重要值最小（10.2）是大叶贯众，在该草本层中处劣势地位。在该层中处于中间地位有金星蕨、五节芒、淡竹叶、凤丫蕨、山姜等5种。

杉木-腺萼马银花-里白群落中层间层植物有菝葜、密齿酸藤子（*Embelia vestita*）、八月瓜（*Holboellia latifolia*）、黑果菝葜、藤黄檀5种。

6.9 秃杉种群结构

6.9.1 水平结构

根据本研究对雷公山自然保护区秃杉群落调查20个样地数据，统计每个样地样方中秃杉个体数，具体分布情况见表6.10。

表 6.10 样方中秃杉分布实际个体数

样地号	样方1	样方2	样方3	样方4	合计株数	$(x-m)^2$
Y1	4	1	0	4	9	13.4306
Y2	2	2	2	2	8	0.1056
Y3	2	0	0	2	4	6.8056
Y4	2	2	0	0	4	6.8056
Y5	0	0	2	1	3	7.4806
Y6	5	5	0	1	11	24.0806
Y7	1	2	2	0	5	4.1306
Y8	4	2	0	1	7	8.7806
Y9	4	4	1	0	9	13.4306
Y10	2	4	0	2	8	8.1056
Y11	0	2	2	5	9	13.4306
Y12	0	4	0	0	4	14.8056
Y13	2	3	0	2	7	4.7806
Y14	10	8	8	6	32	159.9056
Y15	0	1	0	0	1	10.8306
Y16	0	0	0	1	1	10.8306
Y17	1	0	3	0	4	8.8056
Y18	1	2	0	1	4	4.8056
Y19	4	1	5	5	15	25.3806
Y20	2	0	0	0	2	10.1556
总计					147	356.8875

注：x 表示为样方实际个体数；m 表示为样方平均个体数。

由表6.10可得雷公山自然保护区秃杉种群的分散度（S^2）为4.5176。每个样方平均秃杉个体数（m）为1.8375。可见分散度值大于每个样方平均秃杉个体数（$S^2>m$），说明雷公山自然保护区秃杉种群呈集群型，且种群个体极不均匀，呈局部密集。

在踏查中发现，雷公山自然保护区禿杉种群个体分布极不均匀，表现在常绿阔叶落叶混交林中有零星单株分布，且分布的单株都是古大树，呈最顶层林相。总体来看，常常成群、成簇、成块或成斑点地密集分布，并且各群的大小、群间的距离、群内个体的密度不等；本次样地调查区生境条件比较良好，且选择调查的禿杉种群都比较集中地带。总体而言，雷公山自然保护区禿杉种群空间分布类型是以集群型为主，随机型为辅。

6.9.2 垂直结构

雷公山自然保护区以常绿阔叶落叶混交林为主，其中禿杉分布只是雷公山自然保护区一小片。根据雷公山自然保护区禿杉植株最高达40m，将禿杉群落林层高度按5m为单位，分为8个林层。每个层次中的主要种群见表6.11。

表6.11　雷公山自然保护区禿杉群落垂直结构概况

林层高度（m）	优势树种	次要树种
0~5	蕨类	禾本科、禿杉
5~10	山茶科、瑞木	杜鹃属
10~15	栲属、青冈属	杉木
15~20	水青冈	杉木
20~25	马尾松	枫香
25~30	禿杉	无
30~35	禿杉	无
35~40	禿杉	无

从表6.11可知，禿杉群落垂直分布明显，禿杉主要分布在0~5m和25m以上的林层中，其中0~5m林层主要是禿杉的幼苗、幼树，25m以上林层主要是禿杉胸径在45cm以上的大树，且多数达到结实年龄。林层高度0~5m主要是蕨类植物为主，其次是禾本科和禿杉幼苗、幼树。5~10m中主要以山茶科植物和瑞木为主，其次是部分杜鹃属的喜阴植物。10~25m的3个林层中，以针阔混交树种为主，其中栲属和水青冈占主要优势，杉木和马尾松种群次之。25m以上林层只有禿杉种群，在群落中都是"霸王树"。

6.10　禿杉种群更新与环境因子的关系

6.10.1 禿杉群落特征

根据10个样地的物种调查结果统计，禿杉群落有维管植物127种，分别隶属51科76属，其中乔木层共有47种，隶属26科33属；灌木层共有45种，隶属23科35属；草本层共有30种，隶属20科13属。禿杉群落分层明显，从上至下可以分为乔木层、灌木层和草本层；乔木层的高度为5~50m，禿杉是明显的超高层植物，其高度可达50m；灌木层的高度为0.5~6m；草本层的高度在1m左右。将10个样方的乔木层植物种重要值在4.4%以上的编制成乔木层重要值表（表6.12）。从表6.12中可见，群落中乔木层树种较为复杂，在 4000m² 的样地中出现重要值在 4.4% 的乔木树种 27 种。在这 10 个样方中，Q1、Q2、Q4、Q6、Q7、Q9、Q10 样方中的秃杉都为建群种，在群落中占据绝对优势，其中样方 Q1 的秃杉重要值高达 51.54；样方 Q3、Q8 中秃杉为群落的共建种，与其他种群共同缔造群落；样方 Q5 没有秃杉大树，秃杉不是优势种，但该样地有秃杉幼苗和幼树的存在（表 6.13）。

表 6.12　秃杉群落乔木层重要值

树种	样方号									
	Q1	Q2	Q3	Q4	Q5	Q6	Q7	Q8	Q9	Q10
1. 秃杉 (*Taiwania cryptomerioides*)	51.54	25.88	10.66	39.71	—	30.48	18.85	7.54	15.49	22.31
2. 美叶柯 (*Lithocarpus calophyllus*)	8.28	—	17.71	12.04	5.50	—	—	—	—	6.69
3. 石栎 (*Lithocarpus glaber*)	—	—	—	—	—	—	18.29	—	—	—
4. 银木荷 (*Schima argentea*)	—	—	4.72	—	—	8.22	11.70	17.17	—	—
5. 贵州杜鹃 (*Rhododendron guizhouense*)	—	15.19	14.24	9.30	17.49	—	—	—	4.50	—
6. 西南粗叶木 (*Lasianthus henryi*)	6.42	—	—	—	—	—	12.82	4.41	—	—
7. 香港四照花 (*Dendrobenthamia hongkongensis*)	—	—	—	—	14.79	—	—	—	—	—
8. 杉木 (*Cunninghamia lanceolata*)	—	12.48	—	4.41	—	4.50	4.50	5.05	—	—
9. 薄叶山矾 (*Symplocos anomala*)	—	—	8.30	—	—	—	—	—	—	12.86
10. 深山含笑 (*Michelia maudiae*)	—	—	9.78	—	—	—	—	—	—	—
11. 石灰花楸 (*Sorbus folgneri*)	9.40	—	—	—	9.15	—	—	—	4.50	—
12. 五裂槭 (*Acer oliverianum*)	—	—	—	—	—	9.08	—	5.22	—	—
13. 甜槠 (*Castanopsis eyrei*)	4.71	—	—	—	—	7.69	—	—	—	—
14. 鹅掌柴 (*Schefflera heptaphylla*)	—	—	8.30	—	—	—	—	—	—	—
15. 高山木姜子 (*Litsea chunii*)	—	—	—	—	—	—	—	8.31	—	—
16. 黄牛奶树 (*Symplocos cochinchinensis*)	—	—	—	—	—	—	—	—	7.26	—
17. 黔桂润楠 (*Machilus chienkweiensis*)	—	—	—	—	6.93	—	—	—	7.19	—
18. 山矾 (*Symplocos sumuntia*)	—	—	—	—	8.50	—	—	—	—	—
19. 龙里冬青 (*Ilex dunniana*)	—	—	—	—	—	—	—	—	—	7.10
20. 香木莲 (*Manglietia aromatica*)	—	—	6.75	—	—	—	—	—	—	4.53
21. 褐叶青冈 (*Cyclobalanopsis stewardiana*)	6.58	—	—	—	—	—	—	—	—	—
22. 粗毛杨桐 (*Adinandra hirta*)	6.42	—	—	—	—	—	—	—	—	—
23. 黄丹木姜子 (*Litsea elongata*)	—	—	—	—	6.36	—	—	—	—	—
24. 日本杜英 (*Elaeocarpus japonicus*)	—	—	—	—	6.72	—	—	—	—	—
25. 新樟 (*Neocinnamomum delavayi*)	—	—	—	—	5.69	—	—	—	—	—
26. 细齿叶柃 (*Eurya nitida*)	—	—	—	—	5.78	—	—	—	—	—
27. 木姜润楠 (*Machilus litseifolia*)	—	5.61	—	—	—	—	—	—	—	—

表 6.13　秃杉群落环境因子状况　　　　　　　　（%）

环境因子	样方号									
	Q1	Q2	Q3	Q4	Q5	Q6	Q7	Q8	Q9	Q10
1. 乔木层层次结构	0.90	0.40	0.30	0.70	0.30	0.50	0.50	0.40	0.50	0.60
2. 乔木层郁闭度	0.95	0.34	0.30	0.60	0.35	0.50	0.55	0.38	0.45	0.50
3. 土壤相对含水量	0.07	0.08	0.08	0.20	0.27	0.12	0.14	0.17	0.15	0.16
4. 土壤厚度	100.00	20.00	25.00	60.00	70.00	100.00	80.00	100.00	100.00	100.00
5. 枯枝落叶层厚度	15.00	1.00	1.00	7.00	2.00	1.00	10.00	3.00	3.00	3.00
6. 秃杉径级 I	0.00	0.72	0.53	0.09	0.38	0.07	0.00	0.17	0.25	0.20
7. 秃杉径级 II	0.00	0.20	0.37	0.00	0.57	0.21	0.18	0.00	0.25	0.40
8. 秃杉径级 III	0.00	0.05	0.09	0.46	0.05	0.29	0.71	0.17	0.00	0.10
9. 秃杉径级 IV	0.00	0.01	0.00	0.27	0.00	0.36	0.06	0.50	0.17	0.10
10. 秃杉径级 V	0.00	0.00	0.00	0.18	0.00	0.00	0.06	0.00	0.25	0.00
11. 秃杉径级 VI	1.00	0.01	0.01	0.00	0.00	0.07	0.00	0.17	0.18	0.10

注：数字 6~11 分别代表 10 个样地秃杉的径级百分比。

6.10.2　秃杉种群结构与环境因子的相关关系分析

用 Pearson 相关系数公式计算表 6.12 各样地环境因子间的关系，其结果见表 6.14。从表 6.14 中可以看出，乔木层结构与 I 级秃杉幼苗之间呈负相关关系，关系值为 -0.65，检验效果显著；乔木层结构与 VI 级秃杉大树呈正相关，关系值为 0.74，检验效果显著；乔木层结构与 II、III、IV、V 级秃杉之间有正相关和负相关，其关系值经检验不明显。乔木层郁闭度与 I、III 级秃杉之间呈负相关，关系值为 -0.70，检验效果显著；乔木层郁闭度与 II、IV、V 之间的关系值经检验不明显；乔木层郁闭度与 VI 级秃杉呈正相关，关系值为 0.83，检验效果极显著。这说明郁闭度和乔木层层次结构抑制了幼苗的生长，而 VI 级秃杉大树对乔木层郁闭度的形成有重要的作用。土壤含水量与各级秃杉之间的相关关系值，经检验都不明显。说明土壤含水量对各级秃杉的影响不大，其原因可能是样地不同、含水量的差异较大造成的。土壤厚度与 I 级秃杉幼苗呈负相关，关系值为 -0.79，检验效果极显著；土壤厚度与 II、III、IV、V、VI 各级秃杉的相关关系经检验都不明显。这是因为调查的样地中，秃杉幼苗较多的样地土壤厚度仅为 20cm，而各级秃杉所处的样地土壤厚度都不相同。土壤厚度与 I、II 级秃杉幼苗呈负相关，而与其他各级的相关性不大，这是调查样地的情况所决定的，不一定具有普遍的规律。枯枝落叶层厚度与 I 级秃杉幼苗之间呈负相关，关系值为 -0.65，检验效果显著；枯枝落叶层厚度与 VI 级秃杉之间呈正相关，关系值为 0.73，检验效果极显著；枯枝落叶层厚度与 II、III、IV、V 级秃杉之间的关系值经检验效果不明显。这是由于较厚的枯枝落叶层影响了种子的萌发，而 VI 级秃杉大树增加了枯枝落叶层的厚度所致。

表 6.14　秃杉群落环境因子间 Pearson 相关系数矩阵

环境因子	1	2	3	4	5	6	7	8	9	10
2	0.95									
3	-0.24	-0.25								
4	0.45	0.48	0.24							
5	0.80	0.90	-0.19	0.33						
6	-0.65*	-0.70*	-0.17	-0.79*	-0.65*					
7	-0.60	-0.55	0.35	-0.21	-0.55	0.46				
8	0.11	-0.70*	0.17	0.07	0.28	-0.52	-0.25			
9	-0.01	-0.10	0.22	0.47	-0.23	-0.40	-0.50	0.22		
10	0.21	0.08	0.23	0.14	0.09	-0.40	-0.22	0.14	0.16	
11	0.74*	0.83*	-0.40	0.42	0.73**	-0.40	-0.44	-0.380	16.00	-0.12

注：** 为 $P<0.01$ 水平的差异显著性；* 为 $0.01 \leqslant P \leqslant 0.05$ 水平的差异显著性；数字 1~11 意义同表 6.12。

6.10.3　秃杉群落环境因子 DCA 分析

　　用 PC-ORD 软件进行表 6.12 环境因子 1~5 的 DCA 分析，得到 10 个样地的环境因子散布图（图 6.4），从图中可以清晰地看到，DCA 排序能较好地反映群落与环境之间的关系。

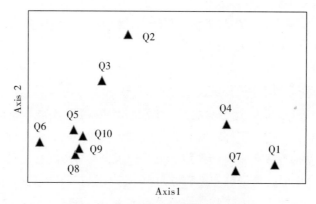

图 6.4　10 个样地的环境因子散布图

　　第一排序轴 Axis1 轴主要反映了枯枝落叶层的变化趋势，从左到右，枯枝落叶层呈现增加的趋势，Q1 的枯枝落叶层最厚，被排在最右边，其次为 Q7、Q4；Q1 只有Ⅵ级秃杉大树，没有幼苗和幼树，从中反映了枯枝落叶层影响了种子的萌发。

　　第二排序轴 Axis 2 轴反映了群落所在环境的乔木层层次结构、群落郁闭度的变化，从下到上乔木层层次结构和群落郁闭度呈现降低趋势，乔木层层次结构和群落郁闭度低的 Q2、Q3 被排在上面，从中反映出秃杉种群的更新需要充足的光照条件。DCA 散布图上位置接近的样地，反映出它们的环境条件比较接近，如 Q8、Q9、Q10。这与野外实际情况基本是一致的。

6.10.4 讨论

在我们所选取的样地中，除样方 Q1 没有人为干扰外，其他几个样地都受到不同程度的人为干扰。不同群落内秃杉径级结构不同，是否与人为干扰有关本文也没有进行研究。但从野外实际情况来看，靠近村寨和农田的地方，秃杉的幼苗丰富。而有大量箭竹存在、郁闭度高的群落，群落内基本没有幼苗。由此可见，秃杉种群的更新明显受到箭竹和人为干扰的影响。

秃杉的生理生态目前还没有人研究，例如，秃杉在生活史的不同阶段中，对光环境的需求、对土壤水分的需求、目前都是一个未知数。本研究只研究了部分对秃杉种群更新有关的环境因子，但是影响秃杉种群更新的因子不只这些，所以还不能很好地解释环境因子对秃杉种群更新的综合作用。

鉴于以上理由，在箭竹和人为干扰对秃杉更新的影响方面和秃杉的生理生态方面，还有必要进一步进行深入研究。

秃杉种群在雷公山能长期地维持下来，说明该种群在此地有很强的适应能力，在以后的森林经营管理和保护中应以就地保护为主，适当的人工抚育；对于乔木层和灌木层（如箭竹）的非目的树种适当间伐，以改善群落的透光条件，减少枯枝落叶层的厚度，增加秃杉种子接触地面的机会，从而促进秃杉幼苗和幼树的生长发育，以利于秃杉种群的更新。

6.11 人工促进秃杉天然更新研究

6.11.1 雷公山自然保护区不同郁闭度条件下秃杉天然更新能力

雷公山自然保护区不同郁闭度级天然更新幼苗数量调查结果统计见表 6.15。

表 6.15 雷公山自然保护区不同郁闭度天然更新幼苗数量

郁闭度级	幼苗种类	幼苗株数（株/hm²）	比例（%）	平均高（cm）
低郁闭度级	乔木幼树	4402	25.58	127.1
	灌木树种	6403	37.21	99.3
	秃杉幼苗	6403	37.21	13.5
中郁闭度级	乔木幼树	3529	34.65	240.8
	灌木树种	3856	37.87	130.7
	秃杉幼苗	2801	27.50	8.4
高郁闭度级	乔木幼树	1200	13.92	176.3
	灌木树种	6270	72.74	246
	秃杉幼苗	1150	13.34	7.5

注：低郁闭度级、在 0.39 以下；中郁闭度级为 0.4~0.69；高郁闭度级在 0.7 以上。

从表 6.15 可知，雷公山自然保护区不同郁闭度级阔叶林下天然更新秃杉幼苗数量，低郁闭度下天然更新秃杉数量公顷株数最多，其次为中郁度级，高郁闭度级数量最少，分别是 6403 株、2801 株、1150 株，分别占林下其他乔木幼树及灌木树种的 37.21%、

27.50%和13.34%；平均高在低郁闭度级下只有其他乔木树种的10.62%，灌木树种的13.60%，中郁闭度级其他乔木树种的3.49%，灌木树种的6.43%，高郁闭度级下其他乔木树种的4.25%，灌木树种的3.05%，雷公山自然保护区天然植物保存较完好，秃杉分布区主要为天然阔叶林，少部分受人为活动影响的天然次生林，秃杉为强喜光树种，在郁闭度高、林下较荫蔽的条件下，秃杉天然更新的数量较少，且大部分生长衰弱，难以形成以其为主的林分。

6.11.2 人为干预对促进秃杉天然更新的影响

从表6.16可知，人工抚育措施对秃杉天然更新幼苗、幼树的生长具有较为明显的促进作用，不同郁闭度林分中：郁闭度为0.3的树高、地径、冠幅的生长量分别增加610.70%~696.20%、421.43%~866.67%和409.69%~756.28%；郁闭度为0.5的树高、地径、冠幅的生长量分别增加82.71%~271.75%、200.00%~521.43%和89.62%~538.46%。由此可见，对林下有天然更新的秃杉幼苗、幼树的林分进行适当的人工抚育，疏伐部分乔木层，或对部分乔木层进行修枝，降低上层郁闭度，或对中间灌木层及草本层进行清除，降低覆盖度以增加透光度，是促进天然更新秃杉幼苗幼树的生长、成林的重要措施。

表6.16 人工干预对不同郁闭度秃杉天然更新幼苗幼树生长的影响

地点	因子	样地	郁闭度	净生长量				
				2015年	2016年	2017年	平均净生长量（△）	△与对比值之比（%）
蒿菜冲1号	树高	抚育1	0.3	51.50	37.38	43.21	44.03	696.20
		抚育2	0.5	11.20	12.43	11.23	11.62	110.13
		对比1	0.9	2.39	8.40	5.80	5.53	—
	地径	抚育1	0.3	1.53	0.50	0.15	0.73	421.43
		抚育2	0.5	0.39	0.90	1.31	0.87	521.43
		对比1	0.9	0.11	0.13	0.19	0.14	—
	冠幅	抚育1	0.3	1.30	16.30	17.10	11.57	409.69
		抚育2	0.5	3.70	5.60	3.80	4.37	92.51
		对比1	0.9	1.70	2.80	2.30	2.27	—
白虾坡2号	树高	抚育1	0.3	52.35	37.79	29.48	39.87	610.70
		抚育2	0.5	12.62	11.19	6.93	10.25	82.71
		对比2	0.9	2.64	8.47	5.73	5.61	—
	地径	抚育1	0.3	0.28	0.29	0.29	0.29	866.67
		抚育2	0.5	0.10	0.08	0.09	0.09	200.00
		对比2	0.9	0.02	0.03	0.05	0.03	—
	冠幅	抚育1	0.3	2.70	17.10	27.2	15.67	756.28
		抚育2	0.5	5.90	3.90	0.60	3.47	89.62
		对比2	0.9	2.20	1.30	2.00	1.83	—

（续）

地点	因子	样地	郁闭度	净生长量				
				2015 年	2016 年	2017 年	平均净生长量（△）	△与对比值之比（%）
白虾坡3 号	树高	抚育 1	0.3	38.82	28.81	29.15	32.26	634.85
		抚育 2	0.5	15.96	16.54	16.47	16.32	271.75
		对比 3	0.9	2.55	5.64	4.99	4.39	—
	地径	抚育 1	0.3	0.28	0.31	0.35	0.31	675.00
		抚育 2	0.5	0.15	0.18	0.22	0.18	260.00
		对比 3	0.9	0.03	0.06	0.07	0.05	—
	冠幅	抚育 1	0.3	0.80	2.50	23.90	9.07	534.27
		抚育 2	0.5	6.70	4.70	16.00	9.13	538.46
		对比 3	0.9	1.40	2.00	0.90	1.43	

6.11.3 结论与讨论

（1）不同郁闭度级条件下秃杉天然更新情况

雷公山自然保护区不同郁闭度级下秃杉天然更新幼树、幼苗数量，低郁闭度级下乔木树种幼苗、幼树天然更新株数略低于秃杉株数，灌木树种与秃杉株数相当，但树高相差极大，乔木树种和灌木树种高分别是秃杉高的 9 倍和 7 倍以上；中郁闭度级下乔木树种幼苗、幼树和灌木树种天然更新株数分别是秃杉株数的 1 倍以上，树高相差更大，乔木树种和灌木树种高分别是秃杉高的 28 倍和 15 倍以上；高郁闭度级下乔木树种幼苗、幼树天然新株数和秃杉相当，灌木树种天然更新株数是秃杉株数的 5 倍以上，树高相差也非常明显，乔木树种和灌木树种高分别是秃杉高的 23 倍和 32 倍以上，并且各郁闭度级下的乔木和灌木幼苗、幼树均比秃杉幼苗、幼树长势良好。森林植被主要是朝着常绿阔叶林、常绿落叶阔叶混交林或以阔叶为主的针阔混交林的地带性植被演替。但林下还是有每公顷 1150~6403 株的秃杉幼苗、幼树，仍具有天然更新的能力。

（2）人为干预对秃杉天然更新的影响

影响秃杉天然更新的因素主要上层乔木树种的郁闭度、中层灌木树种及草本层盖度及地表枯枝落叶的厚度，通过疏伐、修枝、割灌草等透光抚育，可显著提高秃杉幼苗、幼树的生长，在经过人为干预下，将郁闭度分别调整在 0.3 和 0.5 与郁闭度为 0.9 的自然状态下对比，其郁闭度为 0.3 的树高、地径、冠幅的生长量分别可增加 610.70%~696.20%、421.43%~866.67% 和 409.69%~756.28%；郁闭度为 0.5 的树高、地径、冠幅的生长量分别可增加 82.71%~271.75%、200.00%~521.43% 和 89.62%~538.46%。为增加秃杉资源数量，扩大秃杉分布范围，保护好秃杉资源，可在秃杉分布区适当疏伐部分林木，形成适当的林中空地，改善林内环境，有利于促进秃杉的天然更新（谢镇国等，2018）。

6.12 雷公山昂英秃杉群落结构

6.12.1 群落植物分析

（1）群落的物种组成

调查样地中维管植物共有58科89属143种（表6.17），其中蕨类植物10科13属21种，占总种数14.69%；裸子植物1科2属2种，占总种数1.40%；被子植物48科74属120种，在被子植物中，单子叶植物7科8属13种，双子叶植物41科66属107种。维管植物中，木本植物有67种（不含木质藤本），占总种数的46.85%，藤本植物15种（含草质藤本），占总种数的10.49%，草本植物38种，占总种数的26.57%；样地中，5个属15个种的科有樟科、4个属6个种的科有壳斗科和7个种的科有鳞毛蕨科（Dryopteridaceae），3个属9个种的科有山茶科（Theaceae），3个属3个种的科有大戟科（Euphorbiaceae）和五加科（Araliaceae），2个属4个种的科有紫金牛科（Myrsinaceae）和茜草科（Rubiaceae）2个科，2个属3个种的科有卫矛科（Celastraceae）、葡萄科（Vitaceae）、杜鹃花科（Ericaceae）、金粟兰科（Chloranthaceae）、桑科（Moraceae）、兰科（Orchidaceae）和金星蕨科（Thelypteridaceae）7个科，2个属2个种的科有杉科（Taxodiaceae）、木兰科（Magnoliaceae）、安息香科（Styracaceae）、山茱萸科（Cornaceae）、荨麻科（Urticaceae）和野牡丹科（Melastomataceae）6个科，有1个属8个种的科有蔷薇科（Rosaceae），其他科为1属1~4个种。樟科较为优势，其次是壳斗科、鳞毛蕨科和山茶科，草本种类的比例较大，也说明该群落郁闭度不大，林下散射光比较多，水分条件优越，促进了耐阴草本的发育。

表6.17 秃杉群落物种组成

植物类群		组成统计			性状统计					
		科数(个)	属数(个)	种数(个)	木本		藤本		草本	
					种类(种)	占比(%)	种类(种)	占比(%)	种类(种)	占比(%)
蕨类植物		10	13	21	0	0	0	0	21	55.26
裸子植物		1	2	2	2	2.99	0	0	0	0
被子植物	单子叶植物	7	8	13	0	0	1	6.67	12	31.58
	双子叶植物	41	66	107	65	97.01	14	93.33	5	13.16
	合计	59	89	143	67	100.00	15	100.00	38	100.00

（2）地理成分

该秃杉群落是以种子植物为主导的群落结构，按照吴征镒对中国种子植物属的分布区类型统计（吴征镒，1991），将群落中种子植物89个属分为18个分布区类型（表6.18）。从宏观的分布类型分析，属于热带起源（序号2~7）的有47属，占种子植物属的总和的52.81%，其中，泛热带分布型有16属，占17.98%；属于温带起源（8~12）的有22属，占种子植物属总的24.72%；世界分布型2属，占种子植物属总和的2.25%。可见，以热带植物向温带植物过渡的过程。

从表 6.18 可知，分布最高的分布类型为泛热带分布有 16 属，占总属数的 17.99%，其次是热带东南亚至印度—马来及太平洋诸岛（热带亚洲）分布有 13 属，占总属数的 14.61%，再次是东亚分布有 11 属，占总属数的 12.36%。分布类型在 1~2 属合计 9 属，占总属数的 10.11%。

上述分析表明，本群落组成物种地理分布型较为复杂，热带分布成分占优势，其次为温带分布的属；具有明显的亚热带性质，也具有温带性质，从秃杉分布的地理位置和分布高度看，均与中亚热带常绿阔叶林分布一致，是以秃杉为优势的亚热带常绿针阔混交林，与其他的研究是相一致的（周政贤，1989）。

表 6.18　秃杉群落种子植物属的分布区类型

序号	分布类型	属数（个）	百分比（%）
1	世界分布	2	2.25
2	泛热带分布	16	17.99
3	东亚（热带、亚热带）及热带南美间断	10	11.24
4	旧世界热带分布	4	4.49
5	热带亚洲至热带大洋洲	1	1.12
6	热带亚洲至热带非洲	3	3.37
7	热带东南亚至印度—马来，太平洋诸岛（热带亚洲）	13	14.61
8	北温带	6	6.74
9	旧世界温带	2	2.25
10	北温带和南温带间断分布	4	4.49
11	东亚及北美间断	9	10.11
12	地中海区、西亚至中亚	1	1.12
13	中亚	2	2.25
14	东亚	11	12.36
15	中国特有	1	1.12
16	欧亚和南美洲温带间断	1	1.12
17	中国—喜马拉雅	1	1.12
18	中国—日本	2	2.25
合计		89	100.00

6.12.2　群落的外貌特征

构成群落的植物的生活型决定了该群落的外貌特征（王伯荪，1987）。该秃杉天然群落中，组成群落的植物的生活型见表 6.19、表 6.20，其中高位芽植物 58 种，占 53.26%。叶革质植物 63 种，占 44.06%，叶纸质植物 64 种，占 44.75%，可见该群落的景观由革质叶、纸质叶和高位芽植物所决定，具有典型的常绿叶阔叶混交林的外貌和结构特征。生长季节，呈现出一派绿色的景象；5~6 月，秃杉翠绿色的树冠点缀在上层乔木林中，可见优势树种的景观；秋冬时节，水青冈、枫香等落叶树种在林分上层呈现红黄绿相间的季相色彩，甚为壮观。

表 6.19　秃杉群落植物生活型统计信息

植物生活型		数量（种）	百分比（%）
高位芽植物	大高位芽植物 30m 以上	1	3.5
	中高位芽植物 8～30m	13	10.5
	小高位芽植物 2～8m	35	19.3
	攀缘植物	9	21.1
地面芽植物		13	33.3
地下芽植物		21	12.3
总计		92	100

表 6.20　秃杉群落植物叶质统计信息

叶质		数量（种）	比例（%）
革质	厚革质	1	0.70
	革质	43	30.07
	薄革质	19	13.29
纸质	薄纸质	4	2.80
	厚纸质	2	1.40
	纸质	58	40.56
膜质		15	10.48
肉质		1	0.70
合计		143	100

6.12.3　群落垂直结构

（1）乔木层

该群落成层现象较为明显，可分为乔木层、灌木层、草本层 3 层。

乔木层郁闭度 85%，植物共有 15 科 22 属 26 种 65 株，可分为 3 个亚层，第 1 亚层高度 20m 以上，有秃杉 1 种 5 株，优势明显；第 2 亚层高 11～20m，有 5 种 15 株，其中秃杉 7 株，水青冈 3 株，虎皮楠、大戟科各 2 株、罗浮栲 1 株，秃杉优势明显；第 3 亚层高 3～10m，共 24 种 45 株，其中秃杉 12 株，水青冈 5 株，甜槠 3 株，深山含笑、桂南木莲、硬斗石栎各 2 株，其他如新木姜子、尖萼厚皮香、尾叶樟（*Cinnamomum foveolatum*）等 17 种各仅有 1 株。从平均胸径及平均树高来看，秃杉 3 个层次都有分布，共 24 株，占总株数的 36.92%，优势明显，其次为水青冈、虎皮楠分别占据 2 个层次。

纵观整个群落中的乔木层，乔木种类与数量较多，水青冈、虎皮楠在乔木层的 2 个层次有分布，18m 以上的大树有 6 株，其中秃杉 5 株、水青冈 1 株；而第 2 亚层分布的植物不论从植物的种类和株数都较多。此外，从乔木层重要值来看秃杉为 1.066、枫香为 0.392，重要值处于第 3～7 的为常绿阔叶树种，说明在整个群落中常绿树种的秃杉占绝对优势，群落属于常绿针阔叶混交林的森林群落类型（表 6.21）。但是，从该海拔高度和比邻的雷公山自然保护区的相应海拔的植被看，顶级群落的天然林都是常绿阔叶林（周政贤，1989），说明该群落是较为稳定的顶级森林群落。

表 6.21　秃杉群落乔木层特征值

序号	物种名	层次			总株数（株）	平均高（m）	高度范围（m）	相对密度	频度	相对频度	相对显著度	重要值	重要值序
		1	2	3									
1	秃杉 *Taiwania cryptomerioides*	√	√	√	24	14.2	5~35	0.369	0.6	0.154	0.543	1.066	1
2	水青冈 *Fagus longipetiolata*		√	√	8	10.7	6.6~18	0.123	0.4	0.103	0.166	0.392	2
3	虎皮楠 *Daphniphyllum oldhami*		√	√	3	11.7	7.16	0.046	0.3	0.077	0.045	0.168	3
4	甜槠 *Castanopsis eyrei*			√	2	8	6.5~9.5	0.031	0.2	0.051	0.018	0.100	4
5	丝栗栲 *castanopsis fargesii*			√	3	7.2	5.5~10.5	0.046	0.1	0.026	0.027	0.099	5
6	深山含笑 *Michelia maudiae*			√	2	6.8	6~7.5	0.031	0.2	0.051	0.015	0.097	6
7	桂南木莲 *Manglietia chingii*			√	2	6.8	6.5~7	0.031	0.2	0.051	0.014	0.096	7
8	硬斗石栎 *Lithocarpus hancei*			√	2	7.8	7.5~8	0.031	0.1	0.026	0.022	0.079	8
9	大戟科 Euphorbiaceae		√		2	5	5	0.031	0.1	0.026	0.011	0.067	9
10	罗浮栲 *Castanopsis faberi*		√		1	12	12	0.015	0.1	0.026	0.017	0.058	10
11	新木姜子 *Neolitsea foreolatum*			√	1	9	9	0.015	0.1	0.026	0.017	0.058	10
12	樟科 Lauraceae			√	1	7.5	7.5	0.015	0.1	0.026	0.01	0.051	11
13	尖萼厚皮香 *Ternstroemia luteoflora*			√	1	7	7	0.015	0.1	0.026	0.01	0.051	11
14	尾叶樟 *Cinnamomum caudiferum*			√	1	8	8	0.015	0.1	0.026	0.009	0.05	12
15	泡花树 *Meliosma cuneifolia*			√	1	8	8	0.015	0.1	0.026	0.008	0.049	13
16	大果山香圆 *Turpinia pomifera*			√	1	6	6	0.015	0.1	0.026	0.008	0.049	13

（续）

序号	物种名	层次 1	层次 2	层次 3	总株数（株）	平均高（m）	高度范围（m）	相对密度	频度	相对频度	相对显著度	重要值	重要值序
17	香叶树 Lindera communis			√	1	10	10	0.015	0.1	0.026	0.008	0.049	13
18	白辛树 Pterostyrax psilophyllus			√	1	8.5	8.5	0.015	0.1	0.026	0.008	0.049	13
19	小叶女贞 Ligustrum quihoui			√	1	6	6	0.015	0.1	0.026	0.008	0.049	13
20	黄丹木姜子 Litsea elongata			√	1	5.5	5.5	0.015	0.1	0.026	0.006	0.047	14
21	香港四照花 Dendrobenthamia hongkongensis			√	1	6	6	0.015	0.1	0.026	0.006	0.047	14
22	豹皮樟 Litsea coreana			√	1	7	7	0.015	0.1	0.026	0.006	0.047	14
23	大果山香圆 Turpinia pomifera			√	1	7	7	0.015	0.1	0.026	0.005	0.046	15
24	五裂槭 Acer oliverianum			√	1	6.5	6.5	0.015	0.1	0.026	0.005	0.046	15
25	杨桐 Adinandra millettii			√	1	6.5	6.5	0.015	0.1	0.026	0.005	0.046	15
26	鹅耳枥 Carpinus turczaninowii			√	1	6.5	6.5	0.015	0.1	0.026	0.005	0.046	15
合计					65				3.9				

（2）灌木层

灌木层种类较多，覆盖度55%，共有13科32属31种，其中，山茶科有柃木属、山茶属和杨桐属3属，短柱柃（Eurya brevistyla）、西南红山茶、杨桐等9种；蔷薇科的悬钩子属种类较多，有黄脉莓（Rubus xanthoneurus）、高粱泡（R. lambertianus）、黄泡（R. pectinellus）等8种。山茶科的短柱柃、细齿叶柃较多，覆盖度为30%。其他种类零星分布，数量较少，说明山茶科和蔷薇科的悬钩子属植物是灌木层的优势种。在该群落中，虽然乔木层郁闭度较大，但乔木层有天窗，使得灌木层种类较多且呈团状分布。

（3）藤本植物

藤本植物有8科8属9种，有常春藤、三叶木通、毛花猕猴桃、南蛇藤（Celastrus orbiculatus）、羽叶蛇葡萄（Ampelopsis chaffanjonii）、鸡矢藤（Paederia foetida）、蛇葡萄（Ampebpsis glandulosa）等。

（4）草本层

草本层种类相对较多，有22科27属38种，覆盖度80%，主要都是喜湿耐阴的种类，其中蕨类植物10科13属21种。主要种类有大叶金腰、日本蛇根草等，其中大叶金腰的覆盖度达到90%，说明该群落的草本层植物的优势种比较单一。草本层植物覆盖度大，原因是土壤的湿度比较大，有利于喜湿耐阴的种类生长。

6.12.4 群落径级结构

秃杉群落乔木层径级相对连续（表6.22），群落中的个体数目并没有随着径级增大而逐渐减少，在各径级结构中相对均匀分布。秃杉在各径级均有分布，在灌木层中也有秃杉更新幼苗，说明群落是较稳定的，从种群发展趋势看，未来秃杉的群体数量会增加，形成较为稳定的群落。

在群落的径级结构中，胸径36cm以上植株有7株，占总株数的10.77%，其中，秃杉就有5株，且最大胸径也是秃杉，达123.3cm，除31~35.9cm径级无乔木树种分布外，其他各径级均有秃杉分布，且其所占比例均比该径级其他树种比例大，胸径5cm以下秃杉幼树、幼苗7株，且生长也较为正常，特别是大径级的上层林木以秃杉和水青冈为主，说明秃杉是本群落的优势种。

表 6.22 乔木层径级和株数统计

序号	径级（cm）	株数（株）	比例（%）	种类
1	5~10.9	38	58.46	秃杉7株，水青冈5株，大戟科、桂南木莲、深山含笑、丝栗栲各2株，尾叶樟、五裂槭、香港四照花、香叶树、小叶女贞、杨桐、硬斗石栎、樟科、白辛树、豹皮樟、大果山香圆、毛果山香圆、鹅耳枥、虎皮楠、黄丹木姜子、尖萼厚皮香、泡花树、甜槠各1株
2	11~15.9	5	7.69	秃杉3株，硬斗石栎、甜槠各1株
3	16~20.9	10	15.39	秃杉6株，虎皮楠、罗浮栲、丝栗栲、新木姜子各1株
4	21~25.9	4	6.15	秃杉2株，虎皮楠、水青冈各1株
5	26~30.9	1	1.54	秃杉1株
6	31~35.9	0	0	
7	36以上	7	10.77	秃杉5株，水青冈2株，最大一株为秃杉，胸径达123.3cm
	合计	65	100.00	

6.12.5 群落演替发展趋势

从群落垂直结构的种类分布分析可知，在乔木层的26种乔木种类中，秃杉处于群落上层，秃杉、水青冈、虎皮楠、大戟科、罗浮栲处于群落亚层，且秃杉优势明显。秃杉平均胸径最大，在林下也有秃杉的幼苗、幼树。乔木层秃杉除31~35.9cm径级无分布外，其他各径级均有秃杉分布，各径级共有秃杉24株，占样地总株数的36.92%。由此推论：

现存的秃杉群落是在某一时期，原有的植被由于人为活动等原因受到破坏，而且又具有充足的秃杉天然种源，使秃杉得以迅速的更新，形成规模罕见的以秃杉为优势的群落出现，具有明显的次生性，保护区的建立，秃杉生境及天然植被得到很好的保护，形成以秃杉为主的常绿针阔叶混交林。

6.12.6　结论

① 该秃杉群落组成共有 58 科 89 属 143 种植物，属于热带起源的有 49 属，占种子植物属总和的 55.06%，属于温带起源的有 12 属，占种子植物属总和的 13.48%；叶革质植物 63 种，占 44.06%，叶纸质植物 64 种，占 44.75%，可见该群落的景观由革质叶、纸质叶和高位芽植物所决定，具有典型的常绿阔叶混交林的外貌和结构特征，属于常绿针阔叶混交林。

② 秃杉在群落中与水青冈、虎皮楠共同组成处于优势种地位，秃杉是本群落的优势种，决定了群落乔木层的外貌。因群落内秃杉幼苗、幼树分布，说明秃杉群落演替是朝着有利于形成秃杉林的方向发展，形成较为稳定的以秃杉为主的常绿针阔叶混交林（谢镇国等，2019）。

第7章

秃杉的生态学

7.1　秃杉的生态学特性

秃杉适于温凉湿润的气候以及肥沃、疏松、深厚与排水良好的酸性土壤。幼苗期喜欢阳光，成年后需要一定的荫蔽。在滇西北分布区域属西部中亚热带范围，为云南高原与青藏高原的交接地带，该地区正处于来自印度西南季风的风向面，年平均气温 10~16℃，最冷月（1月）平均温度 5~8℃，最热月（7月）平均温度 20℃，极端最低温度 -1.7~0.1℃，极端最高温度 31.1~33.2℃，年积温 4000~5000℃。年降水量 1100~1600mm，一年中 3 月和 7 月为 2 个降雨高峰，干湿季不明显，年平均相对湿度 76%~80%，冬季常降雪但不积聚。土壤多为片麻岩、花岗岩或砂页岩发育的山地黄壤，土层厚度 1m 左右，枯枝落叶层 5~10cm，表层多为比较疏松的轻壤质土壤，pH 4.5~5.5。

位于东部中亚热带范围的黔鄂分布区域，属湘黔鄂高原的过渡区，受来自太平洋东南季风的影响。年平均气温 12.8~15.4℃，最冷月（1月）平均温度 1.7~5.0℃，最热月（7月）平均温度 23.4~24.7℃，极端最低温度 -8.5~-6.5℃，极端最高温度 35.4~35.6℃，年积温 4110℃，年降水量 1200~1500mm，其中 4~9 月较多，由于山地云雾大，在一定程度上弥补了雨量的不足，年平均相对湿度 80%~82%。土壤为片麻岩、花岗岩、板岩或砂页岩所发育的酸性山地黄壤，土层较深，枯枝落叶层较厚。

秃杉的分布区属亚热带与北亚热带的过渡地带和中亚热带季风气候区，其特点是夏热冬凉，雨量充沛、雨日及云雾较多，光照较少，相对湿度较大。

雷公山年平均气温 14.3℃，7 月平均气温 23.5℃，1 月平均气温 3.6℃，≥10℃有效积温 4110℃，≥10℃天数 197d，凝冻约 20d，年降水量为 1400mm 以上，雨量集中在 4~9 月，10 月至翌年 3 月较少约 300mm。

秃杉在贵州的主要分布区雷公山地质构造为江南古陆雪峰台凸，地处云贵高原东部边缘，由于雷公山台块上升，流水侵蚀，深切割的沟谷纵横交错，形成以高中山、中山为主，低山局部出现的地貌特征，基岩为前震旦纪板溪群变质岩系，以浅变质岩为主。土壤为山地黄壤类，pH 4.0~5.3，质地为壤土，土层较深厚。

秃杉分布区域的自然环境基本一致，只是东部的冬季较冷，极端最低温度较低，夏季较热，极端最高温度也较高；而西部虽然年平均温度较低，但夏天不热，冬天不冷，反映出亚热带高原的特点（胡玉熹等，1995）。

7.2 秃杉林林窗及边界木特征

7.2.1 林窗特征

7.2.1.1 林窗的大小结构

林窗的大小结构指不同林窗的数量分配状况。林窗面积的大小，直接影响林窗内的光照和其他微环境状况，进而对树种生长与更新发生作用。所调查的17个林窗中，林冠林窗和扩展林窗的总面积分别为3742m²和6619m²，平均面积分别为161m²和389m²。林冠林窗（CG）面积平均占扩展林窗（EG）面积的41%。林窗大小结构见表7.1和表7.2。

表7.1 扩展林窗（EG）大小级结构

EG 大小级（m²）	林隙数（个）	个数百分比（%）	面积百分比（%）
<100	2	12	3
100~200	2	12	4
200~300	4	24	15
300~400	5	29	26
400~500	1	6	7
≥500	3	18	45
Σ	17	101	100

表7.2 林冠林窗（CG）大小级结构

CG 大小级（m²）	林隙数（个）	个数百分比（%）	面积百分比（%）
<50	2	12	2
50~100	1	6	2
100~150	1	6	4
150~200	4	24	15
200~250	4	24	25
250~300	4	24	29
≥500	1	6	22
Σ	17	102	99

7.2.1.2 林窗的形成方式

由表7.3可知，在所调查的17个林窗中，最常见的林窗形成方式为折干（包括干中折断和干基折断）、掘根和枯立，同一林窗既可以由一种方式形成，也可以由几种方式共同形成，且后者占多数。在调查的17个林窗中共有形成木87株，出现掘根木、干中折断和干基折断木、枯立木、断梢的比例分别为6%、41%、24%、18%、12%，因此不同形成木类型对林窗形成的贡献由大到小依次为折干、折根、枯立、断梢、掘根。

表7.3　形成林窗的不同方式

形成方式	林窗数（个）	百分比（%）
掘根	1	6
折干	7	41
折根	4	24
枯立	3	18
断梢	2	12

7.2.2　林窗边界木特征

7.2.2.1　单个林窗边界木的数量

在17个林窗中共调查到218株边界木，主要树种有木荷、润楠、香木莲、五裂槭、多脉青冈、樟、马尾树、石灰花楸、杉木、香港四照花、石栎、深山含笑、薄叶山矾等。这说明雷公山秃杉林林窗边界木的组成树种较复杂。由表7.4可知，单个林窗的边界木最少为11株，最多为45株，平均为13株。具有21～30株边界木的林窗数最多，占总林窗数的58%。

表7.4　单个林窗边界木的数量分布

边界木株数（株）	林窗数（个）	林窗总个数百分比（%）
11	1	0.06
15	2	0.12
21	3	0.18
24	3	0.18
30	4	0.24
32	2	0.12
40	1	0.06
45	1	0.06

7.2.2.2　边界木的高度和胸径结构

17个林窗中218株边界木的高度和胸径统计结果见表7.5、表7.6。由表7.5可知，大多数边界木的高度为12～24m，高度小于8m的边界木较少，高度大于24m的边界木约占总数的8%。由表7.6可知，边界木的胸径大多介于10～25cm，小于5cm和大于30cm的极少（分别占总数的5%和6%）。说明大多数边界木个体与群落乔木层中主要树种的个体大小差异不大。

91

表7.5 林窗边界木的高度分布

高度等级（m）	边界木株数（株）	边界木株数百分比（%）
<8	17	8
8~12	28	13
12~16	62	28
16~20	52	24
20~24	41	19
≥24	18	8
Σ	218	100

表7.6 林窗边界木的径级分布

胸径等级（cm）	边界木株数（株）	边界木株数百分比（%）
<5	11	5
5~10	23	11
10~15	55	25
15~20	48	22
20~25	45	21
25~30	22	10
≥30	14	6
Σ	218	100

7.2.3 结论与讨论

秃杉林17个林窗以中小林窗为主，说明雷公山地区秃杉林为比较稳定的森林群落。扩展林窗面积在1000m以上的仅有1个，占6%，表明该地区受自然干扰形成的大型林窗较少，而主要由自然干扰和人为干扰形成。以折干方式形成的林窗最多（占41%），说明以秃杉为建群种的森林，由于秃杉个体高大，枝繁叶茂，容易造成林下郁闭，光照不足，部分喜阳树种由于缺乏竞争优势，在外力的作用下易发生折倒。

野外观察及数据分析发现，单个林窗边界木的平均胸径、树高随林窗面积增大而增加，说明边界木对形成林窗的面积有重要影响。大多数边界木与群落乔木层的主要树种大小基本一致，表明林窗形成木死亡形成林窗时，其周围大多数树木的高度已达到林冠层，只有少数树木在林窗形成之后才达到林冠层（李东平和李性苑，2009）。

7.3 雷公山秃杉优势种群的生态位特征

7.3.1 立木层和林下层优势种群的生态位宽度

生态位是每种生物在生态系统中所占有的资源与空间，其大小反映了种群的遗传学、生物学与生态学特征。生态位宽度是反映物种对环境资源利用状况的尺度，它不仅与物种的生态学与进化生物学特征有关，而且与种间的相互适应与相互作用有密切联系。生态位宽度大表明物种对环境的适应能力强，对各种资源的利用越充分，而且在群落中往往处于优势地位。通过调查与测算，贵州雷公山立木层和优势种群的 Levins 生态位宽度（Bi）与 Hurlbert 生态位宽度（Bh）见表 7.7。由表 7.7 可知，在立木层优势种中，根据其生态位宽度值的大小可将 15 种植物分成 3 类：第 1 类为枫香树、秃杉、杉木、马尾松 4 种植物，它们具有较大的生态位宽度，它们的 Levins 生态位宽度（Bi）分别为 3.340、3.527、3.498、3.288；Hurlbert 生态位宽度（Bh）分别为 0.465、0.599、0.586、0.467，表明 4 个种在秃杉群落大多数斑块中数量多，分布广，分布相对均匀，对资源的利用较为充分。第 2 类为锥栗、水青冈、桂南木莲、厚斗柯、雷公鹅耳枥、四川樱桃、木荷、阴香等 8 种植物，它们的 Levins 生态位宽度（Bi）在 2.0~3.0 之间，Hurlbert 生态位宽度（Bh）在 0.1~0.4 之间，分布的均匀性相对较低些，在某些斑块中较少出现，生态适应性不如前 4 种，为生态位幅度中等的种群。第 3 类为青榨槭、深山含笑、甜槠等 3 种植物，它们的 Levins 生态位宽度（Bi）与 Hurlbert 生态位宽度（Bh）分别为 1.783、1.808、1.672 与 0.091、0.096、0.081，表明这 3 个种分布的局限度很高，只局限于某些特定类型的生境小斑块中才有分布，其生态幅度狭小。

同样，可按林下层优势种（包括乔木幼树）的生态位幅度的大小，将林下层植物分为 3 类：第 1 类是薯豆、雷公鹅耳枥、杉木、枫香树、水青冈等 5 种植物，其 Levins 生态位宽度（Bi）>3.0，Hurlbert 生态位宽度（Bh）≥0.39；第 2 类有山香圆、四川樱桃、秃杉等 7 个，其生态位幅度中等；第 3 类为生态位幅度小的物种，其 Levins 生态位宽度（Bi）在 2.50 以下，Hurlbert 生态位宽度（Bh）在 0.20 以下，有樟、香叶树 2 种。

立木层中的青榨槭、深山含笑与甜槠以及林下层的香叶树其生态位窄，倾向于成为某种资源的特化种。薯豆植株低矮，计入立木层的个体少，多数被计入林下层，因此它在立木层中的生态位宽度较小，为非优势种，Levins 生态位宽度（Bi）与 Hurlbert 生态位宽度（Bh）分别为 1.646 与 0.081，但它在林下层的生态位宽度较大，为林下层优势种，其 Levins 生态位宽度（Bi）与 Hurlbert 生态位宽度（Bh）分别为 3.665、0.751（表 7.7）。

由表 7.7 可知，由于枫香和杉木为中生性植物，它们在群落中的适应范围广，在立木层和林下层的生态位幅度均较大；秃杉和马尾松为阳生性植物，在立木层中其生态位幅度大，而在林下层中，秃杉为生态位幅度中等的树种，马尾松为非优势种，是因为它们幼苗的耐阴性差，在更新过程中导致其生态位宽度缩小。这说明若群落随着进展演替方向发展，阳性植物趋于衰退，中性植物取代阳性植物进一步成为群落优势种。目前，秃杉群落中阳生性及中生性优势种的优势程度分化还不明显。在群落演替的过程中，随着生境条件的改变，一些物种的生态位宽度值也随之发生改变，从而导致了它们在整个演替过程中的兴衰。目前，贵州雷公山秃杉群落中物种对资源的利用分化程度不明显，群落还未达到稳定状态。

表 7.7　立木层和林下层 15 个优势种生态位宽度

种名	立木层		种名	林下层	
	Bi	Bh		Bi	Bh
枫香树	3.340	0.465	薯豆	3.665	0.751
秃杉	3.527	0.599	雷公鹅耳枥	3.402	0.521
杉木	3.498	0.586	杉木	3.300	0.481
马尾松	3.288	0.467	枫香树	3.204	0.444
锥栗	2.980	0.349	水青冈	3.102	0.39
水青冈	2.726	0.244	秃杉	2.928	0.318
桂南木莲	2.118	0.132	四川樱桃	2.725	0.283
厚斗柯	2.578	0.216	山香圆	2.999	0.363
雷公鹅耳枥	2.739	0.261	栓叶安息香	3.117	0.407
四川樱桃	2.716	0.277	丝栗栲	2.618	0.202
木荷	2.252	0.136	锥栗	2.553	0.203
阴香	2.563	0.243	樟	2.484	0.188
青榨槭	1.783	0.091	香叶树	2.396	0.144
深山含笑	1.080	0.096	阴香	2.596	0.217
甜槠	1.672	0.081	山鸡椒	2.554	0.223
薯豆	1.646	0.081			

7.3.2　立木层和林下层优势种群的生态位重叠

生态位重叠是指 2 个或更多物种对 1 个资源或多个资源的共同利用，生态位的重叠程度通常与对资源的竞争能力成比例，它涉及资源分布的数量，关系到 2 个物种相似到多大程度仍然允许共存。根据重要值确定立木层和林下层的前 15 个种，计测种群间的生态位重叠值。

立木层 15 个优势种形成 204 个物种对，生态位重叠值大于 0.5 的有 148 对；其余的 56 个植物对，经 χ^2 检验表明拒绝完全重叠的零假设，说明立木层优势种的生态位重叠较为明显。

由表 7.8、表 7.9 可知，生态位幅度大的树种对其他种以及生态位幅度相近的植物种之间的生态位重叠值大（表现为完全重叠），而生态位幅度小的树种对生态位幅度大的树种的生态位重叠不一定大（表现为非完全重叠），如枫香树、秃杉、杉木、马尾松 4 个优势种，对其他植物种的生态位重叠值大（表现为完全重叠），而其他植物种对这些种的生态位重叠不一大（表现为非完全重叠）。生态位重叠意味着 2 个物种共同利用同一资源或共同占有某一资源因素，或者说明 2 个种具有相似的生态特性，或 2 个种对环境资源有互补的要求，体现了物种对同等级资源的利用程度以及空间配置关系，如桂南木莲—甜槠、桂南木莲—深山含笑、深山含笑—甜槠为了争夺充足的阳光，均零星分布于立木层的最上层，具有喜光的生态性；而锥栗—桂南木莲、雷公鹅耳枥—四川樱桃等，则是因为对环境因子有互补性的要求而具有较大的生态位重叠。

表 7.8 立木层 15 个优势种及秃杉群落的生态位重叠

树种	1	2	3	4	5	6	7	8	9	10	11	12	13	14	15
1	1	0.538	0.434	0.630	0.620	0.819	1.179	1.213	0.963	1.038	0.973	1.087	1.245	1.222	1.201
2	0.634	1	0.765	0.849	0.100	1.195	1.143	1.208	1.158	1.277	1.094	1.204	1.280	1.150	1.187
3	0.576	0.615	1	0.763	1.107	1.084	1.190	1.259	1.281	1.234	1.214	1.335	1.207	1.270	1.357
4	0.525	0.644	0.422	1	1.068	0.812	1.054	1.123	0.937	1.088	1.176	1.168	1.322	1.123	1.245
5	0.477	0.400	0.405	0.617	1	0.888	1.192	1.107	0.972	0.999	1.253	1.106	1.049	1.143	1.210
6	0.341	0.233	0.322	0.607	0.889	1	1.083	1.087	0.001	0.864	1.134	1.118	1.066	1.160	1.120
7	0.128	0.528	0.279	0.302	0.556	0.545	1	1.111	0.767	0.707	1.106	1.027	1.085	1.009	0.898
8	0.259	0.417	0.213	0.320	0.659	0.687	0.688	1	0.872	0.954	1.008	0.965	1.134	0	1.052
9	0.324	0.423	0.366	0.466	0.720	0.736	0.856	0.821	1	0.993	0.937	0.928	1.221	1.063	1.141
10	0.315	0.326	0.346	0.599	0.825	0.797	1.187	0.963	0.790	1	0.998	0.969	1.085	1.187	1.103
11	0.149	0.298	0.178	0.278	0.499	0.354	0.843	0.985	0.498	0.637	1	0.890	1.099	1.240	1.184
12	0.265	0.362	0.459	0.366	0.765	0.720	0.882	0.995	0.999	0.848	1.009	1	1.035	0	1.204
13	0.175	0.116	0.155	0.231	0.621	0.255	0.666	0.363	0.362	0.649	0.740	0.949	1	1.057	0
14	0.256	0.168	0.100	0.097	0.119	0.199	0.994	0	0.429	0.339	0.387	0	0.924	1	0.723
15	0.088	0.127	0.182	0.089	0.294	0.356	1.068	0.666	0.555	0.763	0.418	0.473	0	0.980	1

注：1：枫香树；2：秃杉；3：杉木；4：马尾松；5：锥栗；6：水青冈；7：桂南木莲；8：厚斗柯；9：雷公鹅耳枥；10：四川樱桃；11：木荷；12：阴香；13：青榨槭；14：深山含笑；15：甜储。

表 7.9 立木层 15 个优势种及秃杉种群生态位重叠的显著性检验

树种	1	2	3	4	5	6	7	8	9	10	11	12	13	14	15
1		58.5	78.8**	43.8	45.2	18.9	15.5	18.7	4.8	3.6	2.8	7.8	20.6	18.9	18.0
2	43.0		25.6	16.9	10.2	16.7	12.6	17.9	14.0	23.2	8.5	17.6	23.3	13.6	16.9
3	52.1	45.8		25.7	10.1	7.9	16.7	22.5	23.3	20.9	18.3	27.8	27.9	22.9	28.9
4	60.0	41.9	81.5**		8.7	19.3	6.0	11.1	7.0	7.8	15.7	14.5	26.5	11.3	20.9
5	69.8*	68.1**	85.3**	45.9		12.3	16.7	10.0	3.0	0.4	21.0	10.0	4.6	12.9	18.6
6	101.5**	137**	106.8**	48.0	11.2		8.0	7.9	0.2	13.7	11.9	10.3	5.8	13.8	10.9
7	195.1**	60.6	120.5**	112.6**	55.9	57.8		9.9	25.9	33.5	10.0	2.8	7.7	0.9	10.1
8	127.6**	84.5**	146.1**	107.3**	39.4	35.6	35.7		13.5	4.3	0.9	3.5	11.8		5.0
9	106.5**	81.6**	102.9**	69.9*	31.8	28.9	14.9	18.9		1.1	9.0	7.6	18.9	5.9	12.6
10	108.8**	106.9**	100.0**	48.6	18.3	23.0	16.9	5.0	22.3		0.8	3.0	7.9	19.3	10.0
11	178.6**	114.2**	161.9**	120.3**	75.6**	98.6**	16.7	2.5	66.5	42.6**		10.9	8.9	20.3	15.6
12	123.5**	95.7**	73.2**	94.5**	25.6	31.2	12.0	9.0	15.8	0.7			3.5		17.6
13	162.0**	203.5**	176.6**	138.1**	44.9	129.0**	39.0	95.0**	95.3**	41.0	28.5	5.9			5.9
14	127.3**	166.9**	215.8**	220.2**	189.0**	150.0**	1.0		84.3**	100.9**	89.0**		7.9		31.5
15	229.4**	194.8**	160.7**	227.8**	115.3**	100.0**	6.9	38.1	55.3	25.7	82.3**	70.6*		23.9	

注：1：枫香树；2：秃杉；3：杉木；4：马尾松；5：锥栗；6：水青冈；7：桂南木莲；8：厚斗柯；9：雷公鹅耳枥；10：四川樱桃；11：木荷；12：阴香；13：青榨槭；14：深山含笑；15：甜槠；* 表示差异显著（$P<0.05$）；** 表示差异极显著（$P<0.01$）。

由于枫香树、秃杉、杉木与马尾松 4 个优势种的高度相近，水平异质性小，它们之间的生态位重叠值大（表现为完全重叠），从而引起种间竞争，导致群落物种结构组成的变化，也反映贵州雷公山秃杉群落中物种对资源的利用分化程度不明显，群落还没有达到稳定状态。由此可见，优势种生态位的重叠状况可能将影响整个群落的演替发展方向。

由表 7.10、表 7.11 可知，204 个林下层物种对中有 165 个物种对的生态位重叠值在 0.5 以上。与立木层的规律一样，生态位幅度大的种群对其他种群以及生态位幅度相近的植物种之间的生态位重叠值大（表现为完全重叠），而生态位幅度小的种群对生态幅度大的种群的生态位重叠不一定大（表现为非完全重叠），如雷公鹅耳枥是雷公山秃杉群落林下层的优势种，对群落林下层的其他种均表现为完全生态位重叠；除薯豆、杉木与栓叶安息香外其他种对雷公鹅耳枥不表现为完全生态位重叠。同样，薯豆也为群落林下层优势种，除雷公鹅耳枥、杉木表现为完全的生态位重叠外，其他种对薯豆不表现为完全的生态位重叠。

表 7.10　林下 15 个优势种生态位重叠

树种	1	2	3	4	5	6	7	8	9	10	11	12	13	14	15
1	1	0.783	0.973	0.771	1.120	1.329	1.133	1.042	0.751	1.055	1.303	1.112	1.023	1.219	1.248
2	0.732	1	0.905	0.935	1.048	1.126	1.017	0.814	0.695	1.032	0.989	1.010	1.119	1.138	1.033
3	0.506	0.526	1	0.835	1.048	1.178	0.894	0.850	0.700	0.927	1.246	0.945	0.990	1.202	1.000
4	0.279	0.297	0.429	1	0.632	1.066	0.822	0.544	0.726	0.843	0.843	0.753	1	1.153	0.757
5	0.256	0.356	0.556	0.680	1	0.995	0.615	0.580	0.565	0.825	0.900	0.826	0.941	0.996	0.701
6	0.170	0.159	0.296	0.563	0.444	1	0.570	0.466	0.617	0.449	0.652	0.739	0.945	0.578
7	0.369	0.306	0.500	0.718	0.745	1.223	1	0.532	0.735	0.785	0.814	0.650	0.950	1.067	0.950
8	0.600	0.689	0.854	0.993	1.028	1.105	1.046	1	0.853	0.899	0.903	0.955	1.160	1.176	1.023
9	0.328	0.406	0.387	0.800	0.778	0.990	0.717	0.633	1	0.868	0.718	0.993	0.813	1.127	0.798
10	0.152	0.257	0.306	0.346	0.559	0.924	0.463	0.489	0.796	1	0.564	0.487	0.675	0.716	0.546
11	0.234	0.166	0.419	0.239	0.479	0.834	0.555	0.477	0.573	0.444	1	0.612	0.810	1.099	0.668
12	0.346	0.568	0.603	0.246	1.079	1.087	0.872	0.883	0.786	1.092	0.888	1	0.496	1.077	0.624
13	0.488	0.532	0.612	0.753	0.823	0.906	0.673	0.553	0.394	0.644	0.635	0.687	1	1.005	0.765
14	0.189	0.138	0.255	0.356	0.478	0.646	0.442	0.436	0.678	0.528	0.570	0.795	0.793	1	0.345
15	0.217	0.453	0.568	0.745	0.752	0.826	0.642	0.616	0.413	1.033	0.879	0.708	0.738	1.075	1

注：1：雷公鹅耳枥；2：杉木；3：枫香树；4：水青冈；5：秃杉；6：四川樱桃；7：山香圆；8：栓叶安息香；9：丝栗栲；10：锥栗；11：樟；12：香叶树；13：阴香；14：山鸡椒；15：薯豆。

表 7.11　林下 15 个优势种生态位重叠的显著性检验

树种	1	2	3	4	5	6	7	8	9	10	11	12	13	14	15
1		23.5	2.6	24.7	10.8	26.4	11.8	3.9	27.3	5.0	25.7	10.0	2.3	18.7	60.0
2	30.0		9.7	3.2	4.6	11.3	1.6	19.4	34.1	3.0	1.3	1.0	10.7	12.4	56.8
3	65.0*	60.9		15.0	4.5	15.6	10.7	15.3	33.5	7.1	21.0	6.5	0.9	17.5	112.0**

（续）

树种	1	2	3	4	5	6	7	8	9	10	11	12	13	14	15
4	119.6**	114.5**	78.9**		44.8	6.2	18.6	57.6	29.6	16.3	16.3	26.9	0.0	13.0	152.7**
5	128.6**	97.6**	55.0	36.4		0.9	45.9	52.9	53.7	18.2	10.0	17.8	5.9	0.9	149.6**
6	160.9**	180.0**	116.2**	54.3	76.6**		52.7	72.6**	45.3	75.6**	35.4	39.8	28.6	5.8	220.8**
7	94.6**	111.8**	65.2*	31.3	27.4	18.6		59.5	28.9	23.1	19.4	40.5	3.7	5.9	128.3**
8	49.0	36.4	15.0	0.9	2.5	9.3	4.3		15.1	10.0	9.6	4.5	14.3	15.3	103.8**
9	105.9**	85.7*	89.3**	20.9	23.6	0.9	31.6	43.2		13.6	31.2	0.8	19.3	11.5	191.8**
10	177.6**	133.0**	112.5**	107.8**	54.9	7.9	72.6**	71.4**	21.5		53.9	68.9*	36.8	31.6	165.3**
11	138.1**	165.2**	81.8**	113.5**	69.4*	17.2	55.3	70.6**	52.6	78.9**		46.3	19.8	9.8	224.0**
12	100.9**	57.9	47.6	134.2**	6.9	7.8	12.6	11.9	22.5	8.3	11.1		65.7*	6.9	158.8**
13	67.5*	59.0	46.5	28.0	18.4	10.0	37.0	55.7	87.8**	41.3	42.6	35.4		0.4	135.0**
14	157.8**	190.3**	128.7**	100.0**	69.2*	41.5	76.5**	78.4**	36.4	59.9	52.3	21.8	21.9		142.9**
15	2.6	5.6	9.8	3.0	14.7	19.9	19.4	9.8	2.9	22.3	16.1	9.6	17.1	24.0	

注：1~15 树种代码同表 7.10。

植物幼树为了发挥群集效应，形成一定聚集分布格局，加上它们具有一定的耐阴性，对资源的利用相似，相互之间以及与耐阴性灌木之间具有较大的生态位重叠。因此相对而言，秃杉群落林下层 15 个种群之间具有较大的生态位重叠值，如雷公鹅耳枥与杉木幼树、杉木幼树与枫香树幼树，四川樱桃幼树与山香圆幼树，秃杉幼树与锥栗幼树，秃杉幼树与阴香幼树等。而当幼树长成乔木时，为了更好地适应环境，充分利用环境资源，集聚度降低，表现为生态位重叠程度的降低，如阴香与秃杉的生态位重叠值，在林下层为 0.823，而在立木层仅为 0.362。

生态位重叠是 2 个或更多的物种对相同资源的共同利用，进一步研究种群生态位重叠随群落演替的变化，可以揭示群落演替过程中种间关系的变化。对于生态位重叠的大小的解释往往与种间竞争相联系。通常认为种间竞争越激烈，生态位重叠值越大。但生态位重叠绝不能与竞争程度等同，还要考虑资源供应状况和对资源利用的互补性，群落资源丰富时，生态位重叠值大，说明二者共享同一资源，竞争并不激烈。当资源受到限制时，两者较高的重叠值说明种间竞争强烈。另外，当一个种为另一个种存在提供有利条件时，生态位重叠值较大不仅不是竞争，而是一种互惠，如林下层优势树种与雷公山秃杉幼林之间由于植株高度的相近，对资源利用方式的相似，存在着对资源的竞争；又由于与其他某些种存在着高度上的差异，虽然它们之间存在着对资源利用的相似，同时还可能存在着一定的促进关系。同样林下层优势种与秃杉幼苗之间由于植株高度的相近，对资源利用的方式相似，存在着对资源的竞争，但总体而言，由于秃杉不适应群落环境，分布稀疏，与其他植物种生态位重叠值偏小，竞争并不强烈。研究表明，中生性植物与秃杉的生态位重叠值大，说明中生性植物的发展可能对秃杉的生存具有积极意义。因此，调整群落结构，使之朝着中生性树种为优势种的方向发展可能对秃杉的恢复是有利的。

7.3.3 结论

① 生态位宽度大的优势种群与其他种群之间，以及生态位宽度相近的种群之间的生态位重叠值大，其他种群对生态位宽度大的种群的生态位重叠值不一定大。

② 优势种之间由于存在资源竞争，它们之间的生态位重叠大，导致群落组成和结构发生变化从而影响群落的演替方向。

③ 从林下层至立木层，相同物种对的生态位重叠值降低。雷公山秃杉种群与立木层中生性植物的生态位重叠大，由于植株高度的差异，它们之间可能存在促进关系而非竞争关系。

因此，调整群落结构，使之朝着中生性树种为优势种的方向发展可能对秃杉的恢复有利（赵峰，2012）。

第8章

秃杉培育技术

8.1 采种

秃杉球果于 10~12 月成熟。趁球果鳞片未张开时采下，放置通风干燥处阴干，待果鳞开裂，用棍棒轻击球果，种子即脱出。

为保护结实母树不受损害损伤，现雷公山自然保护区采集秃杉种子均是聘用具有攀爬高大树木经验的当地村民，在秃杉种子成熟季节，爬上高大的结实秃杉母树上，用一块 2m×2m 的帆布或塑料膜将四角分别固定在结果枝的下方，形成一个空中"吊床"，再用木锤轻轻敲打结果枝，使秃杉已开裂的球果中的种子掉落在"吊床"中，以收集秃杉种子。

8.2 种子储藏

秃杉种子储藏一般采用干藏法。种子宜用布袋装置，放于阴凉通风处干燥保存。勿使暴晒，勿使受潮发霉。种子发芽率可以保持一年左右。

8.3 育苗

8.3.1 播种育苗

秃杉种子宜当年采种翌年 2~4 月用于播种。育苗，常温下隔年储藏种子发芽能力大幅降低，不宜采用。播种后 20~30d 出苗。播种苗床用砂壤土，平床。播种前用福尔马林消毒土壤，7d 后播种。采用条播，每隔 15cm 播一行，播种沟深 0.5cm，播后用沙、炭灰或火土薄薄覆盖。再用稻草覆盖苗床，上面再搭荫棚。防止幼苗暴晒。播种量 2g/m²。场圃出苗率 20%。

（1）播种量

秃杉种子千粒重 1.33~1.53g，种子发芽率 15%~30%，播种量 0.5~1kg/亩[①]，出苗约

---

① 1 亩 = 1/15hm²，下同。

6 万~8 万株。

（2）种子处理

播前以清水浸泡种子 24h，捞出晾干，以每 100kg 种子用 95% 可溶性粉剂 147.4~368.4g（有效成分 140~350g）拌种，预防苗木立枯病、根腐病等病害。

（3）整地及播种

秃杉于 2~4 月播种育苗，播种后 20~30d 种子萌发出土。

选择土壤疏松肥沃，排水性良好的农田或肥沃湿润，坡度平缓的旱地作苗圃。播前一个月按 75~100kg/亩施普通过磷酸钙作底肥，深翻土壤 30cm。

播前整地作床，床面宽约 1.2m，高 15~20cm，步道宽 40~50cm，苗床捣细土块，捡尽石砾等杂物。

播种采用条播，开播种沟宽约 10~12cm，深 3~5cm，均匀撒上种子，盖土 1~2cm 厚。播后搭盖遮阴网，利于保持土壤湿润和种子发芽。

8.3.2 扦插育苗

经试验，秃杉也可以用扦插育苗，扦插时间以 1 月底至 2 月初为好。秋插虽然也能成活，但生根率低。3 个月后，插穗开始生根，第 1 次翻床于 7 月初进行，生根率可达 35%，未生根者，继续培养。第 2 次翻床于 11 月进行，生根率达 7.3%，2 次生根率达 42.3%。

8.3.3 容器育苗

将苗床内 5~10cm 的实生苗或扦插苗，移入容器内，培育壮苗，容器可用花盆、塑料袋、竹箩或其他材料做成。容器内盛营养土。营养土配制：用 60% 的红土、20% 炭灰、10% 的沙，另加 10% 的有机肥（厩肥、油枯等），无机肥（氮、磷、钾），拌和均匀，并经消毒后装进容器。将苗木移入培养，当苗高达到 50cm 左右，即可上山定植。

8.4 苗期管理

苗期管理主要为除草、病虫害防治和苗木追肥管理。

除草原则是"除早、除小、除了"，播种育苗当年人工除草 3~4 次。

病害防治：幼苗易感染病菌而发生根腐病和猝倒病，在晴天用 65% 敌克松可湿性粉剂 800 倍液喷洒防治，发病时要及时除去病苗，同时每隔 5~7d 喷洒 400~500 倍敌克松或百菌清溶液预防。

虫害防治：芽苗期于 5~6 月发现有蛞蝓取食芽苗子叶、幼芽等部位，造成植物组织的机械损伤，严重者芽苗根茎被咬断，特别是拔除杂草之后蛞蝓危害较重。以砷酸铝 300 倍液、20% 速灭杀定乳油喷洒在地面防治，效果较好。

苗期追肥：当年追肥 2~3 次，追肥保持薄肥勤施。苗木出土后，当苗高约 4~5cm 时，追施第 1 次肥，用尿素兑水浇施，浓度 3%~4%。此后，每隔约 20d 追肥 1 次，连续 2~3 次，每次每亩施复合肥或尿素 8~10kg。

8.5　苗木生长

秃杉大田育苗 1 年生苗高 14~25cm，地径 0.25~0.43cm。苗高 20~25cm 的苗木数量占 22.0%，苗高 17~20cm 的苗木数量占 45.5%，苗高 14~17cm 的苗木数量占 32.5%。2 年生苗高 40~50cm，地径 0.6~1.2cm。

8.6　秃杉造林技术

8.6.1　造林地选择

秃杉对土壤的类型要求不严，棕壤、黄棕壤、黄壤、黄红壤均能适应。秃杉喜土层深厚，相对湿润环境，较好造林地形为山谷、缓坡地带、山中台地等，坡向以阴坡、半阴坡为好，半阳坡次之，阳坡较差。干旱瘠薄地带生长表现差。雷公山自然保护区于海拔 1600m 处造林生长表现良好。在秃杉的适生区，宜林荒山荒地、采伐迹地、火烧迹地、退耕地、灌木林地和低产林地等均可作为秃杉的造林地。

8.6.2　造林技术

（1）造林时间

雷公山自然保护区秃杉造林适宜时间为春季的 2~3 月，在阴天和小雨天造林，成活率较高。

（2）造林地清理和整地

灌木林地可进行带状砍除灌木，而对低效林分作林地清理时，可保留一定数量的乔木，适度遮阴。荒山荒地、退耕地可直接整地。整地宜采用穴状整地。定植穴的规格为 50cm×50cm×40cm 或 40cm×40cm×30cm。

（3）造林用苗

秃杉造林宜选用 1 年生或 2 年生的壮苗，起苗时要多留须根，不能用手拔苗。用 3~4 年生的大苗造林，需带土球定植造林，利于提高成活率。

（4）造林密度

可根据培育目的、立地条件、经营集约度、材种规格、市场需求等，选择适宜的造林密度。一般采用 2m×3m 和 2m×2m 两种造林密度。

（5）苗木修剪

栽植时要适当剪去苗木的下部侧枝和根系，利于提高造林成活率。2012 年于雷公山自然保护区方祥管理站"猴子岩"造林中，对秃杉 2 年生裸根苗修剪下部约 1/4 数量枝条及过长根系后定植，造林成活率达 90%。2012 年引种秃杉 3 年生苗至陕西西安绿化造林，取苗带直径 10~15cm 土球，定植时修剪下部约 1/3~1/2 数量枝条，并结合浇水保苗等措施，造林成活率达 85%。

（6）定植

用裸根苗造林，必须选择阴雨天气，避免在晴天造林，并做到当天起苗，当天栽植。采用"一提二踩三回土"的种植方法，保证回填土踏实，不窝根，不积水。置苗于穴中，扶正后再培土，土要打碎，捡除土中石块、草根、树枝等杂物。分多次培土，边培土边压实，培土至穴上部呈"龟背状"，防止种植穴内积水，影响成活。适时检查造林成活情况，及时对死亡植株补植。

（7）抚育

秃杉造林抚育结合杂草生长情况，造林前3年连续抚育。造林第1年刀抚2次，第2和第3年分别进行刀抚2次，锄抚1次。

8.7 秃杉不同种源苗期及幼林生长分析

8.7.1 苗期生长分析

各种源苗期生长量及 LSR 多重检验见表 8.1。经方差分析和 LSR 检验，秃杉各种源与杉木（CK）之间生长差异达到极显著，秃杉各种源之间无明显差异。由表 8.1 看出，秃杉各种源苗高变幅 11.3～13.8cm，平均苗高 11.96cm；地径变幅 0.24～0.30cm，平均地径 0.26cm。有 3 个种源苗高和地径大于均值，以贵州剑河种源生长量最高，其次是贵州雷公山、格头；贵州雀鸟种源生长量最低，其次是云南腾冲、贵州昂英。贵州剑河种源的苗高、地径分别为 13.8cm、0.30cm，是贵州雀鸟种源的 122.12%（11.3 cm）和 125%（0.24cm）。

表 8.1 不同种源苗高、地径及 LSR 多重检验

种源	苗高（cm）	地径（cm）	种源	苗高（cm）	地径（cm）
贵州桥水	11.9b	0.26b	贵州榕江	11.7b	0.25b
贵州平祥	11.8b	0.26b	格头	12.0b	0.27b
贵州雀鸟	11.3b	0.24b	剑河	13.8b	0.30b
贵州昂英	11.4b	0.25b	云南腾冲	11.4b	0.25b
贵州雷公山	12.3b	0.27b	本地杉木（CK）	20.5a	0.55a

注：a、b 表示 α=0.05 水平上的比较。

8.7.2 幼林生长分析

幼林各生长性状调查及 LSR 检验见表 8.2。3 年生幼林的生长性状中，幼林高、冠幅的均值为 0.91m 和 0.87m。9 个种源中，只有贵州剑河、桥水 2 个种源的生长量大于均值，其中以贵州剑河种源生长量最大，昂英种源的生长量最小。经方差分析，秃杉种源间幼林平均高、冠幅存在极显著差异，F 值分别为 4.47 和 3.45，而 1 级侧枝数、保存率则差异不明显。各种源幼林平均高变幅 0.79～1.18m，贵州剑河种源（1.18m）与桥水种源有显著差异，与其他 7 个种源的差异则达到极显著，是生长量最小的昂英种源（0.79cm）的 149.4%。各种源幼林平均冠幅 0.76～1.15cm，贵州剑河种源（1.15cm）与其他 8 个种源

存在极显著差异，是贵州昂英种源（0.76cm）的151.3%。

表 8.2　3 年生幼林生长性状调查及 LSR 检验

种源	幼株高（m）	冠幅（m）	1 级侧枝数（个）	保存率（%）
贵州桥水	1.01ABb	0.93Bb	25	80.00
贵州平祥	0.83Bb	0.79Bb	23	51.10
贵州雀鸟	0.85Bb	0.79Bb	20	62.20
贵州昂英	0.79Bb	0.76Bb	21	68.90
贵州雷公山	0.84Bb	0.87Bb	23	80.00
贵州榕江	0.89Bb	0.86Bb	23	51.10
贵州格头	0.86Bb	0.83Bb	22	64.40
贵州剑河	1.18Aa	1.15Aa	26	68.90
云南腾冲	0.90Bb	0.84Bb	24	64.40
F 值	4.47**	3.45**	1.58[ns]	1.03[ns]

注：A、B 和 a、b 分别表示在 $P=0.01$、$P=0.05$ 水平上的比较；** 表示极显著差异；ns 表示差异不明显。

方差分析及遗传参数估算表明：3 年生幼林平均高、冠幅的遗传力较高，分别为0.776、0.710，变异系数分别为13.24%、13.46%，说明秃杉树高、冠幅的变异分别由各种源自身的遗传特性引起。因此，幼林期可利用树高生长指标进行种源的初步选择；幼林尚未郁闭，冠幅指标可作为种源初选的参考指标，为后期进一步选择奠定基础。

8.7.3　综合评定

根据秃杉 3 年生幼林的生长性状，应用多维空间（欧几米德）En 多向量理论进行综合评定（表 8.3）表明：各种源表现综合排序为贵州剑河>贵州桥水>贵州雷公山>云南腾冲>贵州格头>贵州榕江>贵州雀鸟>贵州昂英>贵州平祥，其中以贵州剑河种源、贵州桥水种源的综合表现较为突出（章健等，2003）。

表 8.3　秃杉幼林表现综合评定

种源	H	1 级侧枝数（个）	冠幅（m）	保存率（%）	ΣP_1^2	排序
贵州桥水	0.0280	0.0015	0.0366	0	0.0589	2
贵州平祥	0.0880	0.0133	0.0980	0.1306	0.3299	9
贵州雀鸟	0.0782	0.0533	0.0980	0.0495	0.2790	7
贵州昂英	0.1092	0.0370	0.1150	0.0193	0.2805	8
贵州雷公山	0.0830	0.0133	0.0593	0	0.1556	3
贵州榕江	0.0604	0.0133	0.0636	0.1306	0.2679	6
贵州格头	0.0735	0.0237	0.0775	0.0379	0.2126	5
贵州剑河	0	0	0	0.0193	0.0193	1
云南腾冲	0.0563	0.0059	0.0727	0.0224	0.1573	4

8.8 金叶秃杉育苗及造林技术

8.8.1 大田育苗

（1）种子采集与处理

金叶秃杉球果成熟期为 10 月底至 11 月。球果成熟时采回后，在阴凉通风处摊放阴干，15~20d 待球果种鳞展开时翻动种子或抖动即可脱出，收集进行除杂、提纯，然后用麻袋或专用种子袋装好，存放在通风干燥的室内贮藏。

（2）圃地选择和整地作床

选向阳背风、水源方便、排水良好、土质肥沃、疏松、微酸性的砂壤土育苗，以生荒地为好。忌选低洼、风口处。对生荒地宜在上年秋季进行翻挖，深 20~30cm。金叶秃杉种子细小，对圃地应进行细致整地。11 月浅翻耙细，同时每亩施腐熟土杂肥 1000kg、磷肥 100kg 或复合肥 200kg，整地时用 2% 福尔马林进行土壤消毒，然后拉厢作床。床宽 1~1.2m、床高 10~15cm、步行沟宽 30cm。

（3）播种

在春季 3 月中下旬开始播种。采用条播，条间距 15cm，条内沟深 1~2cm，沟宽 5~10cm。播种前种子用 1% 高锰酸钾溶液消毒，温水（25℃左右）浸种 24h，晾干后拌细土或细沙进行播种。播完后用过筛火土灰或黄心土覆盖，以不见种子为度，然后用草覆盖，浇透水。

（4）苗期管理

播后要勤浇水，保持苗床湿润，20d 左右苗木开始出土，出苗达 60%~70% 时揭去覆盖的草，夏季用遮阳网遮阳，防止日灼。当幼苗长出真叶时，及时间苗、拔草适时松土。追肥以尿素为主，施肥浓度为 0.2%~0.5%，每半月或一个月 1 次，到 8 月底停止施氮肥，视其苗木木质化情况，可追施钾肥，同时要加强病虫害的防治。

8.8.2 容器育苗

（1）基质配方与消毒

金叶秃杉喜肥沃、微酸性土壤，为保证金叶秃杉幼苗良好生长，营养袋培养基质配方选用森林腐殖质土 97%+过磷酸钙 3% 或一般林分表土 60%+腐熟锯末 23%+腐熟鸡粪 10%+煤灰 5%+过磷酸钙 2% 混合而成，配好后每立方米培养基质用 0.8% 福尔马林药液 30L 拌匀，用不透气塑料薄膜密闭 24h，然后打开，经过 15d 通风即可装杯。

（2）苗床选择和制作

芽苗苗床：根据育苗量多少和方便，可采用圃地、育苗盘、木箱、竹筐等不同形式的培育床，培养基用细泥沙，每立方米河沙用 30L 0.8% 福尔马林消毒。

容器苗床：选择地势开阔平坦、不积水、管理方便的地块作苗床，平整土地，床宽

1.0~1.2m、长度依地而定，步道宽 40cm，四周开排水沟。

（3）育苗技术

实生苗培育：3月上旬播种，种子用 1%硫酸铜溶液浸泡 6h 消毒，取出阴干后密播于育苗盘河沙上，盖上一层薄薄的细泥沙，以不见种子为宜，浇透水，用塑料膜封闭，保温、保湿。出苗途中注意观察，如湿度较大，应适时在晴天中午气温高时进行揭膜透风，以防种子霉烂。20d 左右后，实生苗的子叶伸展，种壳脱落，长到高约 2cm、径 0.5mm 左右时，即可移栽。

实生苗移栽：由于幼苗生长参差不齐，要进行分批移栽到装好基质的容器中。移栽时提前一天将容器袋基质浇透水（保持移栽时基质湿润），同时需先将沙床浇透水后取苗，移栽后浇足定根水，保持苗床湿润。

（4）苗期管理

遮阳：芽苗移栽完后，必须进行遮阳，遮阳材料可选用遮光率 50%～60%的遮阳网。高度以便于管理操作为宜。随着幼苗生长，抗日灼伤害能力加强，可逐渐拆去遮阳网。

浇水：在幼苗刚移栽时，要注意保持培养基质的湿润，幼苗移栽成活后，浇水次数可逐渐减少。

补植与除草：幼苗移植入容器杯初期，由于各种因素的影响难免会出现幼苗死亡的情况。发现死苗应及时补上，保证苗木整齐。发现杂草应及时拔除。除草前应浇透水，防止损伤幼苗。

施肥：当幼苗移栽成活长出真叶时，结合浇水适当施肥，施肥以尿素为主，幼苗期 4~5 月，每半月 1 次，浓度为 0.2%；中后期 6~8 月可每月施 1 次浓度为 0.5%尿素；到 8 月底停止施氮肥，适当施一些草木灰，保证苗木在冬前充分木质化。

病害防治：幼苗期由于气温高、湿度大，幼苗木质化程度低，抗病能力弱，易发生猝倒病和立枯病，必须加强预防。方法为每隔 7d 用等量式波尔多液喷洒苗木，或与 0.1%多菌灵药液交替使用，同时，如发现病株应及时拔除处理。

8.8.3 造林

（1）造林地选择

金叶秃杉适生范围很广，南方地区均能适应。在海拔 1200m 以下，阳光充足、背风，土壤疏松、深厚、肥沃、湿润之地生长迅速，反之则生长缓慢。种植前要高规格整地，要求挖大穴，规格为 80cm×60cm×60cm。种植株行距以 3m×4m 或 4m×4m 为宜。

（2）栽植

大田裸根苗以春季萌芽前随栽随取为宜，如不方便，要采取保湿或假植措施，但不宜超过 2d，否则成活率将下降；营养袋苗四季均可进行栽植，但还是以春季栽植为宜，栽植时应小心去除营养袋，以保证取出的营养土和苗木不松散。栽植最好在阴湿天气进行。栽植时要求苗木要栽直（对裸根苗根系要舒展），分层踏实土壤。

（3）管理

幼树栽植后头 3d 要加强抚育管理，金叶秃杉生长季节主要在 5~9 月，因此，抚育管理，应从 4 月开始，到 8 月结束。全年进行 2 次松土除草，有条件可追肥。每次施复合肥量约为 100~200g/株。抚育时，根据需要，还可进行适当的修枝、整形，促进苗木快速生长。

8.8.4　小结

实践表明，采用上述育苗方法，常规大田培育金叶秃杉苗，当年生平均苗高达 14.5cm、地径达 0.22cm，达到常规秃杉育苗优良标准；芽苗移栽方法培育金叶秃杉苗，当年生平均苗高达 23.7cm、地径达 0.32cm 以上，各项指标获得更大的突破，且苗木整齐健壮，长势良好。其技术特点：一是芽苗移栽成本低，技术易掌握，是培育壮苗的好方法；二是营养袋育苗基质，在山区育苗容易获得。实践表明，苗期水肥管理和松土除草工作，实行根外追肥，是培育壮苗的重要措施。育苗容器以 12~15cm 高为宜。在有条件的地方可采用专门的容器育苗架，利用空气切根育苗。上述造林技术，苗木生长快，成活率高达 100%（杨秀钟等，2008）。

8.9　秃杉扩大栽培苗期试验

根据六盘水市林业科学研究所在六盘水市杨梅林场播种苗期试验和观测，于 1990 年 4 月 6 日播种，连续进行了 2 个月的出苗情况观测和自 1990 年 6 月 16 日起的定期观测。

8.9.1　种子场圃发芽率和出苗率

根据对杨梅林场秃杉试验地的观测，5 月 16 日秃杉出苗 1/4，5 月 28 日秃杉出苗 1/2，到 6 月 16 日，秃杉苗已基本出齐。场圃发芽率因种子原因和播种时间提前未能系统进行，只是进行了 3 种处理的定性观测，结果是：经高锰酸钾催芽的种子出苗最多。

8.9.2　秃杉苗期生长调查

对秃杉苗期进行了 1 年的详细观测（表 8.4），结果是：

① 秃杉约于 11 月下旬封顶，第 2 年 3 月下旬至 4 月初开始萌动；对照的杉木于 12 月初封顶，第 2 年 3 月中旬开始萌动。两种树种比较，秃杉生长期稍短于杉木。

② 在同等立地条件下，杉木和秃杉的生长量最大值基本相同，在杨梅林场的观测结果是：对照的杉木最大苗高 18.8cm，地径 0.26cm，秃杉最大苗高 20.8cm，地径 0.28cm。由此看出，在集约水平提高情况下，秃杉与杉木苗木的 1 年生苗木质量可以相当。

③ 定期观测结果，取小区平均值，按观测时间先后排列，得到秃杉的生长情况见表 8.4。

④ 按照表 8.4 的总体平均值和杉木对照试验数据，绘成生长曲线图：从秃杉和杉木的生长曲线图（图 8.1）可以清晰地印证 1、2 两点结果；另外从图中还可以知道，秃杉和

杉木在出苗约1个月后，有1个月的生长停滞期（7月20日至8月20日），究其原因，认为可能是降雨季节，营养物质被雨稀释，下渗造成的。8月下旬至10月初，秃杉苗急剧生长，10月中旬以后生长减慢，11月下旬封顶；而杉木苗的旺盛生长时间可以延续到11月初，然后才逐渐减慢直到12月初封顶。翌年3月中旬，秃杉和杉木开始萌动。

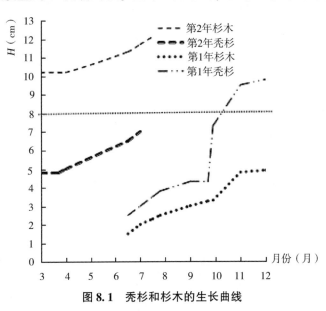

图8.1　秃杉和杉木的生长曲线

表8.4　杨梅林场秃杉苗期生长调查信息

处理号	小区号	1990年												1991年		分项年平均值苗高
		6月15日		7月20日		8月20日		9月20日		10月20日		11月20日		6月28日		
		H(m)	D(cm)	H(m)	D(cm)	H(m)	D(cm)	H(m)	D(cm)	H(m)	D(cm)	H(m)	D(cm)	H(m)	D(cm)	(cm)
1	1	1.5	0.05	2.76	0.08	3.63	0.08	5.04	0.12	5.89	0.15	6.04	0.15	8.8	0.19	
	2	1.28	0.05	2.32	0.07	2.79	0.08	3.18	0.09	3.27	0.1	3.49	0.11	5.6	0.15	
	3	1.03	0.05	2.33	0.07	2.91	0.08	3.67	0.09	3.86	0.11	3.95	0.12	5.5	0.15	
	4	1.07	0.05	2.33	0.07	2.72	0.08	4.24	0.1	4.38	0.12	4.45	0.12	5.2	0.16	6.56
	5	1.43	0.05	2.55	0.08	2.81	0.08	3.86	0.08	4.38	0.12	4.47	0.12	7	0.17	
	6	1.25	0.05	2.23	0.07	2.63	0.08	3.72	0.09	3.84	0.12	3.99	0.12	6.3	0.16	
	7	1.25	0.05	2.58	0.08	3.07	0.09	3.78	0.09	4.07	0.12	4.27	0.12	6	0.17	
2	8	1.4	0.05	2.66	0.08	3.23	0.09	5.63	0.12	5.75	0.15	6.17	0.16	9.4	0.18	
	9	1.44	0.05	2.22	0.07	2.7	0.08	4.54	0.09	4.6	0.13	4.68	0.13	5.8	0.16	
	10	1.43	0.05	2.48	0.07	3.05	0.09	4.56	0.09	4.65	0.13	4.73	0.14	6.8	0.17	
	11	1.45	0.05	2.46	0.07	2.95	0.08	4.5	0.09	4.74	0.13	4.98	0.14	8.1	0.17	7.67
	12	1.54	0.05	2.49	0.08	3.21	0.09	5.49	0.1	5.63	0.14	5.73	0.14	8.3	0.18	
	13	1.52	0.05	2.5	0.08	2.93	0.08	5.37	0.1	5.08	0.13	5.29	0.14	7.8	0.18	
	14	1.48	0.05	2.27	0.08	2.75	0.08	4.8	0.1	4.94	0.12	5.49	0.13	7.5	0.19	

（续）

处理号	小区号	1990年												1991年		分项年平均值苗高
		6月15日		7月20日		8月20日		9月20日		10月20日		11月20日		6月28日		
		H(m)	D(cm)	H(m)	D(cm)	H(m)	D(cm)	H(m)	D(cm)	H(m)	D(cm)	H(m)	D(cm)	H(m)	D(cm)	(cm)
	15	1.45	0.05	2.39	0.07	2.76	0.08	3.72	0.08	3.93	0.12	4.22	0.13	6	0.18	
	16	1.35	0.05	2.46	0.07	2.91	0.08	3.8	0.09	3.93	0.12	4.33	0.13	7.8	0.19	
	17	1.49	0.05	2.48	0.07	3.17	0.08	4.01	0.08	4.18	0.11	4.31	0.12	6.7	0.18	
3	18	1.46	0.05	2.9	0.08	3.63	0.08	5.07	0.13	5.33	0.13	5.38	0.13	9.6	0.24	7.31
	19	1.68	0.06	3.06	0.08	3.69	0.1	5.18	0.1	6.11	0.1	6.21	0.14	8.8	0.27	
	20	1.48	0.05	2.52	0.07	2.81	0.07	4.05	0.09	4.5	0.12	4.74	0.12	6.6	0.18	
	21	1.42	0.05	2.49	0.07	2.79	0.07	3.6	0.08	3.76	0.12	3.98	0.12	6.6	0.18	
	22	1.4	0.05	2.34	0.07	2.63	0.08	4.7	0.1	4.8	0.13	4.96	0.14	6.4	0.78	
4	23	2.52	0.06	3.56	0.08	4	0.08	7.61	0.14	9.4	0.21	10.08	0.21	12.3	0.26	12.3
秃杉总体平均值		1.4		2.4		2.98		4.39		4.58		4.78		7.19		7.19

注：H 为苗高；D 为地径。

8.9.3 结论

① 采用不同的催芽措施，可以明显地影响秃杉种子发芽率和场圃出苗率，其中以 55℃水浸种 14h 后，3%~6%高锰酸钾浸种 6h 的种子出苗率较高；55℃水浸种 20h 的种子出苗率次之，而未作任何催芽处理的种子场圃发芽率较低。

② 催芽措施对苗木的后生长影响不大，干种苗高 6.56cm，55℃水浸种 20h 者苗高 7.67cm，高锰酸钾浸种者苗高 7.3cm。

③ 苗木当年生长量，秃杉略小于杉木，从秃杉和杉木的生长曲线图表明，二者生长发育节律有一定差异，秃杉生长季略短于杉木生长季（杨大应，1996）。

8.10 秃杉种源苗期试验

8.10.1 种子变异

云南 4 个种源中的龙陵（8 号）和昌宁（11 号）两产地种子经试验，发芽率为 0。故实际参试种为 8 个加上贵州、云南混合种各 1 个。

对 10 个参试种源种子千粒重、发芽率分析表明，种源间差异较显著，变异幅度分别为 1.16%~1.36%、25%~64%。由于贵州 6 个种源种子均为 1988 年采种，1989 年冷藏一年，故千粒重、发芽率受到冷藏时间影响。因此，种源间种子的实际变异，有待进一步研究。

8.10.2 苗期高生长及保存率

对秃杉种源间苗期高生长进行 F 检验，差异极显著（$F = 5.73^{**} > F_{0.01,(9,36)} = 2.95$），苗期高生长量最大的是湖北利川，平均高 15.52cm，比最低的云南混合种平均高 11.62cm，大33.6%。SR 显著性测验（表8.5）可知：所有参试种源与云南混合种源高生长差异极显著；湖北利川与贵州剑河—2差异显著。苗期高生长与种源产地经、纬度相关分析结果：产地经度与高生长密切相关，$r=0.6856^*$；纬度与高生长相关不紧密，$r=0.5616$（自由度8，$r_{0.05}=0.6319$）。

表8.5 禿杉种源苗高差异 SR 测验

编号	产地	平均苗高（cm）	$SR_{0.01}$	SR
9	湖北利川	15.53		
7	贵州混合种	15.09		
6	贵州榕江	14.91		
1	贵州雷山—1	14.89		
5	贵州雷山—2	14.87		
2	贵州雷山—3	14.7		
3	贵州剑河—1	14.46		
12	云南腾冲	14.43		
4	贵州剑河—2	13.9		
10	云南混合种	11.62		

苗木保存率与高生长相关极显著。回归方程 $r=10.50+0.05x$，$r=0.9653^{**}>r_{0.01}=0.7646$。湖北利川种源（高生长最大）保存率达90%以上，而云南混合种源（高生长最低）保存率仅20%以下，相差3.5倍。其他种源（生长居中）保存率多在80%~88%。

8.10.3 分枝及根系性状的变异

由表8.6可知，禿杉种源苗期分枝性状有明显差异。种源间平均冠径和一、二级侧枝数差异均达显著水平，F 值分别为 8.5128^{**}、3.3787^* 和 130.2615^{**}。

平均冠径最大的是贵州剑河—2种源为 $14.55cm$，最小的是云南混合种源为 $4.50cm$，前者是后者的2.2倍。冠幅随产地经度的增高而增大，相关达极显著水平（$r=0.8055^{**}$）；冠幅与纬度相关不紧密（$r=0.3560$）；平均冠幅与苗高生长相关也达显著水平（$r=0.6595^*$）。

一、二级侧枝数最少的都是云南种源。云南混合种和腾冲种源一级侧枝数分别为5.2个和5.4个，二级侧枝数均为0；侧枝数最多的是湖北利川、贵州剑河—1、剑河—2，一级侧枝分别为8.6个、8.6个、8.4个，二级侧枝分别为13.4个、11.4个、15.6个。一、二级侧枝数均与产地经度显著相关，相关系数分别为 0.8940^{**} 和 0.7719^{**}；与纬度相关不明显（r_1 级=0.5054，r_2 级=0.2781）：一、二级的侧枝数的多少与苗高生长关也未达显著水平（r_1 级=0.6125，r_2 级=0.4522），但有一定的规律，即随侧枝数的增多，苗高增高。

总的来说，禿杉种源苗期分枝性状变异与苗高生长变异相同，呈东西经向渐变，东部种源苗期生长茂盛、枝叶浓密，具有旺盛的生长优势。

注：** 为极显著；* 为显著。

表 8.6　秃杉种源分枝根系状地理变异相关分析

性状	种源间差异 F 检验	变异幅度（cm）	经度（°）	纬度（°）	苗高（cm）
平均冠径一级	8.5128	4.5~14.55	0.8055	0.3560	0.6595
侧枝数（个）（一级）	3.3787	5.2~8.6	0.8940	0.5054	0.6125
侧枝数（个）（二级）	130.2615	0.0~15.6	0.7719	0.2781	0.4522
平均根幅	1.0761	3.94~6.8	0.5602	0.8393	0.4263
主根长	1.1718	9.4~13.6	0.9604	0.4658	0.6299
侧根数（条）	1.5785	2.8~4.6	0.5182	0.1508	0.5027

从表 8.6 可知，种源间平均根幅、主根长和侧根数均无显著差异。平均根幅与产地纬度相关密切（$r = 0.8393^{**}$），由南向北根幅递增。主根长随经度增高而增长，（$r = 0.9604^{**}$），平均根幅与经度、主根长与纬度、侧根数与经纬度均无显著相关。平均根幅、主根长、侧根数与苗高生长相关也未达显著水平，但苗高趋于三者的增加而增高，三者的变异幅度总趋势仍随产地经度的东移和纬度的北移而增加。

8.10.4　生物量的变异

秃杉种源苗期生物量观测结果，各种源间苗木鲜重和干重差异均极显著，F 值分别为 11.2983^{**} 和 9.5823^{*}，变异幅度分别为 $1.59~6.13g$ 和 $0.29~1.53g$。鲜重与干重紧密相关，回归方程 $Y = -0.1639 + 0.2761X$，$r = 0.9955^{*}$。变异主要受经度的影响，相关极显著，相关系数 r 分别为 0.8392^{**} 和 0.8473^{**}，呈现由东向西生物量减少的趋势，与生长性状的地理变异趋势一致。产地纬度与苗木鲜、干重相关分析不明显（$r_{鲜} = 0.4042$、$r_{干} = 0.4228$）。生物量与苗高生长相关显著。高生长与苗木鲜、干重均呈正比，相关系数（$r = 0.7631^{*}$ 和 $r = 0.7406^{*}$）。

由图 8.2 各种源苗期生物量垂直分配比值可知，鲜、干重地上与地下之比均较大，变

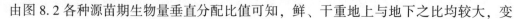

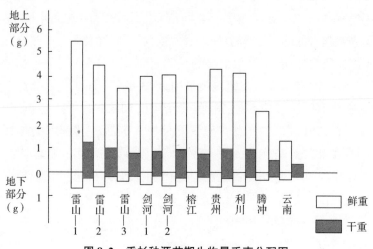

图 8.2　秃杉种源苗期生物量垂直分配图

幅分别在 6.75（榕江）~9.78（腾冲）和 5.88（剑河—2）~9.10（剑河—1）。地上与地下鲜重、地上与地下干重两两间回归相关均达极显著水平，其回归方程为：$Y_{鲜重}=0.0033+0.1286X$（$r=0.8940^{**}$）；$Y_{干重}=-0.0228+0.1644X$（$r=0.9374^{**}$）。反映出光合作用物资积累效率地上与地下密切相关。

8.10.5　苗高年生长节律的变异

秃杉各种源从 4 月下旬相继萌芽出齐后，高生长开始缓慢增长，至 5 月 30 日一个月苗高生长量变异幅度在 0.84cm（云混）至 1.52cm（雷山—3）之间，占全年净生长量的 7.2%~10.3%。5 月 30 日至 9 月 15 日的 105d 内，苗木高生长节律呈缓向起伏生长，峰值不明显，累积苗高净生长量增长 5.64cm（云混）至 7.41cm（榕江）之间，占全年净生长量的 48.6%、49.7%，这与试点 6~8 月气温偏高（月均温 25℃以上），又遇 1990 年严重夏伏干旱有关。9 月 15 日以后，气温渐凉，所有种源苗高都开始进入速生期，出现第一次生长高峰，持续到 10 月 30 日，约 45d，种源间苗高净生长量变幅在 3.96cm（贵混）至 5.4cm（雷山—2）之间，占全年净生长量的 16.7%、36.4%。除剑河—2 和云南混合种源外，其余 8 个种源在 11 月 15 日均出现第二次生长高峰，其中贵州混合、利川、腾冲、雷山—3 等 4 个种源出现陡峰，15d 高净增长量达 3.26cm（贵混）至 2.1cm（雷山—3）之间，占全年高净增长量的 21.6%~14.3%。出现缓峰的雷山—1、雷山—2、剑河—3、榕江等 4 个种源，15d 高净增长量也在 1.2cm 以上。11 月下旬各种源苗高生长基本停止。

由上分析结果可知，秃杉种源苗高生长节律虽存在一定的差异，但表现不明显，受产地地理变异影响不大，但也不能排除产地地理变异对某些种源一些性状的影响，如云南种源苗期在榕江试点表现生长缓慢，侧枝少，封顶迟（11 月 25 日）；湖北种源表现生长旺盛，后劲大，各性状、生长等特点与贵州种源相似；贵州种源为乡土树种，适应本地环境条件，苗高生长全年持续增长，如榕江、雷山—1、剑河—1 等种源在 7 月就开始出现缓峰值，月高净生长在 2cm 以上，一年可出现 3 次峰值。秃杉种源生长与产地气候生态因子的关系和栽培地点环境条件的互作，有待深入研究。

8.10.6　结论

秃杉种源苗期研究结果表明，种源间存在着明显的遗传差异。所观测性状除苗高生长节律与产地地理位置关系不紧密及平均根幅呈南北纬向变异递增外，多数性状与产地经度有较密切的线性相关，呈现经向为主的渐变。地理变异的趋势是湖北、贵州经度偏东的种源生长快、冠幅大、侧枝多、根系发达、生物量高；而经度偏西的云南种源则与此相反。至于苗期是否与造林后存在着早晚期相关，则有待进一步研究（于曙明等，1992）。

8.11 秃杉优树自由授粉子代测定

8.11.1 场圃发芽率

1997年播种并开展苗期试验，秃杉平均场圃发芽率9.1%，秃杉及香杉场圃发芽率分别为11.3%和1.3%，可见这3个树种场圃发芽率都不高。秃杉优树自由授粉种子的场圃发芽率在0%~32%，最高是云南17，为32.0%，最低是利川沙片67，为0%，从家系看，场圃发芽率变幅很大，原因有待研究。

8.11.2 苗高及生长过程

大陆地区秃杉，以下称"秃杉1"、台湾地区秃杉，以下称"秃杉2"和香杉平均苗高为25.1cm、22.9cm和24.4cm。3个树种苗期高生长过程曲线见图8.3，3个树种曲线变化规律相似，呈"S"曲线。用Marquardt方法最优拟合Logistic曲线，秃杉等3树种苗高生长曲线方程分别为：$Y_1=28.7642/[1+exp(3.1183-0.0188t)]$、$Y_2=25.6998/[1+exp(3.8673-0.0219t)]$、$Y_3=26.8046/[1+exp(4.9913-0.0266t)]$，$t$为播种后某阶段的时间（d）。模拟方程参数估计的$t$-检验均达极显著水平，以上模拟方程$Y$与播种后时间$t$之间的决定系数（$r^2$）分别为0.9909、0.9945、0.97。

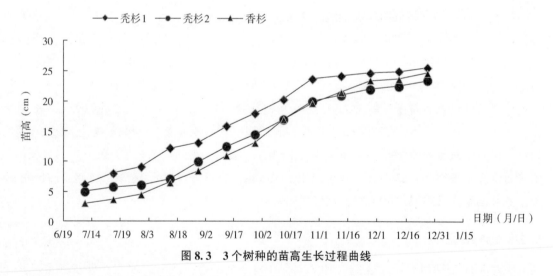

图8.3　3个树种的苗高生长过程曲线

依上述公式计算的秃杉1、秃杉2和香杉苗高生长特性值如表8.7所示。3个树种速生期起点分别在播种后第84.7d、95.6d、109.5d，即6月10日、6月21日、7月5日，可见3个树种速生期起点依次推迟；速生期终点分别在播种后第247.0d、257.6d、265.8d，即11月19日、11月30日、12月8日，速生期结束日期亦依次推后；速生期分别为162.2d、162.0d、156.3d，速生期长短相差较少，仅5.9d；前慢期、速生期和后慢期3阶段相比，速生期时间最长；3个树种中香杉速生期最短，但速生期苗高生长比率最大，为85.4%。

表 8.7　3 树种的苗高生长特性值

树种	速生期起点		速生期终点		速生期中点		速生期生长量（cm）	t 速生期（d）	各期生长所占比率（%）		
	t(d)	苗高(cm)	t(d)	苗高(cm)	t(d)	苗高(cm)			前慢期	速生期	后慢期
秃杉 1	84.7	5.1	247	23.6	165.9	14.4	18.5	162.2	20.4	73.6	6
秃杉 2	95.6	3.7	257.6	22	176.6	12.9	18.3	162	16.3	79.7	4
香杉	109.5	3	265.8	23.8	187.6	13.4	20.8	156.3	12.2	85.4	2.4

8.11.3　幼林生长性状方差分析

（1）树种间差异分析

2004 年秃杉 1 与秃杉 2 生长性状方差分析（表 8.8）表明，平均胸径、树高与单株材积树种间差异显著，秃杉 1、秃杉 2 平均胸径分别为 7.41cm、9.49cm，平均树高分别为 6.72m、7.70m，平均单株材积分别为 $1.95×10^{-2}m^3$、$3.51×10^{-2}m^3$，秃杉 2 平均单株材积比秃杉 1 高 80.0%。

表 8.8　秃杉 1、秃杉 2 6 年生长性状方差分析（F）

变异来源	v	胸径（cm）	树高（cm）	单株材积（m³）
区组	7	2.54	8.01	4.40
树种	1	29.81	14.28	31.16
区组×树种	7	0.84	1.06	1.56
误差	585			

（2）秃杉 1 家系间差异分析

2004 年秃杉 1 家系间生长性状方差分析（表 8.9）显示，平均胸径、树高、单株材积的家系间差异显著，因此开展秃杉优良家系选择是有效的。19 个家系的平均单株材积为 $1.12×10^{-2}～4.05×10^{-2}m^3$，秃杉平均单株材积 $1.95×10^{-2}m^3$（表 8.10），最优家系是贵州雷山，最差家系是云南 31，相差 2.6 倍。

表 8.9　秃杉 1 自由授粉家系 6 年生长性状方差分析

变异来源	v	期望均方	胸径		树高		单株材积	
			F	方差分量	F	方差分量	F	方差分量
区组	7	$\partial_e^2 + k_1\partial_{bxf}^2 + k_2\partial_f^2 + k_3\partial_b^2$	15.53**	0.3021	34.03**	0.5253	15.29**	1.746
家系	18	$\partial_e^2 + k_1\partial_{bxf}^2 + k_2\partial_f^2$	25.77**	1.3522	13.85**	0.4503	25.96**	7.513
区组×家系	126	$\partial_e^2 + k_1\partial_{bxf}^2$	3.01**	0.9426	1.74**	0.2196	2.46**	3.685
误差	419	∂_e^2		1.7601		1.1101		9.477

注：$k_1=3.8154$；$k_2=71.3630$。

表 8.10　秃杉 1 自由授粉家系生长性状平均值及多重比较

自由授粉家系	D_{BH}（cm）	H（m）	V（m³）
贵州雷山	10.03a	8.03ab	0.0405a
云南 1	9.6ab	8.18a	0.359ab
利川毛坝 41	9.15b	7.54bc	0.0329b
云南 2	8.38c	7.63abc	0.0273c
利川毛坝 22	8.31c	6.64def	0.0244c
云南 4	8.15cd	7.18cd	0.0233cd
云南 15	7.48de	6.89de	0.0189de
云南 3	7.43e	6.91de	0.0182def
云南 34	7.13ef	6.85de	0.0178efg
云南 35	6.76efg	6.46efgh	0.0152efg
云南 24	6.97efg	6.33efgh	0.0151efg
云南 29	6.99efg	6.12fgh	0.0151efg
云南 27	6.4fgh	6.53efg	0.0132fgh
云南 7	6.66fgh	6.09fgh	0.0131fgh
云南 22	6.34gh	6.16fgh	0.0122gh
云南 23	6.36fgh	6.06fgh	0.0119h
云南 25	6.27gh	6.1fgh	0.0117h
云南 5	5.89h	5.97gh	0.0112h
云南 31	6.28gh	5.86h	0.0112h

注：同列数据后字母相同者表示经 Duncan 多重极差比较，在 0.05 水平上差异不显著，否则表示差异显著。

8.11.4　讨论与结论

秃杉 1、秃杉 2 和香杉平均场圃发芽率分别为 9.1%、11.3% 和 1.3%。秃杉 1 优树自由授粉种子平均场圃发芽率在 0%~32%，表明秃杉 1 种子场圃发芽率不高，与相关学者研究结果相似。这可能与秃杉 1 种子细小、具活力种子含量低等种子自身特性有关，据杨大应（1996）报道，秃杉 1 室内发芽率 18%；吴玉斌等（1989）报道，秃杉 1 种子千粒质量 1.3g，室内发芽率 8%~10%；孙光钦等（1994）报道，秃杉 1 种子千粒质量 1.08g，室内发芽率 16.3%；王挺良（1995）报道，秃杉 1 种子千粒质量一般在 1.06~1.60g，场圃发芽率多数为 28%~35%。因此，秃杉 1 播种育苗要尽可能细致，注意播种时覆土要薄，覆土 0.3~0.5cm，以刚盖住种子为宜，苗床整地平整细致，淋水时应避免急速喷洒，要用花洒雾状喷洒，可以提高秃杉的场圃发芽率。

秃杉 1、秃杉 2 和香杉 1 年生平均苗高为 25.1cm、22.9cm 和 24.4cm，用 Marquardt 方法最优拟合 3 个树种 Logistic 苗高生长曲线方程，确定 3 树种速生期起点、终点，划分前慢期、速生期和后慢期 3 个苗高生长阶段，并计算各阶段生长量所占全年生长量比率。秃杉 1 在进入速生期前，苗高仅达 5.1cm，因此，前慢期秃杉 1 苗木弱小，为防止低温或雨水冲刷、太阳暴晒，苗床要搭荫棚。由于秃杉苗木前慢期和后慢期生长较慢，且分别处于生根与木质化阶段，因此以施复合肥为宜，苗木速生期生长较快，需要大量氮肥，以施尿素为宜。

6年生时，秃杉1、秃杉2的平均胸径、树高和单株材积种间差异显著，平均单株材积分别为$1.95 \times 10^{-2} \sim 3.51 \times 10^{-2} m^3$，秃杉2平均单株材积比秃杉高80.0%，如栽培在大坑山的秃杉2比秃杉1高产，但秃杉1最优家系雷山却比秃杉2材积增加15%，表明在秃杉1中选择优良种源和家系有可能取得比秃杉2更好的产量。本试验秃杉1包含了秃杉1主要分布区的多个家系，而秃杉2来源仅有一个地点，因此，仅凭本次试验难以准确反应秃杉1与秃杉2在幼林时期速生性的实际情况，有待于进一步研究。

6年生时，秃杉1家系间平均胸径、树高、单株材积的差异显著，表明进行秃杉1优良家系选择是有潜力的。在19个秃杉1家系中选择单株材积大于平均值（$1.95 \times 10^{-2} m^3$）的6个家系为优良家系（31.6%入选率），其分别是贵州雷山、云南1、利川毛坝4l、云南2、利川毛坝22和云南4，优良家系的单株材积遗传增益为52.6%，现实增益为58.1%，在秃杉1引种推广种植中选择优良家系可以显著提高生长量（王明怀等，2009）。

8.12 秃杉引种繁殖技术研究

8.12.1 河南鸡公山对雷公山秃杉的引种研究

（1）二段育苗法繁殖苗木生长

采用二段育苗法繁殖的苗木，1年生苗高和根系数均超过采用一般育苗法所育苗木（表8.11）。

（2）苗木高、径生长

秃杉播种期以3月下旬为宜，播种后$20 \sim 25d$出齐苗，出现针叶形成幼苗约需20d，从出土到高、径生长终止期需$150 \sim 160d$。苗高生长可分为缓慢生长期（4月下旬至5月底）、上升期（$6 \sim 7$月），生长量约占全年生长量的25%；速生期（$8 \sim 9$月），生长量为全年生长量的40%；生长后期（$10 \sim 11$月中旬）。播种期越迟，生长量越低（表8.12）。

表 8.11 二段育苗法与一般育苗法所育苗木生长情况

育苗法	地上生长		地下生长		备注
	苗高（cm）	苗径（cm）	主根长（cm）	侧根系数	
二段	24.4	0.29	15	5	10月调查
一段	17.5	0.2	12	4	

表 8.12 不同播种期苗木生长情况

播种时间	平均苗高（cm）	平均地径（cm）
3月24日	26	0.26
4月2日	21.8	0.21
5月1日	15	0.17
6月1日	8.8	0.14

（3）根系生长

苗木根系是地上部分生长的基础，播种后首先是胚根突破种皮形成幼苗的主根，接着是胚轴伸长形成子叶轴，随着生长点上出现针叶，主根上也形成侧根，根系生长随着地上部分的生长而增长。进入上升期后，侧须根迅速生长，当苗高进入速生期的同时，地下部也相继进入旺盛生长，形成完整的吸收根系。到生长后期，主根已显著大于苗高，侧根进入木质化，须根仍有所增长。

（4）苗木根茎比及干重

1年生苗木地上部鲜重与地下部分鲜重比一般为4:1，干重约为3:1，地上干重约占地上鲜重的30%，地下干重约占地下鲜重的35%，根茎比约为0.25（表8.13）。秃杉1年生苗木具有根茎比小、干物质积累较丰富的特点。

表8.13　秃杉苗木根茎比及鲜干重情况

苗龄	平均高（cm）	平均地径（cm）	鲜重（g）		根茎比	干重（g）		干重/鲜重（%）	
			地上	地下		地上	地下	地上	地下
1年生	16	0.26	2.8	0.9	0.28	0.9	0.2	30.0	40.0
2年生	52	0.96	66	19	0.29	19.2	4.6	34.0	41.0
3年生	110	2.10	628	232	0.36	185.0	60.1	34.0	38.0

（5）遮阴度是保苗的关键

秃杉种子发芽需≥10℃积温250~330℃，发芽需16~20d。苗木生长主要与热量条件密切相关，在一定范围内（8~29℃），随气温和地温的升高生长加快。气温超过30℃时，生长趋于停滞状态，气温继续升高，幼苗发生日灼害和因日灼而引起苗木猝倒病迅速死亡。因此，遮阴是影响秃杉育苗的主导因子。试验表明，采用50%~60%的遮阴度最宜，是保苗的关键。遮阴时间在出苗后进行，到9月撤掉荫棚。2年生留床苗和移植苗可不必遮阴。全光育苗小区试验，由于幼苗嫩弱，茎部未木质化，地表温度高达45℃以上，造成幼苗根颈灼伤而亡，保留率仅为30%。就苗木生长而言，全光苗比遮阴苗地上部分生长量小，而地下部分生长量反而大（表8.14）。

表8.14　遮阴苗与全光条件下苗木生长情况

条件	平均苗高（cm）	重量（g）	根系		根系重量（g）	备注
			主根长（cm）	侧根系数		
遮阴苗	12	3.0	6	4	0.8	当年7月调查
全光苗	8	2.5	8	4	1.0	当年7月调查

（6）不同海拔幼苗的生长

对不同海拔高度连续3年的育苗统计，育苗在海拔430m处为最适合点（表8.15）。

表 8.15　不同海拔高度苗木生长情况

海拔（m）	苗高（m）	地径（m）
800	14	0.3
430	15.8	0.32
250	9.5	0.32

（7）单因素扦插试验

球插法成活率达 58%，而一般扦插成活率仅 34%。球插法之所以成活率高，是因为插条的切口为无菌的心土所包裹，不会因细菌侵入而腐烂，插后土球与床土接触良好，能获得适当的水分。插后 50d 即生根或在基部剪口处形成愈伤组织，平均生根 7 条，长 0.42cm，粗 0.2cm。5d 后新梢开始生长，高 0.7~3.5cm。

（8）正交试验结果与分析

本次试验 4 个因子对扦插成活率影响大小的顺序是：插条年龄>药液浓度>浸药时间>浸水天数（表 8.16）。插条年龄以 1 年生优于 2 年生，2 年生优于老枝。浸水天数 1.5d 优于 1d 和 0.5d。药液浓度 0.005% 优于 0.001% 和 0.01%。浸药时数 12h 优于 1h 和 6h。本次试验的最高成活率是 60%，最优处理组合是 1 年生枝，在清水中浸 1.5d 后，在浓度 0.005% 萘乙酸溶液中浸泡 12h。

（9）耐寒分析

1987 年 11 月 26 日前几天鸡公山的平均气温是 11.3℃，26 日后几天的平均气温是 -10.34℃，最低一天为 -11.7℃，最后温差是 21.64℃。这也是苗木受到的一次近 10 年来未有的寒袭，造成 2~3 年生雪松针叶有 85% 以上的枯叶。秃杉 1 年生苗在 12 月 8 日的抽样调查显示，梢部被冻害苗占 25%，2 年生苗未发现有冻害现象，通过与雪松对比表明秃杉的耐寒性高于雪松。

表 8.16　不同处理组合的苗木生长情况

试验号	枝条年龄（年）	浸水时间（d）	药液浓度（C）	浸药时间（d）	成活率（%）	发根系数	平均根长（cm）	平均根粗（cm）	生根率（%）	平均苗高（cm）	生根率（%）
1	1	1	1	1	20	4	4.9	0.20	24	19.0	24
2	1	2	2	2	22	5	5.3	0.22	28	19.5	28
3	1	3	3	3	24	5	6.4	0.20	30	20.0	30
4	2	3	1	2	30	6	5.6	0.25	34	22.6	34
5	2	1	2	3	36	7	6.2	0.24	38	24.2	38
6	2	2	3	1	36	6	7.0	0.27	42	22.0	42
7	3	2	1	3	48	9	7.4	0.36	54	30.0	54
8	3	3	2	1	60	11	10.2	0.33	66	32.5	66
9	3	1	3	2	54	8	8.7	0.37	58	29.5	58

(续)

试验号	枝条年龄 (年)	浸水 时间 (d)	药液 浓度 (C)	浸药 时间 (d)	成活率 (%)	发根 系数	平均根长 (cm)	平均根粗 (cm)	生根率 (%)	平均苗高 (cm)	生根率 (%)
K_1	66	110	98	116							
K_2	102	106	118	106							
K_3	162	114	114	108							
K_1 平均	22.00	36.67	32.67	38.67	$G=330$						
K_2 平均	34.00	35.33	39.33	35.33							
K_3 平均	54.00	38.00	38.00	36.00							
R	32.00	2.67	6.66								

注：K 为某因子同水平处理成活率之和；K 平均为该因子同水平处理号的平均成活率；G 为处理号成活率之总和；R 是极差，其数值的大小表示该因子对成活率影响程度的大小。

8.12.2 小结

通过繁殖试验发现，秃杉采用二段育苗法优于其他的方法，播种期不宜过迟，以 3 月下旬为宜，遮阴度是保苗的关键，采用 50%~60% 遮阴度最宜。1 年生枝，在清水中浸 1.5d 后，在浓度 0.005% 萘乙酸溶液中浸泡 12h，成活率可达到 60%。

秃杉为第三纪子遗植物，是国家一级重点保护野生植物。它不但作为速生优良用材树种，而且具有很高的观赏价值。鸡公山秃杉引种试验的成功证明在豫南地区适宜秃杉的生长。

8.13 秃杉的引种繁殖与适应性研究

8.13.1 播种苗

种子经精选后，千粒重 3.2~3.7g，室内发芽率达 65% 以上。播种后约半个月幼苗出土，6~7 月生长迅速，1 年生苗高可达 20cm，地径 0.4cm，产苗量 70~80 株/m²，各地所育苗木平均高和地径分别为 12.8~19.3cm 和 0.25~0.37cm（表 8.17）。

表 8.17 播种育苗生长情况

育苗地点	海拔高度 (m)	播种时间	苗高 (m)		地径 (cm)	
			平均值	最高值	平均值	最粗值
永嘉林科所苗圃	10	1978-03-31	12.8	17.3	0.25	0.32
四海山林场苗圃	890	1978-04-06	14.2	20.5	0.29	0.36
大岙乡匙坪村	570	1983-03-15	18.5	25.4	0.36	0.43
永嘉林科所苗圃	10	1983-03-22	19.3	25.7	0.37	0.42

8.13.2　扦插苗

经 1982 年 4 月 29 日检查，插后 50d 即生根或基部剪口处形成愈伤组织，平均生根条数 7 条，长 1.2cm，粗 0.2cm，55d 后新梢开始生长，高 0.7~3.5cm。

用球插法其成活率可达 58%，而一般扦插法（直接插法）其成活率仅 34%（表 8.18）。

表 8.18　不同扦插法的成活率

扦插方法	扦插数（株）	生根率（%）	成活率（%）
球插法	100	66	58
直接插法	100	38	34

球插法之所以成活率较一般插法高，是因为插条的切口为无菌的心土所包住，不会因细菌的侵入而腐烂；插后土球与床土密接良好，并由周围蓄积水分，能获得适当的水分。按正交试验结果的极差大小分析认为秃杉扦插成活率影响因子依次是：插条年龄，NAA 溶液浓度，NAA 溶液浸的时间，洗净浸水时数。

本次试验扦插成活率最佳组合是：1 年生枝条，在 NAA50ppm[①] 溶液中 12h 后洗净，再用清水浸 1~1.5d，扦插，成苗率达 60%。当年苗木平均高达 32.5cm，发根条数 11 条，平均根系长 10.2cm，平均根系粗 0.38cm。

8.13.3　嫁接

（1）不同嫁接方法比较

用劈接法嫁接成活率达 84%，靠接 72%，切腹接 60%，皮下接 55%。劈接法接后 15~20d 即愈合，同时开始生长，当年苗高达 57cm。方差分析表明不同嫁接法之间差异显著，进一步作 q 检验（表 8.19，表 8.20）。以劈接为好，靠接次之。

（2）不同砧木年龄比较

杉木嫁接成活率，1 年生砧 55%，2 年生砧 80%，3 年生砧 85%。方差分析表明不同砧木年龄之间差异显著，进一步作 q 检验（表 8.19，表 8.21），以 2、3 年生杉木砧嫁接为好。

（3）不同砧木种类比较

杉木砧嫁接成活率 70%，水杉砧 20%，柳杉砧 10%。方差分析表明不同砧木种类之间差异显著，进一步作 q 检验（表 8.19，表 8.22）。以杉木砧亲和力最强，水杉砧、柳杉砧亲和力差。

---

① 注：ppm 为百万分比，下同。

表 8.19　嫁接试验方差分析结果

变异来源	自由度	平方和	均方	F 值	$D_{0.05}$
嫁接法	3	73.92	24.64	13.69	2.65
区组	3	1.21	0.40		
误差	9	16.22	1.80		
砧木年龄	3	74.68	24.89	10.59	2.66
区组	2	1.63	0.82		
误差	6	14.08	2.35		
砧木树种	3	546.19	182.06	43.35	3.63
区组	2	3.45	1.73		
误差	6	25.21	4.20		
嫁接时期	3	421.95	140.65	37.30	3.36
区组	2	0.36	0.18		
误差	6	22.60	3.77		

表 8.20　不同嫁接方法差异比较

处理	平均成活株数 $\bar{x}$（株）	$\bar{x} -21.8$	$\bar{x} -22.8$	$\bar{x} -25.1$
劈　接	27.3	5.5	4.5	2.2
靠　接	25.1	3.3	2.3	
切腹接	22.8	1.0		
皮下接	21.8			

表 8.21　不同砧木年龄嫁接差异比较

处理	平均成活株数 $\bar{x}$（株）	$\bar{x} -21.6$	$\bar{x} -26.6$
3 年生砧	27.4	5.8	0.8
2 年生砧	26.6	5.0	
1 年生砧	21.6		

表 8.22　不同砧木种类嫁接差异比较

处理	平均成活株数 $\bar{x}$（株）	$\bar{x} -8.8$	$\bar{x} -12.9$
杉木	24.7	15.9	11.8
水杉	12.9	4.1	
柳杉	8.8		

（4）不同嫁接时期比较

春、夏、秋嫁接的成活率分别是 15%，40%。方差分析表明不同嫁接时期之间差异显著，进一步作 q 检验（表 8.19，表 8.23）。以春季嫁接为主，秋季嫁接为辅。

表 8.23　不同时期嫁接成活差异比较

处理	平均成活株数 $\bar{x}$（株）	$\bar{x}-11.1$	$\bar{x}-18.3$
春	25.6	14.5	7.3
秋	18.3	7.2	
夏	11.1		

8.13.4　生长与适应性观察

将 6 年生的 4 块秃杉幼林地的抽样调查结果见表 8.24。

表 8.24　秃杉幼株生长情况

调查	海拔（m）	平均气温（℃）	年降水量（mm）	无霜期（d）	坡向	株行距（m）	苗高（m）		胸径（cm）	
							平均值	最高值	平均值	最粗值
大湾	890	14.4	1938.4	271	西南	2.0×1.8	4.60	5.9	6.60	8.6
上沣	920	13.8	2045.9	269	南	1.5×2.5	4.90	6.5	6.80	7.7
西坑西	80	17.7	1545.9	277	东北	1.3×1.6	4.73	5.6	6.57	7.9
戈田坑	10	18.1	1596.5	280	东南	1.6×2.0	6.67	9.0	9.89	13.1

从表 8.24 可以看出，秃杉在海拔 800~1000m 高度范围内，6 年生平均高生长为 0.77~0.82m，胸径增长量为 1.10~1.13cm。在海拔 10~100m 高度范围内，6 年生平均高生长为 0.79~1.11m，胸径增长量为 1.10~1.65cm。

为了探讨引种树的价值，在造林栽培时曾设置了杉木×秃杉×柳杉的行间混交对比试验，观察树木的生长量。调查方法是作标准地 $334m^2$，实测各树种全部株数，取其平均值进行比较（表 8.25）。

表 8.25　秃杉与杉木、柳杉生长比较

调查地点	树种	树高		胸径		说明
		平均值（m）	百分比（%）	平均值（cm）	百分比（%）	
永嘉林科所山地	秃杉	6.67	80.0	9.89	82.8	抚育管理好
（秃杉×杉木	杉木	8.05	100.0	11.95	100.0	
混交对比试验林）						
四海山林场大湾	秃杉	4.60	94.3	6.60	113.8	抚育管理一般
（秃杉×杉木	柳杉	4.88	100.0	5.80	100.0	
×柳杉混交	秃杉	4.60	112.0	6.60	97.1	
对比试验林）	杉木	4.10	100.0	6.80	100.0	

从表 8.25 可以看出，在低地的秃杉×杉木混交林，秃杉幼林高、径生长比杉木稍慢，但在海拔 800m 左右的四海大湾，杉木×秃杉×柳杉混交林，秃杉高生长超过杉木，粗生长量超过柳杉。

为了评价引种地秃杉的生长与适应性，将与原产地秃杉的生长量进行比较（表8.26）。

表 8.26 引种地与原产地的秃杉生长比较

地点	林龄（年）	平均树高（m）	平均胸径（cm）
引种地（戈田）	6.0	6.67	9.89
原产地（乐里）	8.5	7.30	15.00

从表 8.26 可以看出，引种地与原产地林龄虽不一致，但从年生长量和平均树高来看，原产地年平均树高生长量为 0.85m，年平均胸径生长量为 1.76cm，而引种地年平均树高生长量为 1.11m，比原产地快，年平均胸径生长量为 1.65cm，稍慢些，但也比较接近。秃杉的生长特点是：随着林龄的增长，胸径生长逐渐加快。

8.13.5 结论

① 秃杉在永嘉县引种，在海拔 1000m 以下的山地香灰土、乌砂土、红黄壤、山地黄壤上均能生长。幼龄期高生长要比杉木快，径生长比柳杉快，已初步显示出速生性、适应性强的特性。已成为该县一个有发展前途的用材树种。

② 秃杉的繁殖可用种子播种、扦插、嫁接等方法。在种子来源不充足（有大小年现象）的情况下，可采用无性繁殖（如以杉木为砧嫁接成活率可达 85%，扦插成活率可达 60%）来满足种苗之需。

③ 秃杉在永嘉县种植，苗木已达到 21 万株，造林 49hm²，初见成效。但引种时间不长，秃杉的结果期需要 60~70 年，今后需要扩大种源，进一步研究育苗技术，提高繁殖率，为扩大生产提供条件。因种源来源单一，其适应性还应通过种源比较，最后确定（吴持抨，1989）。

8.14 雷公山秃杉引种栽培

8.14.1 秃杉在贵州的引种栽培

由于秃杉树形优美，生长较快，在自然分布区周边很早就有人工零星栽培作为风景树的历史，作为大面积引种栽培在贵州省始于 20 世纪 60 年代，在雷山县苗圃场于 1966 年人工培育秃杉苗，1967 年营造了第一片人工林，到了 70 年代初期，省内榕江、天柱、凤冈、黎平、遵义、贵阳、紫云、六枝、兴仁、毕节、水城等市（县）开始引种。从引种情况看，最高海拔在水城县的杨梅林场，达 1845m，最低海拔在榕江县八开乡 205m，最南端为兴仁县的马家屯乡，最北端为凤冈县的土漆乡，最东端为天柱县林业局种苗站，最西端为水城县杨梅林场，雷公山自然保护区于 1982 年建立时，就开始采集秃杉种子进行育苗及引种试验，开始人工栽培秃杉林，于 20 世纪 80 年代末 90 年代初，先后进行秃杉人工造林。

贵州省经过多年的秃杉引种工作，秃杉的现有分布区已扩大到了全省范围，目前引种的水平分布为北纬 25°25′~28°15′，东经 104°40′~109°22′；垂直分布为海拔 290~1854m。年平均温度变幅为 12.8~2.2℃；降水量变幅为 954~1476mm，在气候带上的分布区跨越中亚热带（代表地天柱县）、北亚热带（代表地遵义县）和暖温带（代表地毕节县）3 种气候型（表 8.27）。

表 8.27　部分引种点地理位置及自然条件

地点	海拔 （m）	纬度 （°）	经度 （°）	年均温 （℃）	7月均温 （℃）	1月均温 （℃）	降水量 （mm）	相对温度 （%）
榕江	295	25.50	108.20	18.1	21.9	7.6	1200.0	80
天柱	425	26.91	109.22	16.1	26.7	4.7	1255.7	83
凤岗	875	28.18	107.48	15.2	25.7	4.5	1257.0	
黄平	956	26.58	106.72	15.2	24.8	3.6	1233.2	81
遵义	1130	27.45	106.38	14.2	24.4	3.2	1180.0	82
贵阳	1130	26.35	106.43	15.3	24.0	4.9	1128.3	77
紫云	1161	25.75	106.18	15.3	22.7	5.7	1351.3	79
六枝	1250	26.20	105.30	14.5	21.9	4.8	1476.5	82
兴仁	1320	25.25	105.11	22.2	25.3	6.1	1320.5	80
毕节	1580	27.18	105.00	12.8	21.8	2.4	954.0	82
水城	1845	26.25	104.40	12.8	20.1	3.6	1222.0	82

注：表中的地点以县代名。

从表 8.27 看出，海拔最高为水城县杨梅林场，最低为榕江县的八开乡。水平分布南为兴仁县的马家屯乡，最北的为凤冈县土漆乡，最东的为天柱县林业局种苗站，最西的为水城县杨梅林场。年均气温最高的为兴仁县马家屯乡，最低为毕节县拱垅坪林场。年降水量最大的为六枝特区戈厂林场，最小为毕节县拱垅坪林场。相对湿度最大为天柱县林业局种苗站，最小为贵阳市的省林科院试验场。

8.14.1.1　扩大引种分布区苗木及幼林生长特性

（1）种子和苗木

秃杉种子呈长椭圆形或倒卵形。两侧边缘具翅，种子连翅长约 4~7mm，宽约 3~4mm，千粒重约为 0.145~0.950g。发芽率约在 25%~60% 之间。种子在常温下隔几年后几乎丧失发芽能力，但在 1~3℃ 条件下贮藏于干燥环境可保持其发芽率 3 年内无明显变化。实验证明，发芽率在 40% 的种子 3 年中的发芽率变化仅在 3%~4%。

种子播下后一般 7~15d 即可发芽，20~30d 即出土。若庇荫条件不好，应加设荫棚，透光强度掌握在 50% 左右。土壤要求为偏酸性，肥力条件要好，结构细且需良好的排水性，如育苗条件适合，1 年生苗木可达 15~20cm 或更高。

苗木在一年中有 2 次生长高峰。第 1 次在 6 月中旬至 7 月下旬，第 2 次在 9 月下旬、10 中旬，第 2 次生长高峰的贡献量一般大于第 1 次生长高峰。苗木休眠期进入的时间随引种地气候条件的差异而异。在低海拔290m的榕江，苗木封顶期很短，有的无明显封顶现象。在海拔1000m左右的贵阳，1月上旬苗木就开始进入封顶，1月下旬封顶结束。温度是影响苗木生长的主要因子。当盛夏出现持续高温，苗木2次生长高峰中间的生长停滞期就长，而冬春气温低的地区整个生长期就短。

（2）造林成活率

有的文献上提倡用2年生苗木进行造林。通过实际调查与试验对比，秃杉造林宜用1年生苗木。1990年、1991年分别在贵阳、凤冈两地进行了对比试验，试验结果1年生裸根苗造林成活率分别为92%和90%；2年生裸根苗造林成活率分别为57%和49%。两年造林苗木均来自同一批种子育出的苗。在贵州省各引种点的大量实践证明，如果造林地选择得当，造林时的气候条件适宜，苗高在15cm或以上的1年生秃杉裸根苗木用于造林其成活率都应在90%左右，就地取苗造林，成活率则更高。1991年、1992年、1993年，贵州省分别营造了一些秃杉种源研究林，造林时间为1月和3月，造林用苗高为15～20cm。造林成活率见表8.28。从表8.28看出，海拔高度、纬度对造林成活率无影响，苗木年限，贮运时间是影响造林成活率的主要因素。

表8.28　不同条件下苗木成活率

地点	纬度	海拔（m）	苗木贮运（d）	成活率（%）	苗木情况
榕江	25°50′	290	0	93	1年生苗
毕节	27°18′	1580	12	89	1年生苗
贵阳	26°35′	1030	2	92	1年生苗
贵阳	26°35′	1030	0	57	2年生苗
凤冈	28°15′	875	7	90	1年生苗
凤冈	28°15′	875	3	49	2年生苗

（3）幼林年生长规律及物候

秃杉幼林生长及物候随引种地自然条件的不同而有差异。根据表8.29，林木生长期的长短主要受纬度、海拔、年均气温值的影响，与年均气温值成正比，与纬度、海拔高成反比。而一年中生长量的大小受着生长期长短和7月均温两个因素的共同影响。

表8.29　不同引种点幼林生长及物候信息

地点	纬度	海拔（m）	年均温（℃）	7月均温（℃）	萌动期（月：旬）	封顶期（月：旬）	1年生苗（cm）
榕江	26°50′	290	18.8	26.9	不明显	不明显	25～10
凤岗	28°18′	875	15.2	26.7	3：下	11：下	10～35
毕节	27°18′	1580	12.6	21.8	3：中	11：上	10～35

幼林一年中的生长节律表现为榕江、凤冈均有2次生长高峰，其出现时间苗期有很大程度的吻合。当日均气温超过25℃，日最高气温超过30℃时，生长处于停滞状况。毕节则由于夏季气温不高，在一年中无明显生长停滞期，生长期内仅有1个生长高峰，有效时

间相对较长。其当年生长量与凤冈相当，即北亚热与暖温带有相似生长率。

8.14.1.2 引种扩大栽培效果

（1）中幼林生长情况

贵州省人工规模引种秃杉的历史已有近 30 年，部分林分已进入中幼林阶段，一些引种点的调查情况见表 8.30。

表 8.30　部分引种点林木生长情况

地点	海拔（m）	年均温（℃）	林龄（年）	树高（m）	年均高（m）	胸径（cm）	年均胸径（cm）
榕江	290	18.1	7	4.61	0.85	6.63	0.94
天柱	435	16.1	11	8.05	0.73	13.8	1.25
黄平	950	15.8	9	9.08	1.01	13.2	1.47
贵阳	1130	15.3	13	11	0.84	15.7	1.21
紫云	1161	15.3	18	16.3	0.91	21.3	1.18
水城	1843	12.8	12	8.01	0.67	12.6	1.05

从表 8.30 分析，秃杉的年均生长量与海拔高度不是简单的线性关系，进行相关分析其相关系数为 0.1956，是不紧密相关，其表现更近于二次函数关系。从调查数据分析，海拔 400~1200m 应为秃杉生长的最佳垂直分布带，海拔 400m 以下或 1300m 以上秃杉的生长势会逐渐减弱。秃杉的径生长于 6~7 年生时即可进入速生阶段，而高生长则在 8~9 年生时进入速生期，反映出进入速生阶段径生长早于高生长，这也是秃杉与其他大多速生树种的典型不同之处。

（2）秃杉与杉木同样条件下的生长比较

众多的文献均已证明，秃杉是一个具有速生性的优良树种，但它与南方最受欢迎的速生树种之一的杉木在各种不同立地条件下的比较也做了一些对比试验与调查研究。调查结果见表 8.31。

表 8.31　秃杉与杉木生长量

地点	海拔（m）	林龄（年）	秃杉				杉木				备注
			高生长（m）	年均（m）	径生长（cm）	年均（cm）	高生长（m）	年均（m）	径生长（cm）	年均（cm）	
天柱县种苗站	436	11	8.05	0.73	13.8	1.25	12.57	1.14	14.7	1.34	杉木中心产区
黄平县横坡林场	950	9	9.08	1.01	13.2	1.47	7.57	0.84	10.34	1.15	杉木一般产区
雷山县苗圃场	1070	16	13.3	0.83	24.5	1.53	12.20	0.76	20.1	1.25	杉木中心产区但海拔较高
贵州省林科院	1130	13	11.9	0.84	15.7	1.21	7.65	0.59	9.82	0.75	杉木一般产区
毕节县拱垅坪	1580	3	1.24	0.41			0.86	0.28			杉木边缘产区
水城杨梅林场	1845	12	8.01	0.67	12.6	1.05	8.00	0.50	11.3	0.94	杉木边缘产区
变异系数				0.27		0.15		0.43		0.22	

在贵州省凡是有杉木栽培的地方，秃杉均能有好的和较好的生长势，但在杉木中心产区的良好立地上，秃杉与杉木比较生长势略欠缺，而在杉木分布的一般产区或中心产区较

差立地条件下，秃杉的生长势则优于杉木。在杉木分布的边缘产区，秃杉也有同样的表现。秃杉与杉木高径生长势的变异程度分析表明，秃杉的高径生长势对各种不同立地条件的适应程强于杉木，其高径年均生长值变异系数均小于杉木，说明杉木对立地条件的选择性较秃杉苛刻，秃杉相对杉木有其更广阔的适生范围。

8.14.1.3 秃杉在自然选择下种子变异体的发现

秃杉作为古老树种，其天然条件下的遗传变异应较为丰富。由于人们对秃杉研究历史不长，目前很少有这方面的报道。1992 年 2 月中旬进行秃杉种子隔年场圃发芽率检测，使用种子来源为 1990 年采收于雷公山自然保护区，当 4 月中旬进行发芽率调查时，发现一株三子叶幼苗。随即进行了定株观测。通过定株观测该株特异体苗木有以下表现：

① 生长势差于普通苗木，生长量仅为普通苗的 2/3。

② 子叶长度略短于普通苗木。

③ 叶色较普通苗木色深，针叶长度略短于普通苗木，针叶厚度略大于普通苗木。

④ 针叶在苗干上的着生密度大于普通苗。

8.14.1.4 结论

① 从我们对秃杉自然生境的分析，秃杉为喜光、弱耐阴喜湿性树种。幼苗在生长过程中不应采取强度庇荫，庇荫强度应不超过 50%。这与有些文献的结论有悖，希望有关部门在工作中加以重视。

② 秃杉的群落区系十分复杂，植物种类繁多，其中有热带区系树种，也有温带区系树种。从而说明亚热带地域和暖温带地域都应有秃杉的适生区域，且实验研究也证实了这一点。

③ 秃杉种子来源困难，且结实年份有明显的大小年效应。可以在大年尽量采收种子以备后用，种子的储藏温度为 1~3℃，保存 3 年以内不会对种子发芽率产生明显影响。但常温下储藏种子隔年后发芽率几乎为零。

④ 在贵州省的大部地区秃杉苗木和幼林期时，一年中一般有 2 次生长高峰，分别在 6 月中旬至 7 月下旬，9 月下旬至 10 月中旬。但在高海拔地区其幼林期，一年的生长期中无明显生长停滞期，其生长节律表现为单峰。

⑤ 秃杉造林宜用 1 年生苗木，造林成活率较高。

⑥ 秃杉在贵州省的适生范围很广。在贵州省的中亚热带、北亚热带和暖温带均能适应生长，但以海拔 400~1200m 为最佳。海拔 40m 以下、1300m 以上其生长势有一定减弱。

⑦ 秃杉在人工栽培下其生长速度明显快于自然生境中，其生长高峰较自然生境中提前进入，且径生长早于高生长进入速生阶段。

⑧ 一年中生长期的长短和 7 月均温的高低共同影响着秃杉的当年生长量。当盛夏气温偏高时，秃杉苗木及幼树生长受阻，出现较长时间的生长停滞，有效生长期缩短。秃杉生长势与海拔高度呈二次曲线关系。

⑨ 秃杉的生长适应性强于杉木。秃杉在适宜杉木生长的优良地域，其生长势略差于

杉木，但在其他立地条件下则表现为优于杉木。

⑩ 秃杉在自然分布条件的选择下能产生三子叶苗木。其三子叶苗木在幼苗期生长势劣于普通苗木，并具较深的叶色（王孜昌，1995）。

8.14.2　贵州龙里林场引种情况

8.14.2.1　造林后 16 年生秃杉生长分析

（1）16 年生秃杉不同立地条件的林分生长（表8.32）。

表 8.32　相同密度、不同立地秃杉（16 年生）平均木生长比较

立地	坡下、土壤肥厚	%	坡顶、土壤瘠薄	%
胸径（cm）	10.72	125	8.54	100
树高（m）	10.37	120	8.6	100
单株材积（m³）	0.0524	190	0.0276	100

注:%表示以坡顶为基准，各测树因子的百分比。

（2）16 年生秃杉不同造林密度的林分生长（表8.33）。

表 8.33　相同立地、不同密度秃杉（16 年生）平均木生长比较

密度	2505 株/hm²	%	4500 株/hm²	%
胸径（cm）	13.7	128	10.72	100
树高（m）	13.35	129	10.37	100
单株材积（m³）	1.101	210	0.524	100

注:%表示以 4500 株/hm² 为基准，各测树因子的百分比。

（3）16 年生秃杉林分平均解析木的生长（表8.34）。

表 8.34　16 年生秃杉平均木树干生长过程

年龄	胸径（cm）			树高（m）			材积（m³）		
	总生长量	平均生长量	连年生长量	总生长量	平均生长量	连年生长量	总生长量	平均生长量	连年生长量
2	1.1	0.55	0.55	1.60	0.80	0.80	0.0002	0.00010	0.00010
4	3.2	0.80	1.05	2.80	0.70	0.60	0.0025	0.00063	0.00115
6	4.6	0.77	0.70	4.20	0.70	0.70	0.0048	0.00080	0.00115
8	5.8	0.73	0.60	6.20	0.78	1.00	0.0110	0.00138	0.00310
10	8.0	0.80	1.10	8.0	0.80	0.90	0.0239	0.00239	0.00645
12	10.2	0.83	1.10	10.20	0.85	0.90	0.0452	0.00377	0.01065
14	11.4	0.81	0.60	12.0	0.86	0.90	0.0669	0.00478	0.01085
16	12.7	0.79	0.65	13.35	0.83	0.68	0.0913	0.00571	0.01220
带皮	13.3						0.1042		

由表8.34绘出 16 年生秃杉林分平均解析木树高、胸径、材积总生长量、连年生长量、平均生长量生长过程曲线图（图8.4 至图8.6）。

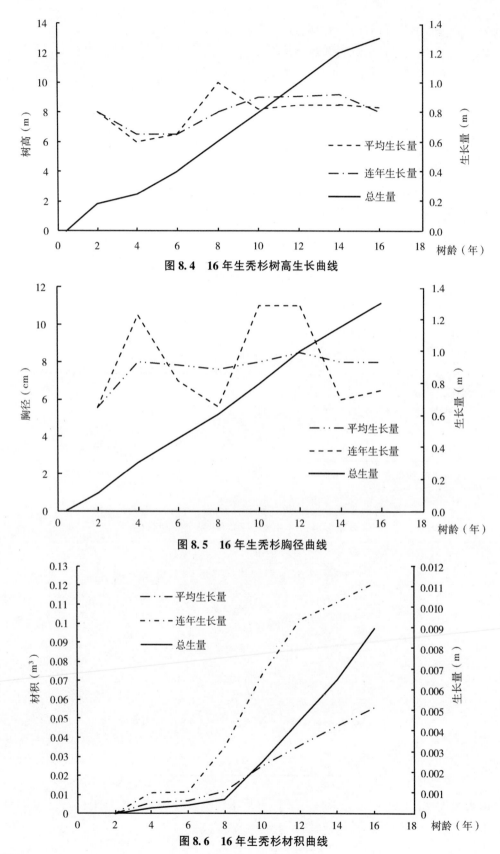

图 8.4 16年生秃杉树高生长曲线

图 8.5 16年生秃杉胸径曲线

图 8.6 16年生秃杉材积曲线

8.14.2.2　龙里林场引种林分与其他地区林分比较

龙里林场引种造林的秃杉林分与其他地区秃杉林分生长情况比较见表 8.35。

表 8.35　相同年龄、不同地点秃杉林分平均木树高、胸径、材积比较

地点	年龄（年）	树高（m）	%	胸径（cm）	%	材积（m³）	%
贵州龙里林场	8	5.5	100	6.71	100	0.0109	100
湖南安化县	8	8.9	162	13.7	204		
云南腾冲	8	4.27	78	11.4	170	0.0283	260
贵州龙里林场	16	13.35	100	13.7	100	0.1101	100
贵州雷山县	16	15.1	113	12.9	94	0.1204	109
云南腾冲	16	11.1	83	23.9	174	0.2106	191

注：% 表示以贵州龙里林场为基准，与其他地点各因子的百分比。

8.14.2.3　小结

① 由图 8.4 至图 8.6 可以得出：16 年生秃杉在树高连年生长与平均生长曲线有 2 次相交，第 1 次相交在第 6 年，第 2 次相交在第 15 年左右（其平均生长和连年生长量达到 0.84m）；16 年生秃杉胸径连年生长与平均生长曲线有 3 次相交，第 1 次在第 5、6 年左右，第 2 次在第 8、9 年左右，第 3 次在第 13 年左右；16 年生秃杉尽管树高、胸径连年生长与平均生长曲线出现多次相交，但其材积的连年生长和平均生长曲线还未相交，说明材积连年生长量还大于平均生长量。

② 由表 8.32、表 8.33 可以得出：16 年生秃杉林分立地条件好的比立地条件差的其林分平均树高、胸径、材积分别大 20%、25% 和 90%；16 年生秃杉林分密度为 2505 株/hm² 比密度为 4500 株/hm² 的林分平均木树高、胸径、材积分别大 29%、28%、110%。

③ 由表 8.35 可以得出：贵州龙里林场 8 年生秃杉林分平均木树高比湖南安化县的小，比云南腾冲市的大；胸径和材积比湖南安化县、云南腾冲市的都小。贵州龙里林场 16 年生秃杉林分平均木树高比贵州雷山县的小，比云南腾冲县的大；材积都没有贵州雷山县和云南腾冲县的大。贵州龙里林场引种的秃杉林分生长与湖南安化县引种的秃杉林分和原产地云南腾冲县、贵州雷山县的秃杉林分相比，林分平均木树高、胸径、材积生长处于中下水平。

但也说明了在中亚热带贵州黔中地区的龙里林场引种秃杉栽植还保持了它的速生性，其适应性是较强的（涂祥闻和赵执夫，1999）。

8.14.3　黎平县东风林场秃杉种子园

黎平县东风林场 1986 年开始在该场建立秃杉种质资源收集区，至 1990 年在瞭望台建立收集区 45 亩，在雷公山自然保护区选择优良母树，共收集优良无性系 75 个（含金叶秃杉），1997 年又开始建立秃杉种子园并完成定砧，至 2001 年完成嫁接，已建立秃杉种子园 50 亩，入园优良无性系 73 个（含秃杉变异种金叶秃杉）。嫁接后的金叶秃杉植株较矮小，主干不明显，多呈灌木状，嫩叶和幼枝金黄色，针叶较短。

8.14.4 梵净山自然保护区引种育苗

贵州梵净山自然保护区 1982 年从雷公山自然保护区引种育苗人工培育的秃杉，2018年平均胸径 30cm，平均树高 20m，最大的胸径已达 50cm 以上，最高树高达 40m 以上。

8.14.5 省外引种栽培

① 广西梧州市苍梧县天洪岭林场，2014 年从雷公山自然保护区引进秃杉种子在该场育苗成功并于 2015 年 5 月在该场小境站 17 林班的 18-1 小班造林 87 亩，株行距为 2m×2m，每亩 167 株。2017 年 1 月，对秃杉进行生长量测定，不到 2 年，平均树高 1.55m，平均地径 3.1cm，其中优势木高达 2.65m，地径达 6.6cm。

② 福建省泉州市德化葛坑林场，从 1982 年开始先后 3 次从雷公山自然保护区引种育苗造林，如今已造林 5000 多亩，1993 年造林平均高达 20m，平均胸径 26cm，其中最高树高达 40m，最大胸径达 57cm，在原生分布区的雷公山还没有发现胸径年均生长量 2cm 以上的秃杉。

③ 福建省洋口国有林场，1990 年从雷公山自然保护区引进秃杉种子进行育苗造林试验，育苗成功。于 1992 年 2 月在该场南元工区海拔 162~272m，坡度 26°，坡向为西北坡的林地营造秃杉示范林 65 亩。2018 年 8 月调查，平均树高 22.0m，平均胸径 23.8cm，最大单株树高达 29.5m，最大胸径 47.3cm，最大单株年高生长量 1.13m，胸径年生长量 1.82cm。

综上所述，秃杉适应性广、生长快，可作为我国南方省区的速生丰产用材林造林树种。

8.15 夏季不同浓度的 NAA 对秃杉扦插苗的影响

8.15.1 不同月份、不同浓度 NAA 处理扦插效果

不同扦插时期，相同浓度的 NAA 处理的秃杉扦插苗成活特征明显，尤以 6、7 月与 8 月相差显著，其中 6 月用 500ppm 的 NAA 处理的扦插苗的成活率较 8 月的高达 35%，6、7 月扦插的扦插苗，相同处理之间差异不是很显著，成活率相差 5%~7%；从扦插苗的生根数和平均根系长度来看，6、7 月相差不是很大，其中 6 月扦插苗的根生长最好，8 月的扦插苗较 6、7 月的生根数和平均根长差异较显著。说明 6、7 月气温高，愈伤组织形成的快，因此生根多，根系生长快。而随着时间的推移，气温逐渐降低，不利于扦插苗的成活和生长（表 8.36）。

表 8.36 不同月份不同浓度 NAA 处理扦插效果

处理浓度 （ppm）	扦插根数 （根）	成活数（根）			成活率（%）			生根数（根）			平均根长（cm）		
		6月	7月	8月	6月	7月	8月	6月	7月	8月	6月	7月	8月
100	100	30	26	7	30	26	7	3.7	3.1	1.2	3.6	2.9	1.1
200	100	12	17	11	12	17	11	1.2	3.6	1.5	1.3	3.7	1.6
500	100	68	61	23	68	61	23	5.6	4.9	2.3	5.1	1.9	2.1
CK	100	8	6	0	8	5	0	1.5	1.1	0	1.2	0.8	0

8.15.2 不同浓度 NAA 处理的扦插苗成活特征

不同浓度 NAA 处理的秃杉扦插苗成活特征差异较大，用 200ppm 的 NAA 处理的扦插苗成活率较 100ppm 的 NAA 的高 12 个百分点，用 500ppm 的 NAA 处理的扦插苗较 200ppm 的 NAA 处理的高 27 个百分点，差异非常显著。而且从死亡的扦插苗来看，用 100ppm 和 200ppm 的 NAA 处理的未产生愈伤组织死亡的占多数，而 500ppm 的 NAA 处理的形成愈伤组织后死亡和未形成愈伤组织死亡所占的比例比较相近。扦插后产生愈伤组织是生根成活的关键，如果选用适宜的生根促进物质，在适宜的扦插基质、温度和通风条件下，将可大大提高秃杉扦插苗的成活率（表 8.37）。

表 8.37 不同浓度 NAA 处理的扦插苗成活特征

处理浓度	处理数	成活数	成活率	死亡率（%）		平均生根数	平均根长
（ppm）	（根）	（根）	（%）	产生愈伤组织	未愈伤	（根）	（cm）
100	300	63	21.0	31.2	68.8	2.7	2.5
200	300	100	33.0	36.7	63.3	3.1	3.2
500	300	152	60.6	45.3	54.7	4.3	4.0
CK	300	13	4.3	7.8	92.2	0.9	0.7

8.15.3 讨论

① 利用促进生根激素 NAA，运用全光照自动间歇喷雾技术，在夏季高温条件下，能加速秃杉形成愈伤组织，其中不同处理方式对秃杉扦插苗的成活影响较大，500ppm 的 NAA 处理的扦插苗效果最好，扦插成活率在 60% 以上，较 100ppm 和 200ppm 的 NAA 处理的差异非常显著。从死亡苗中是否形成愈伤组织后死亡的比例来看，用 100ppm 和 200ppm 处理的未形成愈伤组织死亡的占死亡株数的比例较大，而 500ppm 的 NAA 处理的，形成愈伤组织死亡的和未形成愈伤组织死亡的所占的比例比较接近，进一步提高扦插苗成活率的潜力。

② 不同扦插时间对秃杉扦插苗的生长影响也很大，6、7 月的扦插苗由于气温高，愈伤组织形成快，生根多，根系长。8 月不论从成活率还是从根系生长情况来看，对秃杉苗都不适宜。

③ 夏季高温、高湿、适当浓度的生根促进物质的处理，能加速秃杉扦插苗形成愈伤组织。而未经处理的扦插苗，由于形成愈伤组织慢，在高温高湿的条件下，插穗容易腐烂，因此不利于愈伤组织的形成（陶菊，2003）。

8.16 秃杉苗期生长特性

8.16.1 苗木形态

秃杉种子于 2005 年底购自贵州省剑河县（雷公山自然保护区内），秃杉的花期为 3~5 月上旬，10~12 月下旬果熟。阴干后取出种子，并在阴凉处保存，种子千粒重 1.3g，3 月

16日播于圃地。约16d后（4月2日）开始萌发，萌发期共28d，即萌发到4月14日结束，圃地发芽率28%，4月20日开始出现真叶，4月30日真叶长出比率为80%，真叶长出前后需要时间为15d。至12月10日高生长停止，生长期限为230d。

8.16.2　苗高和地茎生长情况

在6月上旬至12月对秃杉苗高生长和地径生长进行定期观测，结果见表8.38。

表8.38　秃杉的苗木1年生苗高、地径生长量

测定日期（日/月）		20/5	20/6	20/7	20/8	20/9	20/10	20/11	20/12
苗高	连续生长量（cm）	1.5	2.8	4.4	7.5	11.3	17.1	20.2	22.2
	净生长量（cm）	1.5	1.3	1.6	3.1	3.8	5.8	3.1	2.0
	占全年生长量（%）	6.8	5.8	7.2	14.0	17.1	26.1	14.0	9.0
	累积（%）	6.8	12.6	19.8	33.8	50.9	77.0	91.0	100
地径	连续生长量（cm）	0.1	0.12	0.15	0.2	0.27	0.34	0.4	0.42
	净生长量（cm）	0.1	0.02	0.03	0.05	0.07	0.07	0.06	0.02
	占全年生长量（%）	23.8	4.8	7.1	11.9	16.7	16.7	14.2	4.8
	累积（%）	23.8	28.6	35.7	47.6	64.3	81	95.2	100

从表8.38可看出，秃杉的高生长集中在7~11月，可分为三个阶段，7月20日前为苗木的生长初期，其生长量仅占总生长量的19.8%；7月20日至11月20日苗木高生长量达17.8cm，占全年总生长量71.2%；11月20日后苗木高生长量趋向缓慢，生长量为全年生长量的9.0%，为生长后期限。苗木的高生长在一年内呈现出"慢—快—慢"的节律。秃杉的地径生长表现出与高生长有相似的特性。初期生长慢，经历一段高生长期限后又趋缓慢生长。地径生长量在7月20日前占总生长量的28.6%，从7月20日至11月20日地径生长量达到全年生长量的66.6%。而11月20日至12月20日苗木的地径生长量仅为全年的4.8%。秃杉高生长与地径生长节律不一致。苗高生长比地径生长盛期约提前半月，而结束期比地径提早出现。秃杉的苗木生长期为230d，测定结果证实，在南丹地域内，生长期的长短不是影响苗木高生长的主要因子，而速生期的长短及高生长速率最大值的高低对苗木高生长起到主要作用。

8.16.3　根系生长的季节变化

在6月20日至12月20日对秃杉苗期限的主根长度进行测定，结果见表8.39。

表8.39　秃杉苗期限的主根长度

测定日期（日/月）	20/6	20/7	20/8	20/9	20/10	20/11	20/12
主根长（cm）	2	5.3	8.5	11.2	22.3	32	35.3
月增长量（cm）		3.3	3.2	2.7	11.1	9.7	3.3
占全年生长量（%）	5.7	9.3	9.1	7.6	31.5	27.5	9.3

从秃杉的根系生长特点看，主根与侧、须根都很发达、12月20日调查时主根长度 35.3cm，与苗高 22.2cm 之比为 1.6：1；9月20日前的主根长已达全年主根长的 31.7%，9月20日至11月20日根生长出现高峰期，占全年主根长的 59%，随后逐渐减慢。通过对秃杉苗期地上和地下部分生长速率的分析比较，可以看出秃杉的主根生长高峰早于苗高和地径生长的高峰。这表明幼苗生长初期光合产物很大部分是向地下输送到根部以满足根系生长需要。在根系生长迅速期，苗高和地径生长处于相对缓慢期，当主根处于生长缓慢期，而苗高和地径又进入生长高峰期，这种交替生长现象表明，苗木地上和地下部分具有相关关系。

8.16.4 结语

① 在广西桂西北的南丹地区，秃杉种子圃地萌发时间 28d，年生长期为 230d，正常情况下苗高可达 23cm，地径可达 0.5cm，但苗高和地径生长量大小与营林措施有一定的关系。

② 秃杉的苗高和地径生长呈现出"慢—快—慢"的生长特点，但两者在生长节律上有一定的差异。在生产中把握这一生长节律，采取适当的营林措施，有利于培育良种壮苗。

③ 秃杉根系发达，生产中可直接培育实生苗或扦插苗，满足生产需要（黄海仲等，2007）。

8.17 根外追肥对秃杉 1 年生苗木生长的影响

8.17.1 根外追肥对秃杉苗高生长的影响

2007年6月起对秃杉施肥后，苗木高生长量见表 8.40。从表 8.40 可看出：根外追肥有利于秃杉高生长，从施肥后的部分生长量看，3 种施肥处理的高生长量均显著高于对照，磷酸二氢钾（A）、大肥王（B）、复合肥（C）处理分别比对照（CK）高 33.64%、55.45%、74.55%，不同肥料对高生长量的影响有显著差异，依次是复合肥>大肥王>磷酸二氢钾，说明根外追施复合肥比大肥王、磷酸二氢钾更有利苗高生长。秃杉在德化县葛坑林场3月底开始萌动，4~6月受气候等因素影响，生长极为缓慢，苗圃地基肥可满足秃杉苗生长需要。在这一期间，根外追肥对促进秃杉苗高生长不明显，这一点从第1次施肥后各处理的净生长量相差不大可以看出。7~9月是秃杉苗生长旺季，需消耗大量养分，经过施肥处理后，较大地促进秃杉苗木高生长，尤其是复合肥和大肥王效果更为明显，其苗高净生长量分别比对照增加 74.55%、55.45%，在生长高峰期8月，追施大肥王和复合肥的相对生长速率分别为 1.36%、1.39%，比对照分别提高 0.54%、0.57%。说明在秃杉苗期进行追肥，以施用含氮、磷、钾等复合成分的肥料更有利于秃杉苗高生长。

方差分析表明，不同处理的秃杉苗高生长与对照（CK）均存在极显著差异（表8.41），表明根外施肥对秃杉苗木高生长产生了极显著影响。经 Dunn-Sidak 检验法多重比较结果表明，各处理间秃杉苗高生长差异也是极显著；各处理对秃杉苗高生长影响的大小顺序为 C>B>A（表 8.40），处理 C 对促进秃杉苗高生长效果最好。

表 8.40　秃杉苗木苗高生长量

测定日期（月-日）	（A）磷酸二氢钾			（B）大肥王			（C）复合肥			CK		
	苗高（cm）	净生长（cm）	相对生长速率（%）	苗高（cm）	净生长（cm）	相对生长速率（%）	苗高（cm）	净生长（cm）	相对生长速率（%）	苗高（cm）	净生长（cm）	相对生长速率（%）
7-1	6.6	2.2	0.96	6.4	2.3	1.02	6.8	2.4	1	6.7	2.2	0.95
8-1	8.8	3.3	1.03	8.7	3.5	1.09	9.2	4	1.16	8.9	2.9	0.91
9-1	12.1	5.7	1.25	12.2	6.4	1.36	13.2	7.1	1.39	11.8	3.4	0.82
10-2	17.8	3.5	0.58	18.6	4	0.75	20.3	5.7	0.79	15.2	2.5	0.49
11-3*	21.3	14.7		23.5	17.1		26	19.2		17.7	11	

注：* 表示的净生长量为 5 个月总净生长量。

表 8.41　秃杉苗木地径生长量

测定日期（月-日）	（A）磷酸二氢钾			（B）大肥王			（C）复合肥			CK		
	地径（cm）	净生长（cm）	相对生长速率（%）	地径（cm）	净生长（cm）	相对生长速率（%）	地径（cm）	净生长（cm）	相对生长速率（%）	地径（cm）	净生长（cm）	相对生长速率（%）
7-1	0.16	0.03	0.57	0.14	0.05	1.01	0.15	0.04	0.79	0.15	0.02	0.42
8-1	0.19	0.04	0.62	0.19	0.06	0.89	0.19	0.05	0.75	0.17	0.03	0.54
9-1	0.23	0.06	0.75	0.25	0.12	1.26	0.24	0.12	1.31	0.2	0.04	0.59
10-2	0.29	0.06	0.96	0.37	0.10	0.77	0.36	0.08	0.74	0.24	0.03	0.37
11-3	0.39	0.23		0.47	0.33		0.44	0.29		0.27	0.12	

注：* 表示的净生长量为 5 个月总净生长量。

表 8.42　平均苗高 Dunn-Sidak 法多重比较

代号	处理	平均苗高（cm）	X_1-X_j	X_2-X_j	X_3-X_j	X_4-X_j
X_1	B	26.0267	0			
X_2	C	23.4550	2.5717**	0		
X_3	A	21.2883	4.7383**	2.1667**	0	
X_4	CK	17.7767	8.25**	5.6783**	3.5117**	0

注：* 表示达到显著差异水平；** 表示达到极显著差异水平。

8.17.2　根外追肥对秃杉苗木地径生长的影响

6 月起对秃杉进行根外追肥后，苗木地径生长测定结果见表 8.41。从表中可出，根外追肥对地径生长有明显的促进作用，用 6~10 月地径总生长量与对照比较，施磷酸二氢钾、大肥王、复合肥分别增加了 91.7%、167%、141.6%，表明追施大肥王比追施复合肥、磷酸二氢钾更有利于秃杉苗地径生长。不同肥料在秃杉生长的不同时期，其增产效果同样具有明显差异，追肥初期（6 月 1 日至 7 月 1 日），大肥王增产作用表现突出，其相对生长速率为 1.01%，苗高生长高峰期（8 月 1 日至 9 月 1 日）大肥王与复合肥对地径生长量、相对生长速率均达到最大，净生长量均为 0.12cm，相对生长速率分别为 1.26%、1.31%，追施磷酸二氢钾对地径生长的作用在苗高生长高峰期过后才表现出来，9 月净生长量为 0.10cm，相对生长速率为 0.96%，这显然与此期苗木对磷、钾吸收增多有关。

方差分析表明，不同处理地径生长指标与对照（CK）间均存在极显著差异，见表 8.43。经 Dunn-Sidak 检验法多重比较，结果见表 8.44。从表 8.44 可以看出，处理 A、C 与对照（CK）间地径生长量差异显著，而处理 B 与对照（CK）间差异极显著；处理 B、C 之间无显著差异，处理 A、B 之间、A、C 之间均有显著差异；各处理对秃杉平均地径生长影响作用的大小顺序为 B>C>A，处理 B 对促进秃杉苗木地径生长效果最明显。

表 8.43　根外追肥对秃杉苗（高、地径）生长影响的方差分析

变差来源	自由度	平均苗高				平均地径			
		离差平方和	均方	F 值	P 值	离差平方和	均方	F 值	P 值
重复间	2	0.0059	0.003	0.173	0.8454	0.0045	0.0045	0.972	0.4309
处理间	3	109.7981	36.5994	2123.605**	0.0001	0.0617	0.0206	8.88**	0.0126
误差	6	0.103	0.0172			0.0139	0.0023		
总变差	11	190.907				0.0801			

注：* 表示达到显著差异水平；** 表示达到极显著差异水平。

表 8.44　平均地径 Dunn-Sidak 法多重比较

代号	处理	平均地径（cm）	$X_1 - X_j$	$X_2 - X_j$	$X_3 - X_j$	$X_4 - X_j$
X_1	B	0.4733	0			
X_2	C	0.4426	0.0307	0		
X_3	A	0.3937	0.0796*	0.0489*	0	
X_4	CK	0.2720	0.2013**	0.1706*	0.1217*	0

注：* 表示达到显著差异水平；** 表示达到极显著差异水平。

8.17.3　小结与讨论

① 对秃杉 1 年生实生苗进行根外追肥，其苗木的高、径生长均有明显的促进作用，追肥 5 个月平均苗高达 21.3～26.0cm，地径为 0.39～0.47cm，而对照则分别为 17.7cm 和 0.27cm，这表明根外追肥是促进秃杉速生丰产的有效途径之一，在人工培育秃杉苗中，可通过根外追肥提高 I 级苗率。

② 不同肥料对秃杉苗木高、地径生长的促进作用差异明显，其中大肥王、复合肥对苗高、地径的增长效果较大，其苗高分别比对照增加 55.45%、74.55%，地径分别比对照增加 167%、141.6%。方差分析结果说明，3 种处理与对照比较对秃杉苗的高生长与地径生长均具有极显著差异。多重比较结果说明，根外追施复合肥对秃杉苗木高生长效果显著，根外追施大肥王对秃杉苗木地径生长效果明显。但从经济实用、综合效果较好的角度

考虑，生产上应首选复合肥。

③ 根据苗木的年生长发育规律，要促进苗木高、径的生长，最好在不同生长时期追施不同的肥料，以满足苗木在不同时期对营养元素的吸收水平和需要量，如苗木在生长初期和速生期因对氮肥需求量大则追施氮含量较高的复合肥，而在苗木生长后期则追施磷和钾含量较高的复合肥，以促进苗木顶芽形成和木质化（张先动，2009）。

第9章

雷公山、高黎贡山和星斗山秃杉群落对比分析

9.1 秃杉群落种类组成

根据对雷公山、高黎贡山和星斗山秃杉群落样方调查统计，该秃杉群落3个1000m²的样地中维管植物共有77科148属243种，其中3个保护区都出现的科有19科，占总科数的24.68%；2个保护区都出现的科有25科，占总科数的32.47%；只出现在1个保护区的科有33科，占总科数的42.86%。3个保护区都分布的属有9属，占总属数的6.08%；2个保护区都出现的属有36属，占总属数的24.32%；只出现在1个保护区的属有102属，占总属数的68.92%。3个保护区都出现的种有4种，即秃杉、杉木、紫麻（*Oreocnide fru-tescens*）、百两金，占总种数的1.65%；2个保护区都出现的种有38种，占总种数的15.64%；只出现在1个保护区的种有201种，占总种数的82.72%。

雷公山、高黎贡山和星斗山保护区内分布的维管植物分别有132种、94种、58种，隶属于58科88属、46科69属、35科45属，其中蕨类植物分别为10科12属15种、8科9属11种、4科4属6种，种子植物分别为48科76属117种、38科60属83种、31科41属52种，见图9.1。

通过图9.1可知，雷公山秃杉群落样地中维管植物种类分别比高黎贡山和星斗山多38种（多28.79%）和74种（多56.06%），被子植物种类也比高黎贡山和星斗山多44种（多34.65%）和75种（多59.06%）。可见，对比雷公山、高黎贡山和星斗山秃杉群落样地中维管植物、被子植物和蕨类植物科属种数量关系为线性关系，都显示雷公山物种数最多，其次是高黎贡山，最少是星斗山。

9.2 重要值分析

秃杉为高大乔木，分析乔木层的物种重要值，更能说明秃杉群落的优势情况。

雷公山秃杉群落中乔木层植物共有23种，对群落乔木层植物进行统计分析的结果显示（表9.1），秃杉的重要值最高为0.3635，其次是水青冈为0.1337，再次是虎皮楠为0.0573。重要值大于该群落平均重要值（0.0435）的只有3种，其余都在平均值以下，其

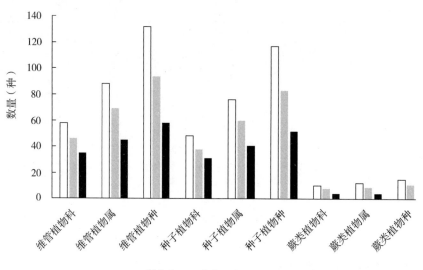

图9.1　雷公山、高黎贡山和星斗山秃杉群落物种组成

中重要值大于 0.1 的有 2 种，即秃杉和水青冈。重要值小于 0.02 的有 13 种，占总种数的 56.52%，最小的是杨桐和贵州鹅耳枥（*Carpinus kweichowensis*），都为 0.0175。可见，雷公山秃杉群落中以秃杉和水青冈为主，虎皮楠为辅；乔木层中物种种类丰富，但分布不均，数量少，优势种突出。

表9.1　雷公山自然保护区秃杉群落样地乔木层重要值

样地	序号	物种名	相对频度	相对密度	相对显著度	重要值
I	1	秃杉 *Taiwania cryptomerioides*	0.1579	0.3810	0.5515	0.3635
I	2	水青冈 *Fagus longipetiolata*	0.1053	0.1270	0.1688	0.1337
I	3	虎皮楠 *Daphniphyllum oldhami*	0.0789	0.0476	0.0454	0.0573
I	4	甜槠 *Castanopsis eyrei*	0.0526	0.0476	0.0261	0.0421
I	5	硬斗石栎 *Lithocarpus hancei*	0.0526	0.0317	0.0264	0.0369
I	6	深山含笑 *Michelia maudiae*	0.0526	0.0317	0.0149	0.0331
I	7	桂南木莲 *Manglietia conifera*	0.0526	0.0317	0.0144	0.0329
I	8	大果山香圆 *Turpinia pomifera*	0.0526	0.0317	0.0135	0.0326
I	9	丝栗栲 *Castanopsis fargesii*	0.0263	0.0317	0.0227	0.0269
I	10	毛桐 *Mallotus barbatus*	0.0263	0.0317	0.0108	0.0230
I	11	新木姜子 *Neolitsea aurata*	0.0263	0.0159	0.0169	0.0197
I	12	毛叶木姜子 *Litsea mollis*	0.0263	0.0159	0.0100	0.0174
I	13	尖萼厚皮香 *Ternstroemia luteoflora*	0.0263	0.0159	0.0100	0.0174
I	14	罗浮栲 *Castanopsis fabri*	0.0263	0.0159	0.0093	0.0172
I	15	泡花树 *Meliosma cuneifolia*	0.0263	0.0159	0.0081	0.0167
I	16	香叶树 *Lindera communis*	0.0263	0.0159	0.0080	0.0167

（续）

样地	序号	物种名	相对频度	相对密度	相对显著度	重要值
I	17	白辛树 Pterostyrax psilophyllus	0.0263	0.0159	0.0079	0.0167
I	18	小叶女贞 Ligustrum quihoui	0.0263	0.0159	0.0077	0.0166
I	19	黄丹木姜子 Litsea elongata	0.0263	0.0159	0.0064	0.0162
I	20	香港四照花 Cornus hongkongensis	0.0263	0.0159	0.0063	0.0161
I	21	五裂槭 Acer oliverianum	0.0263	0.0159	0.0054	0.0159
I	22	杨桐 Adinandra millerettii	0.0263	0.0159	0.0050	0.0157
I	23	贵州鹅耳枥 Carpinus kweichowensis	0.0263	0.0159	0.0048	0.0157

高黎贡山秃杉群落中乔木层植物共有 25 种，对群落乔木层植物进行统计分析的结果显示（表 9.2），大果马蹄荷的重要值最高，为 0.2263，其次是秃杉为 0.1456。重要值大于该群落平均重要值（0.0400）的有 6 种，占总种数的 24%，其余都在平均值以下，有 19 种，占总种数的 76%，其中重要值大于 0.1 的有 2 种，即大果马蹄荷和秃杉。重要值小于 0.02 的有 13 种，占总种数的 52%，最小的是野柿（*Diospyros kaki* var. *sylvestris*）和大果冬青（*Ilex macrocarpa*），都为 0.0078。可见，高黎贡山秃杉群落中以大果马蹄荷为主，秃杉为辅；乔木层中物种种类丰富，但分布不均，数量少，优势种突出。

表 9.2　高黎贡山自然保护区秃杉群落样地乔木层重要值

样地	序号	物种名	相对频度	相对密度	相对显著度	重要值
II	1	大果马蹄荷 Exbucklandia tonkinensis	0.1304	0.2563	0.2922	0.2263
II	2	秃杉 Taiwania cryptomerioides	0.1159	0.1250	0.1958	0.1456
II	3	西桦 Betula alnoides	0.0725	0.0813	0.1052	0.0863
II	4	木荷 Schima superba	0.0870	0.0875	0.0747	0.0830
II	5	山矾 Symplocos sumuntia	0.0725	0.0875	0.0653	0.0751
II	6	水红木 Viburnum cylindricum	0.0870	0.0500	0.0256	0.0542
II	7	云南松 Pinus yunnanensis	0.0435	0.0250	0.0416	0.0367
II	8	野八角 Illicium simonsii	0.0290	0.0438	0.0264	0.0331
II	9	长蕊杜鹃 Rhododendron stamineum	0.0290	0.0375	0.0199	0.0288
II	10	齿叶红淡比 Cleyera lipingensis	0.0290	0.0313	0.0193	0.0265
II	11	紫茎 Stewartia sinensis	0.0435	0.0188	0.0111	0.0244
II	12	水东哥 Saurauia tristyla	0.0145	0.0250	0.0217	0.0204
II	13	秃叶黄檗 Phellodendron chinense var. glabrrusculum	0.0290	0.0188	0.0108	0.0195
II	14	石灰花楸 Sorbus folgneri	0.0290	0.0125	0.0144	0.0186
II	15	亮叶桦 Betula luminifera	0.0290	0.0125	0.0095	0.0170
II	16	山核桃 Carya cathayensis	0.0145	0.0125	0.0234	0.0168
II	17	水东哥 Saurauia tristyla	0.0290	0.0125	0.0087	0.0167
II	18	白花越橘 Vaccinium albidens	0.0145	0.0188	0.0087	0.0140

（续）

样地	序号	物种名	相对频度	相对密度	相对显著度	重要值
II	19	血桐 *Macaranga tanarius*	0.0145	0.0063	0.0059	0.0089
II	20	红色木莲 *Manglietia insignis*	0.0145	0.0063	0.0045	0.0084
II	21	厚皮香 *Ternstroemia gymnanthera*	0.0145	0.0063	0.0041	0.0083
II	22	红淡比 *Cleyera japonica*	0.0145	0.0063	0.0031	0.0079
II	23	常绿榆 *Ulmus lancefolia*	0.0145	0.0063	0.0031	0.0079
II	24	野柿 *Diospyros kaki* var. *silvestris*	0.0145	0.0063	0.0027	0.0078
II	25	大果冬青 *Ilex macrocarpa*	0.0145	0.0063	0.0026	0.0078

星斗山秃杉群落中乔木层物种共有 14 种，对群落乔木层植物进行统计分析的结果显示（表 9.3），甜槠的重要值最高，为 0.3256，其次是杉木和马尾松，分别为 0.1427 和 0.1139。重要值大于该群落平均重要值（0.0711）的有 4 种，占总种数的 28.57%，其余都在平均值以下，有 10 种，占总种数的 71.43%，其中重要值大于 0.1 的有 4 种。重要值小于 0.02 的有 3 种，占总种数的 21.43%，最小的是山桐子（*Idesia polycarpa*）为 0.0176。可见，星斗山秃杉群落中甜槠占绝对优势；乔木层中物种种类单一，秃杉种群地位不明显（0.0500），在该群落中排在第 6 位。

表 9.3 星斗山自然保护区秃杉群落样地乔木层重要值

样地	序号	物种名	相对频度	相对密度	相对显著度	重要值
III	1	甜槠 *Castanopsis eyrei*	0.2424	0.3651	0.3694	0.3256
III	2	杉木 *Cunninghamia lanceolata*	0.1515	0.1429	0.1336	0.1427
III	3	马尾松 *Pinus massoniana*	0.0909	0.1111	0.1398	0.1139
III	4	毛竹 *Phyllostachys edulis*	0.0909	0.1270	0.0892	0.1024
III	5	白背叶 *Mallotus apelta*	0.0606	0.0476	0.0469	0.0517
III	6	秃杉 *Taiwania cryptomerioides*	0.0303	0.0159	0.1039	0.0500
III	7	猴欢喜 *Sloanea sinensis*	0.0909	0.0317	0.0176	0.0468
III	8	栗 *Castanea mollissima*	0.0606	0.0317	0.0305	0.0410
III	9	米槁 *Cinnamomum migao*	0.0303	0.0317	0.0149	0.0256
III	10	虎皮楠 *Daphniphyllum oldhami*	0.0303	0.0317	0.0114	0.0245
III	11	野牡丹 *Melastoma malabathricum*	0.0303	0.0159	0.0142	0.0201
III	12	白栎 *Quercus fabri*	0.0303	0.0159	0.0117	0.0193
III	13	润楠 *Machilus nanmu*	0.0303	0.0159	0.0102	0.0188
III	14	山桐子 *Idesia polycarpa*	0.0303	0.0159	0.0066	0.0176

以上可知，雷公山、高黎贡山和星斗山秃杉群落中，秃杉占主要优势的是雷公山，在该群落中排名第 1 位，其次是高黎贡山，在该群落中排名第 2 位，星斗山的秃杉群落在该群落中排名第 6 位，优势不显著。

9.3 物种多样性分析

通过式（2-1）至式（2-5）计算雷公山、高黎贡山和星斗山秃杉群落物种多样性 Simpson 指数（D_r）、Berger-Parker 指数（d）、Margalef 指数（d_{Ma}）、Simpson 指数（H_e'、H_2'）、Pielou 均匀度指数（J_e）等 5 个指数（表9.4）。

生态优势度（d）或称集中优势度，是综合群落中各个种的重要性，反映各种群优势状况的指标，是群落结构及多样性的一个度量值。高黎贡山草本层优势度（6.8）和灌木层优势度（14.7）最高，但乔木层雷公山优势度（5.38）最高；星斗山的草本层优势度（2.09）和乔木层优势度（3.38）最低，灌木层优势度最低是雷公山（9.98）。秃杉是高大乔木，雷公山秃杉群落中乔木层占优势，导致林下的透光不足，喜光的草灌物种减少，由于人为干扰导致喜阴树种消减。因此，雷公山秃杉群落中乔木树种的优势突出，灌木树种优势没有高黎贡山和星斗山强，但草本优势比星斗山强，稍弱于高黎贡山。

物种丰富度指数指测定一定时间或者空间范围内的物种数目以表达生物的丰富程度（李性苑，2011），草本不宜计算株数，用盖度来统计计算丰富度指数，本研究中评价丰富度指数用 Margalef 指数（d_{Ma}）。草本层中物种丰富度最高是高黎贡山（107.32），其次是雷公山（72.53），丰富度最小的是星斗山（29.07）；乔木层和灌木层中丰富度最高的是雷公山，分别为 5.76 和 10.85，其次是高黎贡山，分别为 4.85 和 5.26，最小的是星斗山，分别为 3.31 和 4.04。

表 9.4 雷公山、高黎贡山和星斗山自然保护区秃杉群落物种多样性

地名	生活型	d	d_{Ma}	D_r	H_e'	H_2'	J_e
雷公山	草本	5.87	72.53	（-）	3.22	4.64	0.86
高黎贡山	草本	6.80	107.32	（-）	2.92	4.21	0.83
星斗山	草本	2.09	29.07	（-）	1.73	2.49	0.70
雷公山	灌木	9.98	10.85	27.40	3.64	5.25	0.87
高黎贡山	灌木	14.70	5.26	24.30	3.28	4.74	0.94
星斗山	灌木	11.43	4.04	21.77	3.18	4.59	0.95
雷公山	乔木	5.38	5.76	14.02	2.90	4.18	0.86
高黎贡山	乔木	4.24	4.85	10.45	2.69	3.89	0.83
星斗山	乔木	3.38	3.31	5.83	2.12	3.06	0.73

注：（-）表示该列的公式不能计算该值。

在生物多样性研究中，研究最多的是群落多样性，并采用多样性指数来评价群落状况（应用 Excel 软件计算生物多样性指数），通过对雷公山、高黎贡山和星斗山秃杉群落物种多样性指数（D_r、H_e' 和 H_2'）的计算（表9.4）可知，乔、灌、草物种多样性指数表明：雷公山>高黎贡山>星斗山。这与秃杉的物种特性有关，秃杉最佳生长环境人为适当干扰，对秃杉的更新和生长更佳，由于雷公山选的秃杉样地群落离村寨约 2.5km，人为活动频繁，导致秃杉成为优势种群，其他物种也随人类活动而增多；但星斗山的秃杉数量少（只有 27 株），都在村寨边，人为活动过度频繁，对秃杉的生境也造成了影响，导致多样性指数变小的主要原因；然而高黎贡山秃杉生长在人迹罕至的深山密林中，离村寨约 20km，靠秃杉自身跟其他物种竞争，调查发现在该地更新差（幼树仅有 4 株），可能将来秃杉群落会演替为常绿阔叶林。

Pielous 均匀度指数（J_e）表示群落的实测多样性与最大多样性之比率。通过表 9.4 可知，均匀度指数（J_e）为乔木和草本雷公山稍高，灌木的均匀度指数雷公山略低于星斗山，但相差不大，都在 0.7~0.95。说明雷公山、高黎贡山和星斗山的秃杉群落都表现为种群群落均匀程度相似。

9.4 区系分析

9.4.1 科区系成分

根据吴征镒先生对植物科区系分类，可将雷公山、高黎贡山和星斗山秃杉群落 58 科、46 科和 35 科划分为 15 个类型（表 9.5）。它包括了我国植物所有分布区类型，表明秃杉群落组成的植物科的区系地理成分的复杂性。

表 9.5　秃杉群落物种科区系分布类型

序号	区系类型代码	雷公山		高黎贡山		星斗山	
		科数（个）	占总科数（%）	科数（个）	占总科数（%）	科数（个）	占总科数（%）
1	1	11	19.0	14	30.4	6	17.1
2	2	8	13.8	6	13.0	6	17.1
3	2-1	1	1.7	1	2.2	1	2.9
4	2-2	1	1.7	1	2.2	—	—
5	3	6	10.3	1	2.2	1	2.9
6	(3b)	3	5.2	—	—	—	—
7	4	4	6.9	1	2.2	3	8.6
8	5	3	5.2	1	2.2	3	8.6
9	(5b)	1	1.7	—	—	—	—
10	(6d)	1	1.7	1	2.2	1	2.9
11	(7d)	1	1.7	—	—	—	—
12	8	4	6.9	3	6.5	3	8.6
13	8-4	8	13.8	9	19.6	7	20.0
14	9	2	3.4	3	6.5	1	2.9
15	14	4	6.9	5	10.9	3	8.6
合计		58	100	46	100	35	100

注：—代表无。区系类型代码 1：世界广布；2：泛热带；2-1：热带亚洲—大洋洲和热带美洲（南美洲或/和墨西哥）；2-2：热带亚洲—热带非洲—热带美洲（南美洲）；3：东亚（热带、亚热带）及热带南美间断；（3b）：热带、亚热带中美至南美（含墨西哥中部及西印度群岛）；4：旧世界热带；5：热带亚洲至热带大洋洲；（5b）：澳大利亚西南部和/或西部；（6d）：南非（主要是好望角）；（7d）：新几内亚特有；8：北温带；8-4：北温带和南温带间断分布；9：东亚及北美间断；14：东亚。

雷公山热带分布（序号 2~11）有 29 科，占雷公山总科数的 50%，居首位，其次是世界分布 11 科，占雷公山总科数的 19.0%；高黎贡山世界分布（序号 1）有 14 科，占高黎贡山总科数的 30.4%，居第 1 位，其次是热带分布（序号 2~11）有 12 科，占高黎贡山总科数的 26.1%；星斗山热带分布（序号 2~11）有 15 科，占星斗山总科数的 42.9%，居首位，其次是温带分布 10 科，占星斗山总科数的 28.6%。可见，雷公山和星斗山秃杉群落中以热带分布科为主，而高黎贡山科中世界分布略占热带分布优势，总之热带分布的科向温带分布的科过渡。

在各个分布区类型中雷公山和高黎贡山世界分布科最多，分别为 11 科和 14 科，占雷公山总科数 19.0% 和高黎贡山总科数 30.4%，代表相同的科有禾本科（Gramineae）、虎耳草科（Saxifragaceae）、堇菜科（Violaceae）、菊科（Asteraceae）、茜草科（Rubiaceae）、桑科（Moraceae）、莎草科（Cyperaceae）、水龙骨科（Polypodiaceae）等。其次是北温带和南温带间断分布各自为 8 科和 9 科，占雷公山总科数 13.8% 和高黎贡山总科数 19.6%，代表相同的科有桦木科（Betulaceae）、姜科（Zingiberaceae）、鳞毛蕨科、野牡丹科（Melastomataceae）等。而星斗山相反，北温带和南温带间断分布最多，为 7 科，占星斗山总科数的 20.0%，代表的科有胡颓子科（Elaeagnaceae）、姜科、壳斗科（Fagaceae）等，其次是世界分布为 6 科，占星斗山总科数的 17.1%，代表的科有禾本科、虎耳草科、莎草科等。

9.4.2 属的区系成分

根据属的区系类型分类，将雷公山、高黎贡山和星斗山秃杉群落中各 88 属、69 属和 44 属划分为 24 个类型和亚型（表 9.6）。它包括了我国植物所有分布区类型，表明秃杉群落组成的植物属的区系地理成分的复杂性。

表 9.6　秃杉群落物种属区系分布类型

序号	区系类型代码	雷公山		高黎贡山		星斗山	
		属数（个）	占总属数（%）	属数（个）	占总属数（%）	属数（个）	占属总数（%）
1	1	2	2.3	4	5.8	3	6.8
2	2	16	18.2	12	17.4	6	13.6
3	2-2	—	—	1	1.4	—	—
4	3	10	11.4	4	5.8	5	11.4
5	4	4	4.5	3	4.3	2	4.5
6	5	1	1.1	—	—	—	—
7	6	3	3.4	1	1.4	—	—
8	7	3	3.4	5	7.2	4	9.1
9	(7a)	6	6.8	3	4.3	—	—
10	(7c)	1	1.1	1	1.4	—	—
11	(7d)	1	1.1	1	1.4	—	—
12	(7e)	1	1.1	2	2.9	—	—

（续）

序号	区系类型代码	雷公山		高黎贡山		星斗山	
		属数（个）	占总属数（%）	属数（个）	占总属数（%）	属数（个）	占属总数（%）
13	8	6	6.8	14	20.3	9	20.5
14	8-4	4	4.5	3	4.3	2	4.5
15	8-5	1	1.1	1	1.4	—	—
16	9	9	10.2	7	10.1	3	6.8
17	10	2	2.3	—	—	—	—
18	10-1	—	—	—	—	1	2.3
19	12	1	1.1	—	—	1	2.3
20	13	2	2.3	—	—	1	2.3
21	14	11	12.5	5	7.2	6	13.6
22	14SJ	2	2.3	1	1.4	—	—
23	14SH	1	1.1	1	1.4	—	—
24	15	1	1.1	—	—	1	2.3
合计		88	100	69	100	44	100

注：—代表无。区系类型代码1：世界广布；2：泛热带；2-2：热带亚洲—热带非洲—热带美洲（南美洲）；3：东亚（热带、亚热带）及热带南美间断；4：旧世界热带；5：热带亚洲至热带大洋洲；6：热带亚洲至热带非洲；7：热带东南亚至印度—马来—太平洋诸岛（热带亚洲）；（7a）：西马来（基本上在新华莱斯线以西；北达中南半岛或印度东北或热带喜马拉雅，南达苏门答腊）；（7c）：东马来（新华莱斯线以东，但不包括新几内亚及东侧岛屿）；（7d）：新几内亚特有；（7e）：西太平洋诸岛弧，包括新喀里多尼亚及斐济；8：北温带；8-4：北温带和南温带间断分布；8-5：欧亚和南美洲温带间断；9：东亚及北美间断；10：旧世界温带；10-1：地中海区至西亚（或中亚）和东亚间断分布；12：地中海区、西亚至中亚；13：中亚；14：东亚；14SJ：中国—日本；14SH：中国—喜马拉雅；15：中国特有。

雷公山、高黎贡山和星斗山秃杉群落中植物属区系热带分布（序号2~12）属数分别为46属、33属和17数，分别占雷公山、高黎贡山和星斗山总属数的52.3%、47.8%和38.6%，都是在该秃杉群落中居首位；温带分布（序号13~19）属数分别为23属、25属和16属，分别占雷公山、高黎贡山和星斗山总属数的26.1%、36.2%和36.4%，都是在该秃杉群落中居第2位；世界分布的属数在雷公山、高黎贡山和星斗山分别在秃杉群落的区系类型中属数最少，分别为2属、4属和3属，分别占雷公山、高黎贡山和星斗山的2.2%、5.8%和6.8%。这说明雷公山、高黎贡山和星斗山秃杉群落属的区系特征为以热带分布的属为主，温带分布的属为辅，世界分布的属最少。这一特征最为明显是雷公山，其次是高黎贡山，星斗山不明显，如星斗山热带分布的属数仅比温带分布的属数多1个属。

在属的各区系分布类型中，雷公山、高黎贡山和星斗山在泛热带类型中分别有16属、12属和6属，占雷公山、高黎贡山和星斗山总属数的18.2%、17.4%和13.6%，其中雷公山在该分布区类型中属数最多，高黎贡山和星斗山在各自分布类型中属数排第2位，都次于北温带（20.3%和20.5%）。在泛热带分布类型中3个保护区同时出现的属有里白属（*Diplopterygium*）、榕属（*Ficus*）、山矾属（*Symplocos*）3属；同时出现在2个保护区有菝葜属（*Smilax*）、粗叶木属（*Lasianthus*）、厚皮香属（*Ternstroemia*）、金星菊属

（*Parathelypteris*）、石韦属（*Pyrrosia*）、鹅掌柴属（*Schefflera*）、松属（*Pinus*）、乌蕨属（*Stenoloma*）8属；只出现在1个保护区的有8属，如复叶耳蕨属（*Arachniodes*）、花椒属（*Zanthoxylum*）、冷水花属（*Pilea*）、石松属（*Lycopodium*）、柿属（*Diospyros*）、碗蕨属（*Dennstaedtia*）、崖豆藤属（*Callerya*）、叶下珠属（*Phyllanthus*）。

在北温带分布的类型中，雷公山、高黎贡山和星斗山分别有6属、14属和9属，占各自总属的6.8%、20.3%和20.5%，其中高黎贡山和星斗山的北温带属数在各自的区系类型中属数最多。在北温带分布类型中3个保护区同时出现的仅有杜鹃花属（*Rhododendron*）和越橘属（*Vaccinium*）；同时出现在2个保护区有耳蕨属（*Polystichum*）、狗脊属（*Woodwardia*）、金腰属（*Chrysosplenium*）、茜草属（*Rubia*）4属；只出现在1个保护区的有斑叶兰属（*Goodyera*）、草莓属（*Fragaria*）、鹅耳枥属（*Carpinus*）等11属。

在东亚分布类型中，雷公山、高黎贡山和星斗山分别有11属、5属和6属，占各自总属的12.5%、7.2%和13.6%，其中雷公山和星斗山的东亚分布属数在各自的分布区类型中居第2位。在东亚分布类型中3个保护区同时出现有且仅有旌节花属（*Stachyurus*）1个；同时出现在2个保护区有虎皮楠属（*Daphniphyllum*）、兰属（*Cymbidium*）、山茶属（*Camellia*）、杉木属（*Cunninghamia*）4属；只出现在1个保护区的有风轮菜属（*Clinopodium*）、金粟兰属（*Chloranthus*）、猕猴桃属（*Actinidia*）等7属。

中国—喜马拉雅分布只有雷公山分布的八月瓜属和高黎贡山分布的五加属；中国—日本分布类型有3属，其中雷公山有白辛树属（*Pterostyrax*）和木通属（*Akebia*）2属，高黎贡山有黄檗属（*Phellodendron*）；中国特有分布类型只有2属，即雷公山分布的凤丫蕨属（*Coniogramme*）和星斗山分布的刚竹属（*Phyllostachys*）。

比较雷公山、高黎贡山和星斗山自然保护区秃杉群落的物种组成、重要值、物种多样性及植物区系。结果表明，3个保护区的秃杉群落中维管植物有77科148属243种，维管植物、被子植物及蕨类植物物种数量在3个保护区成正比关系，雷公山多于高黎贡山，最少星斗山；重要值表明秃杉群落中物种种群数量少，分布不均，优势种突出的特点，其中雷公山（重要值为0.3635）的秃杉种群占主要优势，其次是高黎贡山，星斗山的秃杉种群处于劣势；多样性优势度（d）指数和丰富度指数（d_{Ma}）乔木层为雷公山大于高黎贡山和星斗山，物种多样性指数（D_r、H_e'和H_2'）乔、灌、草表现为：雷公山>高黎贡山>星斗山，均匀度指数（J_e）3个保护区的秃杉群落相差不大，都在0.7~0.95。3个保护区的秃杉群落的科属植物区系复杂，划分为15个类型（科）和24个类型（属），科的区系分布特点为热带分布科向温带分布科过渡，属的区系分布特点为以热带分布属为主，温热带分布属为辅，世界分布属最少。中国特有凤丫蕨属和刚竹属2属。人为干扰程度为星斗山>雷公山>高黎贡山，据秃杉物种特性，雷公山的生境更适合秃杉的繁衍与生长。

9.5　结论

① 雷公山、高黎贡山和星斗山秃杉群落中维管植物共有77科148属243种，受到纬度和地理距离，以及环境和气候影响，分布相同的种相当少，3个保护区都出现的种仅有

4 种，科和属分别为 19 科和 9 属。在 3 个保护区秃杉群落中分布的种类也差异很大，分别为 58 科 88 属 132 种、46 科 69 属 94 种、35 科 45 属 58 种，其中被子植物和蕨类植物跟维管植物的数量成正比关系，即线性关系。这表明雷公山秃杉群落中物种数最多，其次是高黎贡山，最少是星斗山。

② 秃杉种群在 3 个保护区中，占主要优势的是雷公山，秃杉在该群落中排名第 1 位，其次是高黎贡山，在该群落中排名第 2 位，星斗山的秃杉群落在该群落中排名第 6 位，优势不显著；雷公山和高黎贡山秃杉群落乔木层都表现为物种种类丰富，但分布不均，数量少，优势种突出，然而星斗山秃杉群落乔木层物种种类更单一，优势种更为突出。

③ 物种多样性分析可知，优势度高低：乔木层中雷公山（5.38）>高黎贡山（4.24）>星斗山（3.38），灌木层中高黎贡山（14.70）>星斗山（11.43）>雷公山（9.98），草本层中高黎贡山（6.80）>雷公山（5.87）>星斗山（2.09）。丰富度指数乔木层和灌木层中丰富度最高的是雷公山，分别为 5.76 和 10.85，其次是高黎贡山，分别为 4.85 和 5.26，最小的是星斗山，分别为 3.31 和 4.04。物种多样性指数（D_r、H_e' 和 H_2'）乔、灌、草表现为：雷公山>高黎贡山>星斗山。3 个保护区秃杉群落的均匀度指数（J_e）相差不大，都在 0.7~0.95。这说明雷公山物种多样性更丰富和稳定，更利于秃杉的繁衍与生长，星斗山人为活动过度频繁，对秃杉影响最大，应就地保护秃杉的生境。但对于高黎贡山人为干扰太小，不利秃杉的长生，须适当人为干扰，更有利秃杉的更新。

④ 根据吴征镒的区系分布类型，可将 3 个保护区秃杉群落中属划分 24 个类型。它包括了我国植物所有分布区类型，表明秃杉群落组成的植物属的区系地理成分的复杂性。属的区系分布特点为雷公山、高黎贡山和星斗山秃杉群落属的区系以热带分布的属为主，温热带分布的属为辅，世界分布的属最少。这一特征最为明显的是雷公山，其次是高黎贡山，星斗山不明显（余德会等，2019）。

第10章

其他分布区秃杉资源概况

10.1 湖北西南部的秃杉资源

　　湖北省的秃杉主要分布在恩施、利川、咸丰三县交界处的星斗山国家级自然保护区境内及周边区域，集中在该保护区的北面与利川毛坝乡的结合部。1978年湖北省建立恩施州自然保护区，1988年建立星斗山省级自然保护区，2003年晋升为国家级自然保护区，总面积68339hm²，加强了对秃杉资源的保护管理，秃杉分布地理坐标为北纬29°57′～30°14′，东经108°57′～108°27′，其东南面与保护区人头寨山脊为界，北至毛坝乡的清水，西与楠木村接壤，秃杉分布面积约600hm²，是华中地区唯一的秃杉原生种群分布区。该区年平均气温12.8℃，最高温度35.4℃，最低温度-15℃。年降水量1287.11mm，相对湿度82%，无霜期235d，积雪期128d，年日照1298h，全年最低温度为1月，平均气温6.1℃，温度最高为8月，平均气温32.2℃。

　　星斗山秃杉主要分布在该保护区内的毛坝、沙溪、凉务、元堡4个乡10个村的22个组，毛坝乡花板溪村为主要集中分布区，且在居民区附近，为国内罕见、湖北唯一集中分布地带。分布范围极其狭小，面积不到10hm²，地形多为沟谷两侧的山坡凹部、阴坡、半阴坡，阳坡也有分布，坡度一般在25°～50°，海拔高度为700～1000m，集中分布区两山间有一小溪，一般秃杉分布距沟底50～500m，数量极少，多为老树，林相破坏十分严重，已无纯林，多为针阔叶混交林，大部分秃杉古大树生长在人工毛竹林海中。

　　星斗山自然保护区现存秃杉母树40余株，主要散生于居民点附近和田边地角，散布于大约600hm²范围之内，并大多是上100年的古大树，且没有发现天然更新的幼苗幼树，对秃杉的生存繁衍极为不利，从20世纪50年代的300多株到现在仅有40余株的发展趋势看，秃杉在该地区有灭绝的危险。其主要原因是，将秃杉生境中的其他林木采伐后人工种植毛竹，形成了以毛竹为优势种的群落结构。

10.1.1 组成秃杉群落的区系特点

　　星斗山自然保护区秃杉群落体现在区系组成的丰富性、多样性、古老性和残遗性，这是构成其区系的特点。

① 植物种类十分丰富。维管束植物 201 种，隶属 88 科 163 属。其中蕨类植物12科15属 16 种；裸子植物 3 科 6 属 6 种；被子植物 73 科 142 属 179 种（其中双子叶植物 63 科 125 属 151 种；单子叶植物 10 科 17 属 28 种）。乔木层有 60 种，灌木层 72 种，草本层 40 种，层外植物 29 种。含 4 种以上的科有 14 科，如樟科（6 属 10 种）、菊科（Conpositae）（5 属 8 种）、山茶科（Theaceae）（4 属 8 种）、壳斗科（4 属 8 种）、杜鹃花科（Ericaceae）（4 属 8 种）、蔷薇科（Rosaceae）（7 属 11 种）、五加科（Araliaceae）（5 属 8 种）、蝶形花科（Papilionaceae）（4 属 5 种）、茜草科（5 属 8 种）、忍冬科（Caprifoliaceae）（3 属 5 种）、禾本科（Gramineae）（3 属 5 种）、菝葜科（Smilacaceae）（2 属 5 种）、冬青科（Aquifoliaceae）（1 属 5 种）、鼠李科（Rhamnaceae）（3 属 4 种）。

② 属一级植物很复杂，绝大多数属只含 1~2 种植物。

③ 起源古老，特有种、属和珍稀植物较多，多单型、少型的科属，如卷柏科（Selaginellaceae）、芒萁属（Dicranopteris）、紫萁科属（Osmunda）、里白属、瘤足蕨属（Plagiogyria）、猕猴桃属、南蛇藤属（Celastrus）、山茶属、柃木属（Eurya）、松属、杉科、槭属（Acer）、金缕梅科（Hamamelidaceae）、南五味子属（Kadsura）、冬青属（Ilex）、山矾属、菝葜属、花椒属、荚蒾属（Viburnum）、三白草科（Saururaceae）、樟科、桦木科、壳斗科、毛茛科（Ranunculaceae）、桑科、鼠李科、杜鹃花科等古老科属，同时也蕴藏着较多的我国特有的古老种类，有黄杉、牛鼻栓（Fortunearia sinensis）、杉木、白辛树等；此外，特有植物还有川桂、银木（Cinnamomum septentrionale）、楠木、利川润楠（Machilus lichuanensis）、青榨槭、宜昌荚蒾（Viburnum ichangense）、川鄂连蕊茶（Camellia rosthorniana）、中华猕猴桃（Actinidia chinensis）、康定冬青（Ilex franchetiana）、无梗越橘（Vaccinium henryi）、异叶梁王茶（Nothopanax davidii）、枫香树、中国旌节花、华中瘤足蕨（Plagiogyria euphlebia）等。单型属有牛鼻栓属（Fortunearia）、蕺菜属（Houttuynia）、山桐子属（Idesia）等。少型属（只含 2~6 种的属）有杉木属、台湾杉属、白辛树属等，它们多为第三纪古热带植物区系的孑遗或更古老的成分。单属科有交让木科。只含 1 属 1 种的科有透骨草科。

④ 主要区系成分如樟科、壳斗科、山茶科、杜鹃花科等是构成本分布区中亚热带常绿阔叶林的显著标志。

10.1.2　秃杉群落的外貌特征

秃杉群落外貌为深绿色，四季常青的针叶混杂着常绿阔叶树种或楠竹，使其群落外貌具翠绿的色彩。由于秃杉零散分布，故多呈小块或团集状，零星镶嵌或点缀在常绿阔叶林中或毛竹林中，但秃杉树干通直高大、宽广的冠幅使它具有"鹤立鸡群"之势。

10.1.3　秃杉群落的结构

群落的结构反映了群落对环境的适应、动态和机能。星斗山自然保护区秃杉群落成层现象由于受到严重的人为破坏而变得不太明显，其垂直结构为乔木层、灌木层、草本层，地被层不明显。此外，还有较多的层外植物。这种分层现象显然不同于通常缺乏灌木层而草本层发达的温带针叶林。

10.1.4　秃杉群落的基本类型

星斗山自然保护区的秃杉群落分布在中亚热带北缘的范围内。由于严重的人为干扰，从山麓到山顶无秃杉连续成片的自然分布，多与常绿阔叶树混生组成针阔叶混交林。根据4个标准样地调查结果，将秃杉群落划分为2个植被类型2个群系4个群丛，如下所示：

（1）常绿针叶林

秃杉—毛竹—穗序鹅掌柴+油茶—中日金星蕨群丛（Ass. *Taiwania cryptomerioides-Phyllostachys pubescens-Scheffera delavayi+Camellia oleifera-Parathelypteris niponica*）。

（2）针阔叶混交林

① 秃杉+丝栗栲混交林（Form. Mixed *Taiwania cryptomerioides、Castanopsis faresii*）。

② 秃杉+丝栗栲—杜鹃—里白+芒萁群丛（Ass. *Taiwania cryptomerioides+Castanopsis fargesii-Rhododendron* sp. *-Hicropteris glauca+Dicranopteris dichotoma*）。

③ 丝栗栲+秃杉—杜鹃—里白+蕨群丛（Ass. *Taiwania cryptomerioides+Castanopsis fargesii-Rhododendron* sp. *-Hicropteris glauca+Pterdium aquillinum* var. *latiusculum*）。

④ 小枝青冈+秃杉—杜鹃—里白群丛（Ass. *Cyclobalanopsis ciliaria+Taiwania cryptomerioides-Rhododendron* sp. *-Hicriopteris glauca*）。

10.1.5　秃杉群落的演替

星斗山自然保护区秃杉主要分布在毛坝乡花板溪村海拔700~1000m的沟谷两旁和山坡上，多散生于小枝青冈、甜槠、丝栗栲等占优势的常绿阔叶林中，组成秃杉的混交林。此外，目前仅存500m²样地面积的秃杉残存林共10株，平均胸径82.6cm，平均树高38.1m，平均年龄100年以上，其中最大一株胸径99cm，树高39m。

长期以来，秃杉群落的伴生种，乔木层、灌木层和草本层多被樵伐，破坏群落生态环境，导致群落生态恶化，林内湿度低，水土流失严重，土壤贫，加上树龄老化，结籽率低，种源不足，秃杉更新困难，这都说明了人为破坏改变了秃杉群落的各类组成和结构，破坏群落的生态平衡，使秃杉群落向逆向演替。因此，必须加强秃杉群落的保护措施，特别是保护优良母树，同时采取人工方法，促进秃杉群落天然更新。否则，让其自然演替，秃杉群落就会日渐衰落，最终发展成为常绿阔叶林。

10.1.6　星斗山自然保护区秃杉生境群落现状

10.1.6.1　秃杉生境的物种组成

通过对样地内的种类调查鉴定后统计，该群落内共有31科42属62种植物（表10.1），其中蕨类植物5科7属9种，裸子植物2科3属3种，被子植物24科32属50种，在这些植物中，木本植物有43种（不含木质藤本），占总种数的69.35%，藤本4种，占总种数的 6.45%，草本 15 种，占总种数的 24.19%；在这些植物中，4 个属 4 个种的科有壳斗科、3 个属 3 个种的科有山茶科、2 个属 3 个种的科有五加科 Araliaceae、樟科和杜鹃花科，2 属 2 种的科有杉科、鳞毛蕨科、莎草科，其他的科都是 1 属 2 种或 1 属 1 种。优势的科属种类不明显，木本种类的比例较大，说明该群落郁闭度较高，林下散射光比较少，林下蕨类植物较为丰富，达 9 个种，其中里白占优势、其次为狗脊。

表 10.1　秃杉分布区物种组成情况

植物类群	组成统计			性状统计					
	科数（个）	属数（个）	种数（个）	木本		藤本		草本	
				种类（种）	占比（%）	种类（种）	占比（%）	种类（种）	占比（%）
蕨类植物	5	7	9	0	0	0	0	9	60
裸子植物	2	3	3	3	6.98	0	0	0	0
被子植物	24	32	50	40	93.02	4	100	6	40
合计	31	42	62	43	100	4	100	15	100

10.1.6.2　秃杉生境林分垂直结构

该秃杉生境林分垂直结构可分为乔木层、灌木层、层间植物和草本层。

（1）乔木层

乔木层郁闭度 0.70，植物共有 9 科 14 属 15 种 61 株，可分为 3 个亚层（表 10.2）：第 1 亚层高度 20m 以上，有甜槠、丝栗栲、秃杉、马尾松共 5 株，其中甜槠、丝栗栲、秃杉各 1 株，马尾松 2 株，高度优势明显；第 2 亚层高 11~20m，有丝栗栲、杉木、马尾松、毛竹（*Phyllostachys edulis*）、甜槠、猴欢喜、白背叶共 27 株，其中丝栗栲 9 株，杉木、马尾松、毛竹各 5 株，白背叶 3 株，甜槠、猴欢喜各 1 株；第 3 亚层高 4.5~10m，有丝栗栲 10 株，杉木 3 株，甜槠、猴欢喜、栗（*Castanea mollissima*）、樟科、虎皮楠科各 2 株，野牡丹科、白栎、润楠属（*Machilus* sp.）、山桐子各 1 株，共 27 株。从各树种所占各层和比例来看，第 1 亚层有甜槠、丝栗栲、秃杉、马尾松 4 种 5 株，占种数的 26.67%，株数的 8.20%；第 2 亚层有丝栗栲、杉木、马尾松、毛竹、甜槠、猴欢喜、白背叶 7 种 29 株，占种数 46.67%，株数的 47.54%；第 3 亚层有丝栗栲 10 株，杉木 3 株，甜槠、猴欢喜、栗、樟科、虎皮楠科各 2 株，野牡丹科、白栎、润楠属、山桐子各 1 株 11 种共 27 株，占种数 73.33%，株数的 44.26%。在 15 种 61 株乔木树种中，丝栗栲 19 株，占总株数的 31.15%，杉木 9 株，占总株数的 14.75%，马尾松 7 株，占总株数的 1.48%，毛竹 5 株，占总株数的 8.20%，甜槠 4 株，占总株数的 6.57%，猴欢喜、白背叶各 3 株，各占总株数的 4.92%，栗、樟科 1 种、虎皮楠科 1 种各 2 株，各占总株数的 3.28%，秃杉、野牡丹科 1 种，白栎、润楠属 1 种，山桐子各 1 株，各占总株数的 1.64%。

表 10.2　秃杉生境群落乔木层特征值

序号	种名	层次			数量（株）	平均树高（m）	高度范围（m）	相对密度	相对优势度	相对频度	重要值	重要值序
		1	2	3								
1	丝栗栲 Castanopsis fargesii	√	√	√	19	11.5	6~20	0.31	0.30	0.18	0.78	1
2	杉木 Cunninghamialanceolata		√	√	9	13.2	7~16	0.15	0.13	0.15	0.43	2
3	马尾松 Pinus massoniana	√	√		7	15.4	15~20	0.11	0.14	0.09	0.34	3
4	毛竹 Phyllostachys edulis		√		5	15	15	0.08	0.09	0.09	0.26	4
5	甜槠 Castanopsis eyrei	√	√	√	4	10.8	7~20	0.07	0.07	0.09	0.22	5
6	猴欢喜 Sloanea sinensis		√	√	3	7.5	4.5~12	0.05	0.03	0.09	0.16	6
7	白背叶 Mallotus apelta		√		3	11.8	12~13	0.05	0.05	0.06	0.15	7
8	秃杉 Taiwania cryptomerioides	√			1	30	30	0.02	0.10	0.03	0.15	7
9	栗 Castanea mollissima			√	2	8	8	0.03	0.03	0.06	0.12	8
10	樟科 Lauraceae			√	2	6.5	6~7	0.03	0.01	0.03	0.08	9
11	虎皮楠科 Daphniphyllum			√	2	6.5	6~7	0.03	0.01	0.03	0.07	10
12	野牡丹科 Melastomataceae			√	1	8	8	0.02	0.01	0.03	0.06	11
13	白栎 Quercus fabri			√	1	10	10	0.02	0.01	0.03	0.06	11
14	润楠属 Machilus			√	1	10	10	0.02	0.01	0.03	0.06	11
15	山桐子 Idesia polycarpa			√	1	10	10	0.02	0.01	0.03	0.05	12
	合计				61							

（2）灌木层

灌木层种类较多，覆盖度 30%，共有 17 科 22 属 27 种，优势种不明显，以杜鹃花科、鹅掌柴 Schefflera octophylla 相对较多，覆盖度在 10% 左右。其余种类分布稀疏，主要是由于乔木层郁闭度大，林下光照弱。

（3）层间植物

层间植物有 4 科 5 属 5 种，分别是木通科（Lardizabalaceae）木通属（Akebia）的三叶木通（Akebia trifoliata）和八月瓜（Holboellia latifolia），百合科 Liliaceae 菝葜属（Smilax）的菝葜，豆科（Leguminosae）崖豆藤属（Millettia）的崖豆藤（Millettia speciosa），蝶形花科黄檀属（Dalbergia）的黄檀（Dalbergia hupeana），为木质攀缘植物。

（4）草本层

草本层种类相对较少，有 11 科 13 属 14 种，覆盖度 40%，主要都是喜湿耐阴的种类，其中蕨类植物 6 科 7 属 8 种。主要种类有里白，为优势种，其次为狗脊，说明该群落的草本层植物的优势种比较单一。草本层植物覆盖度低，主要原因为乔木层郁闭度较大、灌木层覆盖度较高，不利于草本层的生长。

10.1.6.3 群落径级结构

从表10.3可以看出，群落中的个体数目随着径级增大而逐渐减少的趋势，秃杉只有大径级树1株，小径级中没有出现，灌木层中未发现秃杉更新幼苗。

表10.3 乔木层径级和株数统计信息

序号	径级（cm）	株数（株）	比例（%）	种　　类
1	5~10.9	20	32.79	丝栗栲6株，杉木3株，甜槠、虎皮楠科、猴欢喜、樟科各2株，山桐子、毛竹、润楠属各1株
2	11~15.9	16	26.23	丝栗栲5株，楠竹4株，白背叶、马尾松各2株，甜槠、野牡丹科、白栎各1株
3	16~20.9	9	14.75	杉木4株，丝栗栲3株，马尾松、猴欢喜各1株
4	21~25.9	11	18.03	丝栗栲4株，马尾松3株，杉木2株，白背叶、栗各1株
5	26~30.9	1	1.64	丝栗栲1株
6	31~35.9	2	3.28	丝栗栲、马尾松各1株
7	36以上	2	3.28	秃杉、甜槠各1株
合计		61	100.00	

在群落的径级结构中，径级5~10.9cm有20株，占总株数的32.79%，其中丝栗栲6株，杉木3株，甜槠、虎皮楠科、猴欢喜、樟科各2株，山桐子、毛竹、润楠属各1株；径级11~15.9cm有16株，占总株数的26.23%，其中丝栗栲5株，毛竹4株，白背叶、马尾松各2株，甜槠、野牡丹科、白栎各1株；径级16~20.9cm有9株，占总株数的14.75%，其中杉木4株，丝栗栲3株，马尾松、猴欢喜各1株；径级21~25.9cm有11株，占总株数的18.03%，其中丝栗栲4株，马尾松3株，杉木2株，白背叶、栗各1株；径级26~30.9cm有1株，占总株数的1.64%，为丝栗栲1株；径级31~35.9cm和36cm以上各有2株，分别是丝栗栲、马尾松各1株和秃杉、甜槠各1株，均占总株数的3.28%。

10.1.6.4 群落演替发展趋势

从整个乔木层来看，秃杉仅在第1亚层有分布，马尾松在第1、2亚层有分布，杉木、猴欢喜在第2、3亚层有分布，甜槠、丝栗栲在第1、2、3亚均有分布，毛竹、白背叶只在第2亚层有分布，其余的仅在第3亚层有分布。在整个群落中，丝栗栲占优势，其次为杉木，再其次为马尾松，从种群发展趋势看会被常绿种类取代，从整个秃杉分布区域来看，毛竹有逐步扩大的趋势，该样地也有5株入侵，在群落中的重要值已排列第4位，如不进行人为干预，秃杉分布区域将被毛竹林取代，成为以毛竹为压倒性的优势种。

10.1.6.5 结论及建议

① 秃杉生境乔木层主要以丝栗栲为优势种，其次为杉木、马尾松、甜槠等阔叶树种比例较高，具有常绿落叶针阔混交林的外貌和结构特征，属于常绿落叶针阔混交林。

② 为了发展经济，当地主要是人工种植毛竹，对秃杉生境造成了一定的破坏，建议对毛竹面积的扩大蔓延趋势进行一定的人为干预，特别是在秃杉母树分布地，伐除毛竹，还秃杉一个良好的生存环境（谢镇国等，2018）。

10.1.7 星斗山自然保护区秃杉人工繁殖情况

1982 年星斗山自然保护区仅人工种植秃杉林 2hm²，现存 4000 余株，平均胸径 18cm，平均树高 9m，最大胸径 30cm，最大树高 15m。此外，毛坝管理站庭园绿化 100 余株，平均胸径 30cm，平均树高 20m；毛坝乡境内公路绿化行道树 500 余株，平均胸径 20cm，平均树高 9m，除此之外，该区无人种植培育，主要是因为秃杉材质较差，经济价值不大。

10.1.8 星斗山自然保护区秃杉生物量

为研究秃杉生物量及生长规律，星斗山自然保护区于 2000 年 6~7 月在试验区内对 16 年生秃杉人工纯林中（场部附近）设置临时标准地 1 块，面积 30m×30m，进行每木检尺（种植密度 1078 株/hm²）。根据检尺结果选取全林平均木 1 株（胸径 15.0cm，树高 10.58m）。用分层截取法现场测定枝、叶各组分鲜重。用区分段法和 1/4 冠幅挖掘法测定树干及根各组分鲜重。各组分二阶取样，用烘干恒重法（85℃恒温）测定各组分生物量，用树干分析法测定秃杉各测树因子生长量。

秃杉种群平均木个体生物量测定结果见表 10.4。

表 10.4 16 年生秃杉各组分生物量

项目	干	枝	叶	根	根桩	全树
生物量（kg）	40.81	16.78	5.06	6.44	6.31	75.4
各组分生物量百分比（%）	54.12	22.25	6.71	8.54	8.38	100
木材积累速率（kg/a）	2.5506	1.0488	—	0.4025	0.3944	4.7125
林分生物量（kg/hm²）	43993.18	18088.84	5454.68	6942.32	6802.18	81281.2

由表 10.4 可知，星斗山自然保护区 16 年生秃杉人工纯林个体平均生物量为 75.40kg。各组分生物量存在干>枝>根>根桩>叶的规律，其中干材生物量占总生物量一半以上为 54.12%，其次为枝，占 22.25%。干材积累速率最大，为 2.5506kg/a，枝的木材积累速率为 1.0488kg/a，而根及根桩较小，平均为 0.3985kg/a。这种生物量分配规律基本符合乔木树种生物学特性。

10.1.9 星斗山自然保护区秃杉生长规律

根据秃杉生长过程分析，秃杉 16 年生幼树的胸径、树高、材积三个测树因子，其连年生长量和平均生长量都随年龄的增加而增加，但增加的速度各不相同。胸径、材积连年生长量比平均生长量增加速度快，其值大于平均生长量，而且胸径连年生长量大致是：3 年生幼苗生长速度较慢，6 年生以后进入速生期，且随着年龄增长连年生长量逐年增加，连年生长量达最大值的年龄应该是 16 年以后。胸径平均生长量变化规律与胸径连年生长量变化同步。树高连年生长量及平均生长量对于 1~9 年生幼树，其增长速度几乎同步且大致等速。与胸径生长量不同的是，树高平均生长量和连年生长量 1~3 年生幼苗生长速度快，6~9 年生幼树相对缓慢，以后加速生长且逐年提高。树高平均生长量、连年生长量同胸径一样，尚未达到最高峰。各测树因子相对应的平均生长量曲线与连年生长量曲线都未出现相交，说明 16 年生的秃杉尚未达到数量成熟年龄（图 10.1 至图 10.3）。

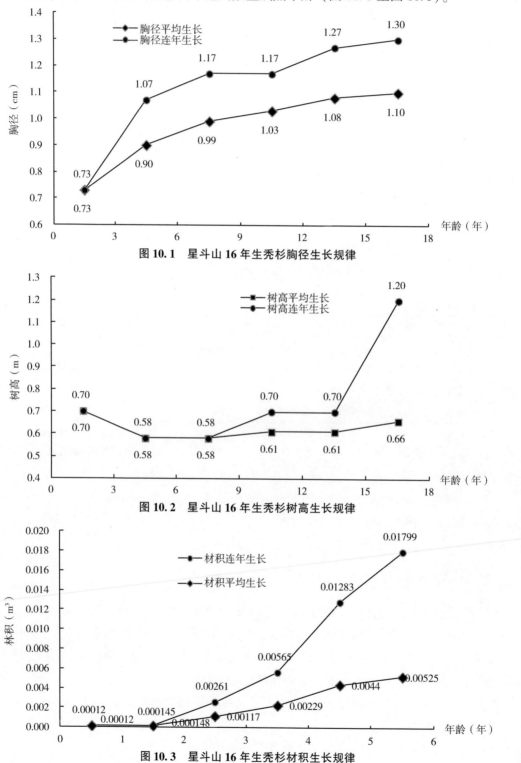

图 10.1　星斗山 16 年生秃杉胸径生长规律

图 10.2　星斗山 16 年生秃杉树高生长规律

图 10.3　星斗山 16 年生秃杉材积生长规律

图 10.4 至图 10.6 为云南昌宁县半湿润立地类型区高海拔阳坡中层立地类型（立地指数 12 级）的秃杉林中选择的 31 年生标准木（树龄 31 年，胸径 26.2cm，树高 17.5m）进行的秃杉生长过程分析（图 10.4 至图 10.6）（陶中祥，2001）。

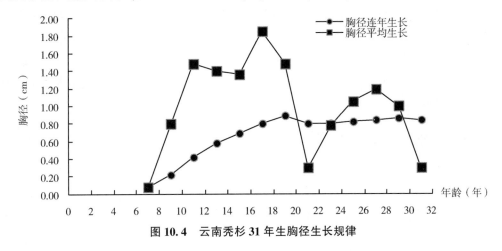

图 10.4　云南秃杉 31 年生胸径生长规律

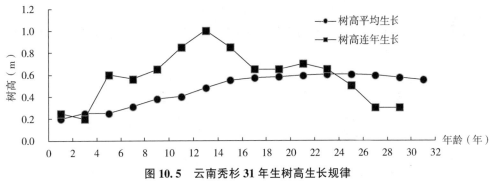

图 10.5　云南秃杉 31 年生树高生长规律

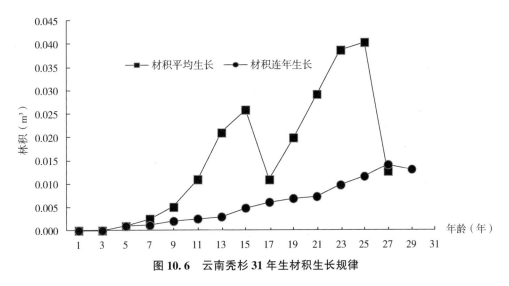

图 10.6　云南秃杉 31 年生材积生长规律

根据星斗山和云南两地秃杉生长规律的比较可以看出，星斗山自然保护区的秃杉不论是胸径、树高还是材积的平均生长量、连年生长量都比云南秃杉的平均生长量和连年生长量大。秃杉的生长发育过程，都是由树高、胸径和材积等主要生长过程所反映出来，但具有自身的规律性，都具有生长最高峰值，即连年生长量达最大值以后，就下降与平均生长量相交，而达到数量成熟。但在生长过程中，由于立地条件的制约，会再次出现生长峰值，而秃杉生长在不同的立地类型或人为干扰的影响，其生长过程均有差异。星斗山自然保护区16年生秃杉的胸径、树高、材积平均生长量与连年生长量不相交是由于16年生秃杉没有达到成熟龄。

10.1.10　秃杉组织培养技术

取秃杉的幼苗苗端作外植体进行离体培养，以诱导不定芽的发生，结果发现：用种子发芽10~12d的幼苗苗端作外植体，在诱导培养基中BA的最适浓度为2.0mg/L时，不定芽的发生率最高可达80%。当大量不定芽诱导形成后，可将外植体转入无激素培养基中，使不定芽继续生长，由此获得的秃杉试管苗可保持母本的遗传特性。经过组织学的进一步研究表明，秃杉不定芽主要起源于苗端表层或表层下1~2层细胞，以及周围区内的分生组织细胞，它也发生于子叶的近轴面表皮下1~2层细胞。嫩枝中的不定根通常由叶隙薄壁组织细胞经脱分化产生。

如用秃杉未萌发种子的胚作外植体时，以无机盐浓度较低的培养基对胚的正常萌发生长较为有利，在弱光照（400lx）条件下，胚的萌发率高于强光照（2000lx），但苗不及强光下健壮。另外，培养基中以3%的蔗糖浓度对提高秃杉胚萌发率最为理想。

（1）丛生芽诱导

丛生芽诱导采用5种处理，每个处理分两阶段进行培养。第一阶段培养12d，生长情况见表10.5。从表10.5中可看出。以处理Ⅱ即BA 1mg/L和NAA 0.01mg/L组合中的茎尖生长量最大，最大生长长度为3mm，其中少数茎尖叶原基处生出圆形凸起组织，处理Ⅰ不添加激素的生长情况亦可，长势较整齐，生长长度均在1mm以上；其他组合生长量不明显。各处理茎尖均分泌黄褐色物质，轻微褐变。

表10.5　芽分化诱导培养12d生长情况

处理	培养基（mg/L）	接种（个）	成活（个）	培养时间（d）	萌芽（个）	生长量（mm）	成活率（%）
Ⅰ	无激素 MS	20	20	12	13	1.5	100
Ⅱ	MS+BA1+NAA0.01	20	16	12	7	2~3	80
Ⅲ	MS+IBA0.5+BA3+GA0.02	20	20	12	5	1	100
Ⅳ	1/2MS（大）+MS（其他）+IBA1.5+BA2.0	20	19	12	0	不明显	95
Ⅴ	3/4MS（无机）+MS（其他）+BA1.0+NAA0.2	20	20	12	0	不明显	100

将经过第一阶段培养成活的茎，对应各处理号转移到新的培基中，再培养45d，生长情况见表10.6。由表10.6可见，处理Ⅲ、Ⅴ成活率极差，几乎不能成活，处理Ⅰ、Ⅱ、

Ⅳ成活率均在 50% 以下，都开始化出芽丛。处理Ⅱ的分化芽数目多，生长较好，最多的一个分出 5 个芽；处理Ⅰ分化芽数较为平均，每个茎尖分化出 2 个芽；处理Ⅳ分化芽数少，每个茎尖分化出 1 个芽，芽的生长较处理Ⅰ、Ⅱ好，芽粗壮、色浓绿，切取芽后继续分化芽的能力强。

表 10.6　芽分化诱导培养第二阶段生长情况

处理	培养基（mg/L）	接种（个）	成活（个）	培养时间（d）	形成芽（个）	分化率（%）
Ⅰ	MS+BA1+NAA0.01	20	5	45	10	200
Ⅱ	1/2MS（大）+MS（其他）	16	8	45	20	250
Ⅲ	MS	20	0	45	0	0
Ⅳ	1/2MS（大）+MS（其他）	19	8	45	7	87
Ⅴ	1/2MS（大）+MS（其他）	20	1	45	0	0

从表 10.6 中还可看出，处理Ⅰ、Ⅱ的芽分化率较高，适宜作秃杉组培芽分化诱导的培养方法，处理Ⅳ芽分化较慢，生长速度不如前两处理，成活率较高，分化芽生长较好，后期仍有芽产生，可作为秃杉组培诱导芽分化的方法之一。

将第一、第二阶段诱导芽分化培养综合比较，处理Ⅰ、Ⅱ、Ⅳ作为秃杉组培诱导丛生芽培养基是成功的，能够形成正常的芽丛，生产出合格的幼芽。

（2）丛生芽生长培养

丛生芽生长培养基各处理均采用 MS 培养基（大量元素减半），不附加激素，幼芽生长较好、色绿、粗壮。生长速度与原芽诱导培养基有一定关系。在此培养基上培养 5d，部分幼苗达 3～7cm，少量茎尖基部继续出现分芽，产生新的植株。处理号为Ⅰ、Ⅱ、Ⅳ的接种培养数分别为 5、8、8 个；培养时间都为 50d；转入生根培养，采芽数分别为：10、16、8 个；平均生长长度分别为 4.2cm、4.1cm、3.4cm；继续分芽茎尖数分别为 5、6、3 个。

（3）生根培养

当芽长 3cm 以上时，切取单芽幼苗进行生根培养，培养基为 MS 培养基，添加不同激素，并用 White 培养基作对照。经过 80d 培养，White 培养基中的幼苗全部死亡，MS 培养基两种激素组合中的幼苗 100% 成活，并继续生长。处理Ⅰ含有 IBA 1.5mg/L 和 NAA 0.5mg/L 组合的培养基里植株产生大量愈伤组织，4 株有白色点状凸起，应该是形成的根原基，有生根迹象；而处理Ⅱ单独的 IBA1.5mg/L，植株生长正常，没有产生愈伤。两种处理均未形成完整根系，生长情况见表 10.7。

表 10.7　秃杉组培苗单芽诱导生根培养情况

处理	培养基（mg/L）	接种（个）	成活（个）	培养时间（d）	生长情况
Ⅰ	1/2MS（大）+MS（其他）+IBA1.5+NAA0.5	12	12	80	基部形成愈伤组织，部分有白色点状凸起
Ⅱ	1/2MS（大）+MS（其他）+IBA1.5	12	12	80	无愈伤组织，植株生长正常
Ⅲ	White+IBA1.0	10	0	80	逐渐黄化死亡

（4）小结

从总体看，这次研究试验在生根阶段还需深入完善。前期诱导从生芽阶段，能够形成所需要的健壮芽，但分芽数不多、不整齐，不能一次性获得大量健壮、整齐的幼芽。中期幼芽生长培养基较好，各种处理幼芽生长正常。后期生根培养有难度，所需时间长，需进一步深入探讨。采集外植体的母树年龄及采取部位是影响诱导芽成功的主要因素，母树年龄越高接种后成活率越低，顶芽和靠近顶芽的侧芽接种后生活力明显较下部侧芽强、生长快、分芽更健壮（吴代坤，2002）。

10.2 云南西部的怒江、澜沧江流域秃杉资源概况

云南的秃杉分布区主要在西部的怒江、澜沧江流域，云南省于1983年在怒江流域建立了高黎贡山国家级自然保护区（以下简称"高黎贡山自然保护区"），使秃杉得到了有效的保护。高黎贡山自然保护区位于云南西部，高黎贡山主脉南段的中上部，地处怒江州的泸水县、福贡县和保山市的隆阳区、腾冲市境内，地理坐标为北纬24°56′~28°22′，东经98°08′~98°50′，总面积405549hm²，保护区由北、中、南互不相连的3片组成，秃杉主要分布在保护区海拔1700~2500m的暖性半湿润型和暖性湿润型气候区。暖性半湿润型气候主要分布在保护区东坡1300（1400）~2100m及西坡1900（2000）m以下地区，以夏无酷暑、冬无严寒为主要特征，属山地中、北亚热带气候。≥10℃年积温4200~6000℃，持续天数250~350d，年平均气温13~18℃，最热月平均气温18~23℃，最冷月平均气温7~11℃，年日照时数2100~1900h，年降水量1100~1700mm，干燥度大于1，属半湿润区，但11~4月干燥度多在1.5以上，干旱仍较突出，原生植被为亚热带季风常绿阔叶林，破坏后形成次生植被，多为云南松林和旱冬瓜林。暖性湿润型气候主要分布在保护区东坡2100~2800m及西坡1900（2000）~2800m地区，以温湿为主要特征，包含暖温带和中温带下部，≥10℃年积温2200~4200℃，持续天数170~260d，年平均气温9~13℃，最热月平均气温14~18℃，最冷月平均气温2~17℃，年日照时数1600~1900h，年降水量1700~2900mm，干燥度小于1，属湿润区，适于中山湿润性常绿阔叶林生长。

高黎贡山自然保护区秃杉主要分布在北部的贡山县、中部的福贡县、南部的腾冲市等，天然原生秃杉主要分布在北部的贡山县，中部的福贡县有少量分布，南部的腾冲主要为人工秃杉林。

目前，贡山县森林资源二类调查组在贡山县丙中洛镇高黎贡山自然保护区核心区中发现一片天然秃杉林。该片秃杉林分布海拔2000~2600m，群落结构完整而典型，保存较为原始。

10.2.1 天然秃杉及秃杉林

2003年，高黎贡山自然保护区发现的成片原始秃杉群落与常绿阔叶林混生，树龄均在千年上下，树高一般在40m以上，主要分布在保护区内实验区的河东、河西两个坡面，面积约为200hm²。2017年在贡山管理分局嘎足管理站其期实验站，调查该区秃杉分布区面积近1000hm²，分布海拔2000~2500m，多混生于季风常绿阔叶林中。据实测发现胸径超

过 200cm 的有 3 株，最大 1 株 211.1cm，冠幅 18m×18m，树高达 45m，3 株相距 200m 左右，树高均在 40m 以上，估计胸径 100cm 以上超过 200 株。通过 20m×40m 的大果马蹄荷、秃杉群落样地调查，秃杉在乔木层的 3 个亚层均有分布；在灌木层中也有秃杉幼树 3 株、平均高 1.5m，幼苗 5 株、平均高 0.5m，从秃杉生长来看，说明该地区秃杉具有天然更新能力，秃杉群落较为稳定。

10.2.2　人工秃杉及秃杉林

横亘腾冲市境内的高黎贡山是秃杉的世代繁衍中心之一，栽种秃杉历史上千年。过去腾冲老百姓迷信秃杉是"阴树"，即只能做棺材，因此农村忌讳栽种秃杉，只有寺庙才见栽种。

我国现存较古老的人工秃杉林仍屹立于腾冲市内罗绮坪村的古刹前，栽种于 1200 年前的南诏时期，树高 21.5m、胸径 271cm，树梢虽几经雷击火烧，仍生机盎然，村民们将它视为"树神"。天台山一位和尚 80 多年前种下的秃杉林单公顷木材蓄积达到 1940m³。

秃杉种子小难以采集育苗，过去寺庙所栽秃杉为从原始森林中搜寻到的幼苗。1982 年腾冲市林业局从高黎贡山采集秃杉种子育苗成功后，市里将秃杉作为重点造林树种大面积推广。为鼓励农民栽种秃杉，市林业部门不仅提供种苗，还给栽种秃杉的农户发放补助，腾冲市数万农户开始在荒山、承包地及田间地角里栽种起来。

高黎贡山自然保护区人工种植秃杉，主要是在腾冲市境内。腾冲市秃杉的人工种植历史最早始于保护区界头辖区的天台山，天台山茂密苍翠的秃杉林，为保护区周边及腾冲市的人工秃杉造林提供了样板和示范。从 1983 年后，全市掀起了秃杉人工林种植热潮，目前该市已种植秃杉林 17330hm²约 3900 万株，其中 4000hm²已经成林，缓解了群众的用材困难，也为秃杉的持续发展提供了丰富的种质资源。

天台山属保护区界头站辖区，山上建有天台寺，从 1912 年左右天台寺的高云、高山两代传人坚持种植秃杉到 1990 年，造林时长 80 多年。该区域分布有从中龄林（30 年以上）到过熟林（80 年以上的有 768 株，平均树高 32m、平均胸径 68cm）的不同龄级秃杉林分，分为零星（自然配置）及成片种植（株行距 2m×2~3m）两种形式，总面积 2.09hm²，总蓄积量 3617m³，其中 1985 年调查的大院子秃杉林的单位蓄积量 1731m³/hm²，到 2015 年增加为 2194m³/hm²，创造了单公顷木材蓄积量世界之最，增量为 463m³/hm²，年均生长量为 28.9m³/hm²。

按株行距成片种植极少有伴生树种，自然配置（结合地形，不严格按株行距）种植方式的主要伴生树种为山矾、尖齿木荷（*Schima khasiana*）、大头茶（*Polyspora axillaris*）、红豆杉等，层间植物多为藤黄檀，其生物多样性指数较高。

10.2.3　秃杉人工林立地指数表的编制

（1）材料整理

为编制秃杉人工林立地指数表，根据云南省林业调查规划设计院营林分院多年在昌宁、龙陵、腾冲、凤庆、陇川、潞西、盈汇等县（市）在不同林龄、不同立地条件、单层同龄疏密度在 0.5 以上纯林，设置标准地 165 块，面积最小 $500m^2$ 以上的详测样地和 5 株优势木样地。详细记载造林年度、林龄（不加苗龄）、环境立地因子，实测 5 株优势木，求算平均树高和胸径。在年龄较大的标准地伐倒平均优势木作树干解析。

根据公式（2-8 至 2-13）（2.1），计算各龄组正列后的 3 倍标准差上、下限，对落在限外的 8 株样本舍去，组成编表样本共 165 株。

（2）导向曲线数学模型的选择

将参加编表的样本 165 株，以年龄为横坐标，平均树高为纵坐标绘散点图 10.7。根据图 10.7 树高随年龄的变化趋势选用了表 10.8 中 8 个方程作曲线配合，以确定适宜的方程。

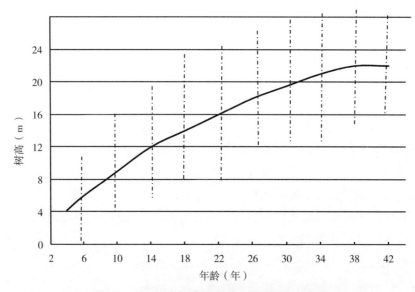

图 10.7　秃杉优势高散点和立地指数导向曲线

表 10.8　树高随年龄的变化

编号	回归方程	相关系数（R）	回归标准差（S）	回归标准数（SH）
1	$H=a+bA$	0.9965	1.20345	0.10776
2	$H=a+b/A$	0.80956	2.04687	0.20345
3	$H=a+b\ln A$	0.97645	1.21628	0.098347
4	$H=aA$	0.92473	2.14645	0.10806
5	$H=aA^b$	0.9915	0.751523	0.05452
6	$\ln H=a+b/A$	0.93078	1.9611	0.15368
7	$H=a+bA+CA^2$	0.99651	0.40101	0.03492
8	$H=a+b\ln A+c(\ln A)^2$	0.99609	0.51098	0.03786

注：a、b、c 为参数；H 为纵坐标；A 为横坐标。

从表 10.8 拟合的 8 个方程比较，其中以方程 7 相关系数 $R=0.99651$ 为最高，回归标准误 $SH=0.03492$ 和回归标准差 $S=0.40101$ 为最小，证明方程 7 拟合精度高，方程极紧密相关。故确定 7 式：$H = -1.019862 + 1.043282A - 0.0129lOA^2$ 为编制立地指数表的回归方程。计算出理论树高值（表 10.9）。

表 10.9　各径阶理论树高值

龄阶	4	6	8	10	12	14	16	18	20	22	24	26
树高（m）	3.09	4.52	5.65	6.77	7.88	8.98	10.08	11.17	12.26	13.34	14.42	15.48
龄阶	28	30	32	34	36	38	40	42	44	46	50	
树高（m）	16.54	17.6	18.65	19.69	20.83	21.75	22.78	23.79	24.94	25.81	27.79	

（3）标准年龄和级距

经 81 株解析木分析，按 2 年一个龄级材积连年生长量 20.5 年时最大，树高连年生长量和平均生长量曲线于 20.1 年相交，故标准年龄确定为 20 年。秃杉树高在 20 年的变动范围为 6.8~23.3m，确定级距为 2m，共划分为 8 个等级（8 条指数曲线）。

（4）变异系数的计算

各龄阶的树高值的变异系数是表明各龄阶标准地树高值对导向曲线平均树高（称为树高理论平均值）的标准差与龄阶树高理论平均值的百分比。

计算各龄阶的标准差，得方程：$\overline{\overline{SH}} = a + b^1/A$ 计算各龄阶树高理论标准差，经拟合回归方程为：

$$\overline{\overline{SH}} = 1.876682 - 3.074445/A, \quad r = 0.9456$$

经计算其结果见表 10.10。

表 10.10　各径阶理论树高标准差

龄阶	2	4	6	8	10	12	14	16	18	20	22	24	26
$\overline{\overline{SH}}$	0.33	1.11	1.36	1.49	1.57	1.62	1.65	1.68	1.71	1.72	1.74	1.75	1.76
龄阶	28	30	32	34	36	38	40	42	44	46	48	50	
$\overline{\overline{SH}}$	1.77	1.78	1.78	1.79	1.79	1.80	1.80	1.80	1.81	1.81	1.81	1.82	

公式：$C = \overline{\overline{SH}}/\overline{H} * \%$（C 为龄阶变异系数；$\overline{\overline{SH}}$ 为龄阶标准差；$\overline{H}$ 为主曲线理论平均树高值），经计算结果见表 10.11。

表 10.11　各径阶变异系数

龄阶	4	6	8	10	12	14	16	18	20	22	24	26
C	35.9	30.1	26.37	23.2	20.58	18.75	16.7	15.3	14.03	13	12.14	11.37
龄阶	28	30	32	34	36	38	40	42	44	46	48	50
C	10.70	10.1	9.54	9.09	8.59	8.27	7.90	7.57	7.25	7.01	6.75	6.55

从表 10.11 可知变动系数有明显的规律性，随着年龄的增大而减少。

根据方程：$\overline{\overline{C}} = a + b/A$，计算各龄阶变异系数理论值。经采用表 4 拟合回归方程为：

$$\overline{C} = 5.9906495 + 138.9313049/A,\ r = 0.9981;\ S\ (回归标准差) = 1.93564$$

计算结果见表 10.12。

表 10.12　各径阶变动系数

龄阶	4	6	8	10	12	14	16	18	20	22	24	26
C	40.72	29.15	23.36	19.88	17.58	15.9	14.67	13.71	12.9	12.31	11.78	11.33
龄阶	28	30	32	34	36	38	40	42	44	46	48	50
C	10.95	10.62	10.33	10.08	9.85	9.65	9.46	9.30	9.14	9.01	8.89	8.79

（5）调整系数及各龄阶间的计算

① 计算调整系数：主曲线标准年龄已经确定为 20 年，20 年时的树高值为 12.26m，需变动为 12.0m 的指数曲线，而使各指级均为整数。则标准年龄的调整系数为：

$$K_1 = \frac{12.26 - 12.0}{12.26} \times \frac{1}{12.94} = 0.00163886$$

② 计算调整间距及 12（12 级）时的曲线各龄阶树高值（表 10.13）：根据 $\overline{C_i} \times K_1 \times \overline{H_i}$ 计算结果见表 10.13，如求 20 年时，$12.04 \times 0.00163886 \times 12.26 = 0.26$。

表 10.13　间距曲线各径阶树高值

龄阶	主曲线树（m）	间距（m）	12m 树高	龄阶	主曲线树（m）	间距（m）	12m 树高
4	3.09	0.17	2.92	28	16.54	0.25	16.29
6	4.52	0.18	4.34	30	17.6	0.27	17.33
8	5.65	0.18	5.46	32	18.65	0.27	18.38
10	6.77	0.19	6.58	34	19.69	0.28	19.41
12	7.88	0.19	7.69	36	20.83	0.28	20.55
14	8.98	0.20	8.78	38	21.75	0.29	21.46
16	10.08	0.21	9.87	40	22.78	0.30	22.48
18	11.17	0.21	10.96	42	23.79	0.30	23.49
20	12.26	0.26	12.00	44	24.94	0.32	24.62
22	13.34	0.23	13.11	46	25.81	0.32	25.61
24	14.42	0.24	14.18	48	26.80	0.33	26.47
26	15.48	0.24	15.24	50	27.79	0.34	27.47

③ 各立地指数及各龄阶级距的计算：依同样的方法，以 12m 指数曲线为基础，则需求出每相差 1 个指数级的各龄阶树高间隔值。因标准年龄时各指数级相差 2m，故每相差 1 级的调整系数为：

$$K_2 = 级距 / \overline{H}20A \times 1/\overline{C}20A = \frac{2}{12.26} \times \frac{1}{12.94} = 0.012068$$

计算结果见表 10.14。

表 10.14 立地指数各龄阶距

龄阶	4	6	8	10	12	14	16	18	20	22	24	26
K_2	1.59	1.66	1.66	1.70	1.75	1.80	1.86	1.93	2.0	2.1	2.1	2.2
龄阶	28	30	32	34	36	38	40	42	44	46	48	50
K_2	2.2	2.3	2.5	2.5	2.5	2.6	2.6	2.6	2.7	2.8	3.0	3.0

（6）立地指数表

根据表 10.13 和表 10.14，把各指数级的龄阶平均树高值加减各指数级各龄阶间隔值（表 10.14 $\overline{H}\,\overline{C}K_2$）的 1/2，即得各指数级各龄阶的上、下限树高值。然后，整列成立地指数表 10.15。

表 10.15 秃杉人工林立地指数

年龄	立地指数							
	6	8	10	12	14	16	18	20
4			0.54	2.12	3.71	5.23	6.91	8.49
6		0.19	1.85	3.51	5.17	6.83	8..49	10.15
8		1.31	2.97	4.63	6.29	7.95	9.61	11.27
10	0.63	2.33	4.03	5.73	7.43	9.13	10.83	12.53
12	1.56	2.31	5.06	6.81	8.56	10.31	12.06	13.81
14	2.48	4.28	6.08	7.88	9.68	11.48	13.28	15.08
16	3.33	5.19	7.05	8.91	10.77	12.63	14.49	16.35
18	4.19	6.12	8.05	9.98	11.91	13.84	15.77	17.7
20	5.00	7.00	9.00	11.00	13.00	15.00	17.00	19.00
22	5.76	7.85	9.96	12.06	14.16	16.26	18.36	20.46
24	6.83	8.93	11.03	13.13	15.23	17.33	19.43	21.53
26	7.54	9.74	11.94	14.14	16.34	18.54	20.74	22.94
28	8.59	10.79	12.99	15.19	17.39	19.59	21.79	23.99
30	9.28	11.58	13.88	16.18	18.48	20.78	23.08	25.38
32	10.05	12.55	15.05	17.55	19.63	22.13	24.63	27.13
34	10.66	13.16	15.66	18.16	20.66	23.16	25.66	28.16
36	11.80	14.30	16.80	19.30	21.80	24.30	26.80	29.30
38	12.36	14.96	17.71	20.21	22.46	25.06	27.66	30.57
40	13.38	15.98	18.58	21.18	23.79	26.38	28.98	31.58
42	14.39	16.99	19.59	22.19	24.79	27.39	29.79	32.59
44	13.17	17.87	20.57	23.27	25.97	28.67	31.37	34.07
46	15.81	18.61	21.41	24.21	27.01	29.81	32.61	35.41
48	16.37	18.97	22.07	24.97	27.97	30.97	33.87	36.87
50	16.95	19.95	22.95	25.95	28.95	31.95	34.95	37.95

注：准年龄：20 年；等距：2m。

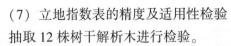

（7）立地指数表的精度及适用性检验

抽取 12 株树干解析木进行检验。

① 精度检验

查表得平均优势树高值为：$\overline{X_i} = \dfrac{\sum X_i}{n} = 18.1561$

实测得平均优势树高值为：$\overline{Y_i} = \dfrac{\sum Y_i}{n} = 18.9345$

系统误差为：$\overline{Y_i} - \overline{X_i} = 0.7784$；回归标准误差：$S_y = 0.03492$；回归标准差：$S = 0.40101$，相关系数：$r = 0.99651$；精度：$Exa = 98.7\%$。

检验结果说明估计精度（95.0%）是可靠的。

② 适用性（F）检验

根据公式（2-6），查 F 分布表：$F_{0.01} = 4.71$，实测优势树高值与理论树高值无显著差异（陶国祥，1996）。

10.2.4　秃杉人工林立地条件与林分生长关系分析

（1）土壤厚度对林分生长的影响

土壤是林木生存的基础。本次研究所调查的样地土壤类型大致相同，而土壤厚度对土壤的保湿、保肥等能力影响巨大。土层较厚，则土壤中的养分和含水率较高，利于林木根系伸展，促进林分生长发育。

从表 10.16 的方差分析中可以看出，在各个年龄段不同土壤厚度对秃杉林分生长影响达到显著水平（$\alpha = 0.05$）。从表 10.17 的多重比较分析可以看出，在秃杉速生初期即 6~15 年内，薄土层与中、厚土层对胸径及树高的生长有明显差异，而中、厚层土壤之间对胸径和树高的生长无明显差异；随着树木年龄的增长，不同土壤厚度对林木生长的影响都具有明显的差异；胸径、树高平均生长量随着土壤厚度变薄而减小，表明土层深厚更能促进林分的生长；而在 6~15 年这个速生阶段，林木平均生长量最大。

表 10.16　各年龄段不同土壤厚度对胸径、树高生长影响分析

年龄段	因子		平方和	Df	均方	F	Sig	年龄段	因子		平方和	Df	均方	F	Sig
I	胸径（cm）	组间	0.262	2	0.131	11.5	0.006	II	胸径（cm）	组间	0.170	2	0.085	50564	0.016
		组内	0.080	7	0.011					组内	0.229	15	0.015		
		总数	0.342	9						总数	0.399	17			
	树高（m）	组间	0.074	2	0.017	5.1	0.043		树高（m）	组间	0.108	2	0.054	6.907	0.007
		组内	0.054	7	0.007					组内	0.117	15	0.008		
		总数	0.124	9						总数	0.225	17			

（续）

年龄段	因子		平方和	Df	均方	F	Sig	年龄段	因子		平方和	Df	均方	F	Sig
III	胸径（cm）	组间	0.045	2	0.023	6.67	0.024	IV	胸径（cm）	组间	0.167	2	0.084	25.553	0.001
		组内	0.023	7	0.001					组内	0.023	7	0.003		
		总数	0.068	9						总数	0.190	9			
	树高（m）	组间	0.037	2	0.018	13.8	0.004		树高（m）	组间	0.050	2	0.025	10.435	0.008
		组内	0.009	7	0.001					组内	0.017	7	0.002		
		总数	0.046	9						总数	0.067	9			
V	胸径（cm）	组间	0.146	2	0.073	42.7	0.000	VI	胸径（cm）	组间	0.042	2	0.021	5.544	0.036
		组内	0.012	7	0.002					组内	0.026	7	0.004		
		总数	0.158	9						总数	0.068	9			
	树高（m）	组间	0.031	2	0.015	8.29	0.014		树高（m）	组间	0.026	2	0.013	9.152	0.011
		组内	0.013	7	0.002					组内	0.010	7	0.001		
		总数	0.044	9						总数	0.035	9			

表10.17　土壤厚度对林分生长影响及多重比较

年龄段	土壤厚度	胸径（cm）		树高（m）		年龄段	土壤厚度	胸径（cm）		树高（m）	
		平均	LSD	平均	LSD			平均	LSD	平均	LSD
6~10年	1	1.247	a	0.623	a	11~15年	1	1.363	a	1.614	a
	2	1.323	b	0.677	b		2	1.529	b	0.799	b
	3	1.61	b	0.82	b		3	1.61	b	0.802	b
	平均	1.415		0.718			平均	1.533		0.759	
16~20年	1	1.292	a	0.663	a	21~25年	1	1.15	a	0.565	a
	2	1.365	b	0.693	b		2	1.275	b	0.672	b
	3	1.463	c	0.81	c		3	1.48	c	0.747	c
	平均	1.373		0.719			平均	1.299		0.662	
26~30年	1	1.067	a	0.611	a	31~35年	1	1.167	a	0.565	a
	2	1.251	b	0.715	b		2	1.243	b	0.642	b
	3	1.377	c	0.747	c		3	1.322	b	0.683	b
	平均	1.233		0.693			平均	1.236		0.624	

注：LSD 表示多重比较；1 表示薄<40cm；2 表示中 41~80cm；3 表示厚>80cm。

（2）不同坡位对林分生长的影响

坡位是一个重要的地形因子，由于海拔落差、重力等作用造成在同一地域上的土壤肥力、水分、阳光等因子的不同分配，从而对同一地域的林木生长造成不同的影响。从表10.18 中可以看出，在各个年龄段中，不同坡位对林分生长的影响均达到显著水平，说明从幼龄林到成过熟林，坡位都是影响秃杉林分生长的一个重要的立地因子。从表10.19 的多重比较可以看出，在11~30 年龄段，不同坡位对秃杉胸径、树高的生长都有显著影响。

胸径、树高的年平均生长量随坡位自上而下呈递增趋势。由于山坡下部地势相对于上、中部较低，日照相对短、风力较弱，故而蒸发量小，湿度大。而且由于坡积、堆积的作用，使得土壤的水肥都从山坡上部往下部汇集，造成山坡下部较上中部土壤深厚肥沃、水湿条件好，对秃杉的生长更加有利。

表 10.18　各年龄段不同坡位对胸径、树高生长影响分析

年龄段	因子		平方和	*Df*	均方	*F*	*Sig*	年龄段	因子		平方和	*Df*	均方	*F*	*Sig*
I	胸径（cm）	组间	0.264	2	0.132	11.76	0.006	II	胸径（cm）	组间	0.237	2	0.119	0.007	0.001
		组内	0.079	7	0.011					组内	0.162	15	0.011		
		总数	0.342	9						总数	0.399	17			
	树高（m）	组间	0.074	2	0.037	5.099	0.043		树高（m）	组间	0.123	2	0.061	8.955	0.003
		组内	0.051	7	0.007					组内	0.103	15	0.007		
		总数	0.124	9						总数	0.225	17			
III	胸径（cm）	组间	0.056	2	0.027	14.73	0.003	IV	胸径（cm）	组间	0.127	2	0.064	7.094	0.021
		组内	0.013	7	0.002					组内	0.063	7	0.009		
		总数	0.068	9						总数	0.19	9			
	树高（m）	组间	0.041	2	0.021	28.08	0		树高（m）	组间	0.047	2	0.024	8.372	0.014
		组内	0.005	7	0.001					组内	0.02	7	0.003		
		总数	0.046	9						总数	0.067	9			
V	胸径（cm）	组间	0.126	2	0.063	13.6	0.004	VI	胸径（cm）	组间	0.053	2	0.027	12.04	0.005
		组内	0.032	7	0.005					组内	0.015	7	0.001		
		总数	0.158	9						总数	0.068	9			
	树高（m）	组间	0.033	2	0.017	11.21	0.007		树高（m）	组间	0.028	2	0.014	13.55	0.004
		组内	0.01	7	0.001					组内	0.007	7	0.002		
		总数	0.044	9						总数	0.035	9			

表 10.19　不同坡形对林分影响及多重比较

年龄段	坡位	胸径（cm）		树高（m）		年龄段	坡位	胸径（cm）		树高（m）	
		平均	LSD	平均	LSD			平均	LSD	平均	LSD
6~10 年	1	1.243	a	0.6230	a	11~15 年	1	1.437	a	0.688	a
	2	1.327	a	0.6770	a		2	1.617	b	0.83	b
	3	1.61	c	0.8200	c		3	1.76	c	0.903	c
	平均	1.415		0.7180			平均	1.533		0.759	
16~20 年	1	1.25	a	0.6350	a	21~25 年	1	1.15	a	0.582	a
	2	1.367	b	0.6980	b		2	1.32	b	0.664	b
	3	1.463	c	0.8100	c		3	1.47	c	0.78	c
	平均	1.373		0.7190			平均	1.299		0.662	

（续）

年龄段	坡位	胸径（cm）平均	LSD	树高（m）平均	LSD	年龄段	坡位	胸径（cm）平均	LSD	树高（m）平均	LSD
26~30年	1	1.067	a	0.6110	a	31~35年	1	1.15	a	0.573	a
	2	1.269	b	0.7000	b		2	1.258	b	0.597	a
	3	1.332	c	0.7500	c		3	1.311	c	0.688	c
	平均	1.233					平均	1.236		0.624	

注：1表示上；2表示中；3表示下。

（3）不同坡向对林分生长的影响

从表10.20中可以看出，在各个年龄段中，不同坡向对林分生长的影响达到显著水平。表10.21显示，不同年龄段秃杉在阴坡、阳坡生长均有显著差异。阴坡相对于阳坡光照时间较短，蒸发量小，故而土壤湿度大，热容量和导热率增大，能保持土壤温度，使土壤温度日变化小，也更能调节秃杉生长发育所需要的水分，而阳坡则反之。在6~35年年龄段，阳坡和半阴半阳坡对胸径生长无明显影响，而在16~30年年龄段，不同坡向对树高生长均有显著影响。

表 10.20　各年龄段不同坡向对胸径、树高生长影响分析

年龄段	因子		平方和	Df	均方	F	Sig	年龄段	因子		平方和	Df	均方	F	Sig
I	胸径（cm）	组间	0.275	2	0.1	147.222	0.003	II	胸径（cm）	组间	0.193	2	0.097	7.049	0.007
		组内	0.068	7	0					组内	0.206	15	0.014		
		总数	0.342	9						总数	0.398	17			
	树高（m）	组间	0.087	2	0	8.109	0.015		树高（m）	组间	0.088	2	0.044	4.779	0.025
		组内	0.037	7	0					组内	0.138	15	0.009		
		总数	0.124	9						总数	0.225	17			
III	胸径（cm）	组间	0.041	2	0	5.414	0.038	IV	胸径（cm）	组间	0.144	2	0.072	10.85	0.007
		组内	0.027	7	0					组内	0.046	7	0.007		
		总数	0.068	9						总数	0.19	9			
	树高（m）	组间	0.038	2	0	16.901	0.002		树高（m）	组间	0.053	2	0.026	12.88	0.005
		组内	0.008	7	0					组内	0.014	7	0.002		
		总数	0.046	9						总数	0.067	9			
V	胸径（cm）	组间	0.138	2	0.1	24.564	0.001	VI	胸径（cm）	组间	0.04	2	0.02	4.78	0.049
		组内	0.02	7						组内	0.029	7	0.004		
		总数	0.158	9						总数	0.068	9			
	树高（m）	组间	0.037	2	0	18.162	0.002		树高（m）	组间	0.028	2	0.014	13.28	0.004
		组内	0.007	7	0					组内	0.007	7	0.001		
		总数	0.044	9						总数	0.035	9			

表 10.21 不同坡向对林分影响及多重比较

年龄段	坡向	胸径（cm）		树高（m）		年龄段	坡向	胸径（cm）		树高（m）	
		平均	LSD	平均	LSD			平均	LSD	平均	LSD
6~10 年	1	1.223	a	0.593	a	11~15 年	1	1.446	a	0.700	a
	2	1.385	a	0.725	a		2	1.55	a	0.776	a
	3	1.647	c	0.833	c		3	1.672	c	0.853	c
	平均	1.415		0.718			平均	1.533		0.759	
16~20 年	1	1.3	a	0.657	a	21~25 年	1	1.15	a	0.565	a
	2	1.359	a	0.698	b		2	1.267	a	0.656	a
	3	1.463	c	0.810	c		3	1.435	c	0.740	c
	平均	1.373		0.719			平均	1.299		0.662	
26~30 年	1	1.067	a	0.611	a	31~35 年	1	1.168	a	0.570	a
	2	1.259	b	0.700	b		2	1.204	a	0.591	a
	3	1.366	c	0.767	c		3	1.311	c	0.688	c
	平均	1.233		0.693			平均	1.236		0.624	

注：1 表示阳坡；2 表示半阴半阳坡；3 表示阴坡。

（4）不同坡度对林木生长的影响

坡度不同造成太阳入射角度不同，从而获得的太阳辐射能量有差别，气温、土温及生态因子也随之发生变化。从表 10.22、表 10.23 中可以看出，只有 11~25 年间，不同的坡度对秃杉林木的生长产生了显著影响；而在 25~35 年间却不受影响（显著分析及多重比较均不列出，下同）；在 6~10 年间，坡度的变化对于胸径的生长没有产生显著影响，对树高的生长却产生了显著影响，说明秃杉在生长初期树高的生长优于胸径的生长；在中龄

表 10.22 各年龄段不同坡度对胸径、树高生长影响分析

年龄段	因子		平方和	Df	均方	F	Sig	年龄段	因子		平方和	Df	均方	F	Sig
I	胸径（cm）	组间	0.17	2	0.085	3.433	0.091	II	胸径（cm）	组间	0.251	2	0.125	12.681	0.001
		组内	0.173	7	0.025					组内	0.148	15	0.01		
		总数	0.342	9						总数	0.399	17			
	树高（m）	组间	0.075	2	0.038	5.347	0.039		树高（m）	组间	0.099	2	0.05	5.893	0.013
		组内	0.049	7	0.007					组内	0.126	15	0.008		
		总数	0.124	9						总数	0.225	17			
III	胸径（cm）	组间	0.042	2	0.021	5.75	0.033	IV	胸径（cm）	组间	0.119	2	0.06	5.864	0.032
		组内	0.026	7	0.004					组内	0.071	7	0.01		
		总数	0.068	9						总数	0.19	9			
	树高（m）	组间	0.027	2	0.013	4.88	0.047		树高（m）	组间	0.054	2	0.027	14.658	0.003
		组内	0.019	7	0.003					组内	0.013	7	0.002		
		总数	0.046	9						总数	0.067	9			

林阶段，林分郁闭度高，林木生长迅速，枝叶越来越茂盛，从而需要更多的养分及更严格的水肥条件，此时坡度的差异造成水肥条件的不同，进而对林分的生长有很大的影响。

表 10.23　不同坡度对林分影响及多重比较

年龄段	坡度	胸径（cm）平均	LSD	树高（m）平均	LSD	年龄段	坡度	胸径（cm）平均	LSD	树高（m）平均	LSD
6~10 年	1	1.45	a	0.65	a	11~15 年	1	1.372	a	0.66	a
	2	1.22	a	0.62	a		2	1.547	a	0.76	a
	3	1.518	a	0.8	c		3	1.635	c	0.826	c
	平均	1.415	a	0.72			平均	1.533		0.759	
6~20 年	1	1.295	a	0.66	a	21~25 年	1	1.125	a	0.78	a
	2	1.405	b	0.73	a		2	1.3	a	0.662	b
	3	1.443	c	0.78	c		3	1.47	c	0.548	c
	平均	1.373		0.72			平均	1.299		0.662	

注：1 表示陡，坡度≥25°；2 表示斜，坡度 15~25°；3 表示平缓，坡度≤15°。

（5）不同坡形对林分生长的影响

从表 10.24、表 10.25 中可以看出，在调查的 6 个年龄段中，仅有 6~10 年、11~15 年及 16~20 年这 3 个年龄段的生长受到了坡形的显著影响，因为水肥在重力作用下从凸坡向下迁移，并沿途经过截留吸附与下渗，而在平地、缓坡地、凹坡地带形成水肥富集地带，而凸坡则水肥逐渐贫瘠，且凸坡风力强劲，蒸发大而消散快，水分保蓄不足，对处在速生阶段的秃杉生长影响巨大。在 6~10 年这个阶段，坡度的变化并没有对秃杉的胸径生长造成太大的影响，而不同坡形造成的影响则较大。

表 10.24　各年龄段不同坡形对胸径、树高生长影响分析

年龄段	因子		平方和	Df	均方	F	Sig	年龄段	因子		平方和	Df	均方	F	Sig
I	胸径（cm）	组间	0.204	2	0.102	5.135	0.042	II	胸径（cm）	组间	0.071	4.147	0.037	0.071	4.15
		组内	0.139	7	0.02					组内	0.017				
		总数	0.342	9						总数					
	树高（m）	组间	0.079	2	0.039	6.07	0.03		树高（m）	组间	0.06	8.509	0.003	0.06	8.51
		组内	0.045	7	0.006					组内	0.007			0.007	
		总数	0.124	9						总数					
III	胸径（cm）	组间	0.055	2	0.027	14.73	0.003	IV	胸径（cm）	组间	0.001	10	0.001	0.001	0
		组内	0.013	7	0.002					组内					
		总数	0.068	9						总数					
	树高（m）	组间	0.039	2	0.019	18.48	0.002		树高（m）	组间					
		组内	0.007	7	0.001					组内					
		总数	0.046	9						总数					

表 10.25 不同坡形对林分影响及多重比较

年龄段	坡形	胸径（cm）		树高（m）		年龄段	坡形	胸径（cm）		树高（m）	
		平均	LSD	平均	LSD			平均	LSD	平均	LSD
6~10 年	1	1.22	a	0.593	a	11~15 年	1	1.37	a	0.604	a
	2	1.4	b	0.723	b		2	1.506	a	0.74	b
	3	1.57	c	0.801	c		3	1.617	c	0.834	c
	平均	1.42		0.718			平均	1.533		0.759	
6~20 年	1	1.25	a	0.645	a	21~25 年	1				
	2	1.37	b	0.694	a		2				
	3	1.46	c	0.81	c		3				
	平均	1.37		0.719			平均				

注：1 表示凸；2 表示平；3 表示凹。

（6）结论

① 在立地因子中，土壤、坡向、坡位和坡度等因子的不同，林木的生长也随之不同。从秃杉生长各个年龄段的分析可以看出：土壤厚度、坡向、坡位这 3 个立地因子是影响秃杉生长最为重要的立地因子，均对秃杉的生长造成了显著影响。且从胸径、树高的平均生长量对中看出，在各个年龄段，秃杉在土壤深厚、下坡位、阴坡的生长较其他同立地条件的不同位置要好。而坡形和坡度只是在秃杉的生长初期和中期造成了显著影响，待林分成熟后就不再对秃杉的生长造成大的影响；在秃杉幼龄林、中龄林阶段，在平缓坡、凹形坡生长的秃杉均比同立地条件的不同位置生长要好。

② 秃杉的生长对于坡位的变化最为敏感。从各个立地因子对胸径、树高的影响差异可以看出，树高生长较胸径生长对于立地因子的变化更敏感。秃杉生长过程中，树高的生长对光照的敏感程度比胸径生长要高。秃杉的树高生长先于胸径的生长，且秃杉的速生阶段时间较长，适合培育大径材。

③ 在营林过程中，按照生物生长的自然规律进行管理，可以达到事半功倍的效果。根据本次研究结果，秃杉人工林造林地最优的立地因子组合为：坡向为阴坡、坡位为下部、坡度小于 15°、土壤厚度较厚的地块。采取适当的初植密度、及时抚育和间伐，科学控制立木密度等措施，可以使秃杉达到速生丰产的效果。造林时可考虑坡位的影响，在中上部坡位可适当与一些喜阳、抗旱的树种如桤木等进行混交造林（吉灵波等，2014）。

10.2.5 秃杉人工林林分直径结构分析

（1）各径阶株数分布基本情况

根据各种研究结果表明，未受到干扰的天然同龄纯林直径结构规律一般呈现为以林分算术平均直径为峰点的单峰山状曲线，且近似于正态分布，其山状分布曲线随林龄增加呈现出规律性变化，即分布曲线有规律地移动。

从图 10.8 可以看出，山状曲线按 3、1、5、2、4 号样地的顺序向右移动，而这刚好是林分平均年龄从小到大的顺序。说明未经过间伐的秃杉人工林林分直径结构与许多科研工作者做出的"同龄纯林直径结构的山状分布曲线随林龄增加呈现出规律性变化"的结论相一致。

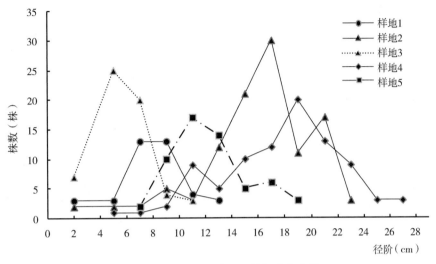

图10.8　1~5号样地径阶株数分布曲线

经过间伐的6、7、8、9、10号样地的直径分布山状曲线也呈现按年龄从小到大向右移动的趋势（图10.9），说明"同龄纯林直径结构的山状分布曲线随林龄增加呈现出规律性变化"的研究结论，对经过间伐和未经过间伐的秃杉人工林林分具有普遍适应性。另外，经过间伐的林分出现了径阶株数缺失的情况，即有的径阶株数为0，这说明在抚育间伐措施的具体实施过程中，没有考虑到林分各径阶株数的分布，而造成的径阶株数缺失。

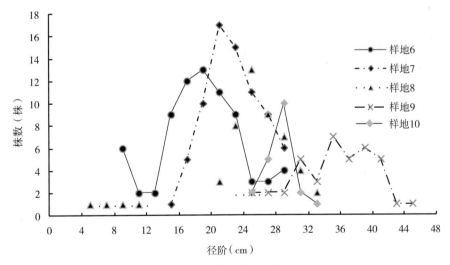

图10.9　6~10号样地径阶株数分布曲线

（2）Weibull函数、Logistic方程和Gompertz方程拟合

①根据各样地直径与株数的分布情况，分别采用Weibull分布函数、Logistic方程和

Gompertz 方程，参数估计结果见表10.26。

表 10.26 各样地直径分布函数参数估计值

样地号	Weibull 分布函数			Logistic 方程			Gompertz 方程		
	A	B	C	D	E	F	D	E	F
1	3.3	12.0845	0.059497	8.5	61.1991	10.0988	8.0014	3.6106	0.8244
2	4.3	1766.5667	1063.222	16.4962	18.0265	1.3464	16.6	132.2486	9.4949
3	3.3			17.6667	-105.959	10.6888	17.6667	-109.4984	-10.9731
4	6.4	11.6964	4.112	9.8762	7.9878	0.723258	9.8173	7.2294	0.695211
5	4.1	19.9959	0.102846	9	69.0583	8.4757	9	78.0677	9.7074
6	8.1	13.427	-4.233	7.8347	-12.4804	-0.47221	7.7309	-9.774	-0.3451
7	14.6	110555.5293	87334.15	11.3287	24.7695	1.5114	11.28	23.553	1.4691
8	4.9	64.3196	76.0636	5.875	351.3356	17.5689	6.6404	13.1165	0.774358
9	10.6	954.0167	127.9995	3.2895	3.1339	0.189009	3.237	1.5384	0.138872
10	20.3	31.9999	0.04882	4.2086	12.0708	0.582711	4.1593	10.2173	0.520119

注：A 表示位置参数；B 表示尺度参数；C 表示形状参数；D 表示上渐进值；E 表示初直有关的参数；F 表示内秉生长率。

② 分布拟合及 χ^2 检验 Weibull 分布函数、Logistic 方程和 Gompertz 方程求得各径阶的理论株数，与样地观测的实际株数进行 χ^2 检验比较分析，检验结果见表10.27。

在 $\alpha = 0.05$ 时，Weibull 函数可以拟合 6、7、9 号样地的林木直径分布，Logistic 方程可以拟合 1、5、6、7、9 号样地的林木直径分布，Gompertz 方程可以拟合 5、6、7、9 号样地的林木直径分布。在 $\alpha = 0.01$ 时，Weibull 函数可以拟合的样地有：1、6、7、9、10 号，Logistic 方程可以拟合的样地有：1、3、5、6、7、8、9、10 号，Gompertz 方程可以拟合的样地有：1、3、5、6、7、9、10 号。从样地林分年龄来看，除 1、3、5 号样地外，其他样地均为中龄林及以上的林分，可以看出人工中龄林及以上林分，即使经过人为干扰（抚育间伐）措施，其直径结构规律也可以用 3 个参数 Weibull 分布函数、Logistic 方程和 Gompertz 方程模型进行模拟研究，其中 Logistic 和 Gompertz 方程模型表现出更好的模拟效果，且 Logistic 方程效果更好，但 Logistic 方程是否能用于大范围内的秃杉人工林林分直径结构拟合还有待进一步的研究。

表 10.27 直径分布函数拟合结果检验

样地号	Weibull 分布函数			Logistic 方程			Gompertz 方程		
	χ^2	$\chi^2_{0.05}$	$\chi^2_{0.01}$	χ^2	$\chi^2_{0.05}$	$\chi^2_{0.01}$	χ^2	$\chi^2_{0.05}$	$\chi^2_{0.01}$
1	14.204	11.07	15.086	9.765	11.07	15.086	13.3838	11.070	15.086
2	153.011	18.307	23.209	45.501	18.307	23.209	29.711	18.307	23.209
3	17.975	7.815	11.345	8.641	7.815	11.345	8.641	7.815	11.345
4	30.582	19.675	24.725	31.815	19.675	24.725	47.695	19.675	24.725
5	34.582	10.067	18.475	13.556	14.067	18.475	13.556	14.067	18.475
6	16.094	21.026	26.217	18.139	21.026	26.217	20.766	21.026	26.217

（续）

样地号	Weibull 分布函数			Logistic 方程			Gompertz 方程		
	χ^2	$\chi^2_{0.05}$	$\chi^2_{0.01}$	χ^2	$\chi^2_{0.05}$	$\chi^2_{0.01}$	χ^2	$\chi^2_{0.05}$	$\chi^2_{0.01}$
7	7.125	14.067	18.475	8.899	14.067	18.475	7.291	14.067	18.475
8	5056.337	23.685	29.141	28.745	23.685	29.141	31.335	23.685	29.141
9	18.337	24.996	30.578	18.142	24.996	30.578	17.728	24.996	30.578
10	13.214	11.07	15.086	12.895	11.07	15.086	13.042	11.070	15.086

（3）结论

① 10 块样地的径阶株数分布曲线都呈山状，且遵循"随林分年龄的增大，其曲线逐渐向右移"的规律。这可能是因为样本数量及样地每木检尺数量不足而造成不能完整表达整个秃杉人工林林分直径结构，其次是在所选样地中不同程度存在间伐的情况，有些样地人为干扰较大，很可能影响正态分布的拟合效果。

② Logistic 方程和 Gompertz 方程能较好地拟合秃杉人工林直径结构，相对来说 Logistic 方程效果更好，可用于秃杉人工林未来直径分布和生长预测；而 Weibull 分布函数似乎只对经过抚育间伐的近成熟林林分直径结构拟合有一定的适应性。

③ 林分直径结构的研究，可以用来指导和评价林分的经营措施是否合理和恰当，如进行过抚育间伐的 8 号和 10 号样地出现了径阶中断的情况，从外业调查来看是由于抚育间伐不合理造成的。从年龄上，8、9、10 号样地的林分已属于成熟林，林木生长势减弱，树冠恢复较慢，其偏度为右偏，可进行大径级材的择伐利用，以提高其他中小径级林木的竞争力和质量（张志伟等，2012）。

10.2.6 高黎贡山人工秃杉林林分密度与生长关系

（1）各标准地秃杉生长情况

对 30 块秃杉人工林标准地的密度、胸径、树高、冠幅、年龄、蓄积量进行测量，结果见表 10.28。

表 10.28 各标准地信息

标准地号	年龄（年）	平均胸径（cm）	平均树高（m）	平均冠幅（m）	密度（株/hm²）	蓄积量（m³）	间伐与否
1	6	5.6	4.6	2.8	2400	0.63	是
2	9	11.7	5.6	3.0	2175	2.13	是
3	9	11.7	5.3	3.1	1975	1.81	是
4	10	13.9	5.6	3.2	978	2.95	是
5	10	12.1	6.2	3.0	2175	1.95	是
6	11	12.4	5.5	3.5	2750	3.13	是
7	11	11.6	7.1	3.5	1550	3.54	是
8	11	15.7	6.5	3.7	2550	4.69	是
9	11	11.5	6.7	3.5	1550	2.57	是

（续）

标准地号	年龄（年）	平均胸径（cm）	平均树高（m）	平均冠幅（m）	密度（株/hm²）	蓄积量（m³）	间伐与否
10	11	16.3	6.2	3.6	2175	4.36	是
11	11	19.1	8.7	4.0	2450	4.49	是
12	12	16.7	6.8	3.6	2175	3.22	是
13	15	18.4	11.3	3.6	1875	9.14	是
14	18	22.1	12.4	4	800	13.15	是
15	25	34.3	19.4	4.5	1150	30.63	是
16	27	22.4	15.3	3.9	938	19.28	是
17	30	26.9	15.5	4.3	1100	7.83	是
18	31	28.0	17.0	4.5	1140	35.40	是
19	34	24.5	17.1	3.8	1833	19.62	是
20	6	8.4	4.9	2.8	1675	1.04	否
21	6	6.7	5.4	2.7	1383	1.44	否
22	7	9.5	4.6	2.5	2000	0.66	否
23	9	13.6	8.6	3.2	1450	3.70	否
24	7	6.6	3.9	3.1	2550	0.78	否
25	12	17.5	10.4	3.3	1783	11.26	否
26	13	19.1	10.8	3.5	2225	12.50	否
27	16	13.5	10.4	3.3	3475	11.17	否
28	25	20.5	16.8	3.7	1925	21.10	否
29	31	27.7	18.0	4.2	1900	31.50	否
30	58	58.9	35.0	9.5	1025	87.84	否

（2）生长指标的相关性分析

生长指标相关性分析见表 10.29。

表 10.29　生长指标的相关性分析系数

	胸径（cm）	树高（m）	冠幅（m）	密度（株/hm²）	蓄积量（m³）
年龄	0.935**	0.969**	0.864**	-0.424*	0.918**
胸径（cm）		0.961**	0.931**	-0.452*	0.937**
树高（m）			0.876**	-0.444*	0.949**
冠幅（m）				-0.356*	0.926**
密度（株/hm²）					-0.381*

注：* 表示在 0.05 水平（双侧）上显著相关；** 表示在 0.01 水平（双侧）上显著相关。

由表 10.29 可见，年龄与胸径、树高、冠幅、蓄积量存在正相关，与密度存在负相关；胸径与树高、冠幅、蓄积量呈正相关，与密度呈负相关；树高与冠幅、蓄积量呈正相关，与密度呈负相关；冠幅与蓄积量呈正相关，与密度呈负相关；密度与蓄积量呈负相关。

（3）间伐对秃杉生长的影响

间伐前后秃杉生长情况见表10.30。

表10.30 间伐对秃杉生长的影响

	龄组（年）	平均胸径（cm）	平均树高（m）	平均冠幅（m）	密度（株/hm²）	蓄积量（m³）
	>10	9.7	5.2	3.0	2183	1.5
间伐	28	15.4	7.5	3.6	1912	4.8
	<20	27.2	16.9	4.2	1232	22.6
	>10	9.0	5.5	2.9	1812	1.5
未间伐	28	16.7	10.5	3.4	2494	11.6
	<20	24.1	17.4	4.0	1913	26.3

（4）林分密度对树高生长的影响分析

林分密度对上层林木树高的影响不显著，林分上层高的差异主要由立地条件的不同而引起。也正因此，上层林木树高被认为是反映立地质量的因子。另外，林分平均树高受密度的影响也较小，但在过密或过稀的林分中，密度对林分平均树高有影响，这是因为在过密的林分中被压木较多，林分平均树高较低；而在过稀的林分中，由于林分平均直径较大，依此求得的林分平均树高会有所增大。安藤贵（1982）指出，如果在计算平均高时，剔除被压木和枯死木不计，那么，可以认为密度对林分平均树高的影响不大（谢文雷，2004）。郑世锴等（1990）的研究结果也可得出相似的结论，除过大密度的林分外，不同密度之间的林分平均树高差异不显著。从表10.31中也可得出相似的结论。

林分年龄、密度基本相同，而立地条件不同，则林分树高差异很大，立地条件优越者树高生长快，立地条件差者树高生长慢。而林分直径与树高、立地条件不紧密，与林分密度关系紧密。从表10.31可以看出，1、2、3、10号样地中林分年龄相同，其中1、3号样地密度分别为1500株/hm²和1600株/hm²，优势木的平均树高为10.6m、12.6m，对应的立地指数分别为14和16。

表10.31 样地林分密度、树高、立地指数

标准地号	年龄（年）	立地指数	密度（株/hm²）	优势木平均高（m）	林分平均高（m）
1	12	14	1500	10.6	9.0
2	12	16	950	9.2	8.0
3	12	18	1600	12.6	10.0
4	22	14	1350	14.6	12.7
5	22	12	1200	14.0	12.0
6	21	12	1400	12.6	10.8
7	22	14	1025	15.4	12.8
8	30	20	700	26.0	22.0
9	31	12	750	18.6	16.0
10	12	12	3000	7.6	5.9
11	6	14	1675	6.4	4.9

（续）

标准地号	年龄（年）	立地指数	密度（株/hm²）	优势木平均高（m）	林分平均高（m）
12	9	14	2175	6.7	5.6
13	11	12	2750	8.8	7.3
14	6	14	1675	6.4	4.9
15	31	14	1140	18.3	17.0
16	31	16	675	21.1	18.5
17	40	16	467	27.5	25.5
18	50	16	500	29.0	25.0
19	16	16	2200	12.0	10.4
20	32	14	500	18.4	16.2

从表 10.32 中可以看出，相关性系数为 -0.737<0，说明呈中度相关（0.5≤|r|<0.8），相关系数的显著性为 0.015<0.05，说明林分密度受立地指数显著性负影响，从表下的注释可以看出，两变量在 0.05 水平上显著相关。

表 10.32　密度与立地指数级相关性分析

		密度（株/hm²）	立地指数
密度（株/hm²）	Pearson 相关性	1	-0.737*
	显著性（双侧）		0.015
	平方与叉积的和	1475562.500	-3190.000
	协方差	163951.389	-354.444
	N	20	20
立地指数	Pearson 相关性	-0.737*	1
	显著性（双侧）	0.379	
	平方与叉积的和	-3190.000	70.400
	协方差	-354.444	7.822
	N	20	20

注：* 表示在 0.05 水平（双侧）上显著相关。

分析林分密度与优势木平均高的相关性，结果见表 10.33。

表 10.33　密度与优势木平均高的相关性分析

		密度（株/hm²）	优势木平均高（m）
密度（株/hm²）	Pearson 相关性	-0.313	1
	显著性（双侧）	0.379	
	平方与叉积的和	-14062.000	1475562.500
	协方差	-1562.444	163915.389
	N	20	20

（续）

		密度（株/hm²）	优势木平均高（m）
优势木平均高（m）	Pearson 相关性	1	−0.313
	显著性（双侧）		0.379
	平方与叉积的和	246.816	−14062.000
	协方差	27.424	−1562.444
	N	10	10

从表10.33可以看出，相关性系数为−0.313<0，说明低度相关（0.3≤|r|<0.5），相关系数的显著性为0.379>0.05，说明林分密度与优势木平均高两变量在0.05水平上相关不显著。

分析林分密度与林分平均高相关性，结果见表10.34。

表10.34　密度与林分平均高相关性分析

		密度（株/hm²）	林分平均高（m）
密度（株/hm²）	Pearson 相关性	1	−0.786**
	显著性（双侧）		0
	平方与叉积的和	9729076.550	−66879.915
	协方差	512056.661	−3519.996
	N	20	20
林分平均高（m）	Pearson 相关性	−0.768**	1
	显著性（双侧）	0.000	
	平方与叉积的和	−66879.915	744.750
	协方差	−3519.996	29.197
	N	20	20

注：** 表示在0.01水平（双侧）上显著相关。

从表10.34中可看出，相关性系数为−0.786<0，说明中度相关（|r|<0.8），相关系数的显著性为0.000，说明林分密度与林分平均高变量在0.01水平上显著相关。

（5）林分密度对胸径生长的影响

密度对林分平均直径有显著影响，即密度越大的林分其林分平均直径越小，直径生长量也小。反之，密度越小则林分平均直径越大，直径生长量也越大。

分析林分密度与林分平均胸径之间的相关性，结果见表10.35。

从表10.35中可以看出，相关性系数为−0.827<0，说明呈高度相关（0.8≤|r|<0.95），相关系数的显著性为0.003<0.01，说明林分平均胸径受密度显著性负影响，两变量在0.01水平（双侧）上显著相关。

表 10.35　密度与胸径的相关性分析

		密度（株/hm²）	胸径（cm）
密度（株/hm²）	Pearson 相关性	1	−0.827**
	显著性（双侧）		0.003
	平方与叉积的和	1475562.500	−26335.250
	协方差	163951.389	−2926.139
	N	20	20
胸径（cm）	Pearson 相关性	−0.827**	1
	显著性（双侧）	0.003	
	平方与叉积的和	−26335.250	688.049
	协方差	−2926.139	76.450
	N	20	20

注：** 表示在 0.01 水平（双侧）上显著相关。

（6）结论与讨论

① 结论

谢文雷（2004）对秃杉 11 年生不同造林密度实验林进行调查分析，结果表明，造林密度对秃杉树高生长的影响未达显著水平，但对林分胸径、枝下高、冠幅和分化度等指标均有极显著影响，说明不同造林密度林分的高生长差异不显著，但栽植密度越大则林木分化愈强烈，林木个体之间的竞争愈加剧烈，林木自然整枝强度加大，造成林分树高、胸径和冠幅生长量的下降。从林分生长效果来看，稀植有利于促进胸径、冠幅和树高的生长，但为了林地充分说利用和提高林分群体蓄积量，其初植密度不宜过小，一般最初造林密度控制在 1167~2500 株/hm²。

叶功富等（1995）研究表明，不同密度秃杉林分中的林木单株材积之间差异显著，其材积随林分密度的增加而减小；随着林分密度的增大，秃杉的单株蓄积量表现为增大的趋势，这种增长的幅度随着年龄的增大呈现递减的趋势，在 20 年生时已不再显著；随着林分密度提高则小径木增加；对 4 种密度林分树高生长的调查分析表明，在整个生长发育过程中各密度林分树高成平行增长。

童书振等（2002）研究也得出相似的结论：不同密度的秃杉林分，林木枝下高亦不同，其随着年龄和密度的增加而递增，但到 12 年生后，枝下高趋于稳定，变化不大；不同林分密度对秃杉冠幅生长的影响，总的规律是随密度的增加而递减；各密度间的蓄积量随密度的增加而递增，但到某一年龄时，高密度的蓄积量却有下降的趋势。

黄建等（2006）研究表明：随着林分密度的增大，秃杉的蓄积量表现为增大的趋势，且蓄积量与株数、胸径呈正相关关系，株数、胸径越大，蓄积量越大，而株数越多，胸径则越小。而为了培养秃杉大径材（$D>26cm$），在单位面积保证一定的蓄积前提下，林木的株数不能过多或过少。经生产实践得出，秃杉的合理密度为 1050 株/hm²。

我国南方各地引种栽培研究表明，秃杉具有较强的适应性，能够适应我国南方中、低山区的气候和土壤。秃杉林分密度在很大程度上决定了林分的内部结构，直接影响了林分的生长状况。故在秃杉的整个生长过程中都要对其林分密度进行控制，包括造林密度的确定、间伐的强度与次数、间伐间隔期与起止期的确定等措施，并求得它们的最优组合，实现营林工作的最佳经济效益。

对秃杉人工林样地资料研究表明：林分密度与优势木平均高相关不紧密，与林分平均高相关，但与立地条件关系紧密且呈负相关。

密度对林分平均胸径有显著的影响，即密度越大的林分其林分平均胸径越小，直径生长量也小，反之，密度越小则林分平均胸径越大，胸径生长量也越大，在林分密度大于1500株/hm^2，林分平均胸径变化幅度相对较小。林分平均胸径要求达到大径级材（$D>$26cm）时，林分密度控制在1000株/hm^{2}以内。

在相同的立地条件下，林分密度随年龄的增大而减少，30年以后林分密度趋于稳定。

② 讨论

秃杉林木生长发育过程中有两大主要因素影响其生长，即自然因素和人为因素。自然因素包括林木生长的大环境以及所处的生态系统，即气候、地形、土壤、海拔、其他物种、自然灾害等因素；人为因素包括种苗、施肥、抚育、管护、人为破坏等。在这些因素中，人为因素能更及时、迅速、简便地根据林木的生长需要而进行调整，但人为因素如何能更及时、迅速、简便地根据林木的生长需要而进行调整还是有待解决的问题（李金亮和姜健发，2017）。

10.2.7 贡山天然秃杉生境植物群落结构

10.2.7.1 群落植物分析

（1）群落的物种组成

通过对样地内的种类调查鉴定后统计，贡山天然秃杉生境植物群落内共有48科73属92种植物（不含苔藓、地衣），见表10.36；其中，蕨类植物7科9属11种，裸子植物2科2属2种，被子植物39科62属79种，在被子植物中，单子叶植物7科11属16种，双子叶植物32科51属63种。在这些植物中，木本植物有56种（不含木质藤本），占总种数的60.87%，藤本植物5种（含草质藤本），占总种数的5.43%，草本植物31种，占总种数的33.70%；在植物群落中，有5个属9个种的有蔷薇科（Rosaceae）、6个种有山茶科（Theaceae），有4个属8个种的有兰科（Orchidaceae）、5个种的有茜草科（Rubiaceae）、4个种的科有菊科（Asteraceae），有3属4个种的有杜鹃花科（Ericaceae），2个属3个种的有桦木科（Betulaceae）、里白科（Gleicheniaceae）、鳞毛蕨科（Dryopteridaceae），2个属2个种的有唇形科（Labiatae）、禾本科（Gramineae）、葡萄科（Vitaceae），其他的科都是1属1或2种。蔷薇科较为优势，其次菊科和山茶科，草本种类的比例较大，也说明该群落郁闭度不大，林下散射光比较多，水分条件优越，促进了耐阴草本的发育。

表 10.36　秃杉生境物种群落组成

植物类群		组成统计			性状统计					
		科数（个）	属数（个）	种数（个）	木本		藤本		草本	
					种类(种)	占比(%)	种类(种)	占比(%)	种类(种)	占比(%)
蕨类植物		7	9	11	0	0	0	0	5	16.12
裸子植物		2	2	2	2	3.57	0	0	0	0
被子植物	单子叶植物	7	11	16	1	1.79	3	60.00	13	41.94
	双子叶植物	32	51	63	53	94.64	2	40.00	13	41.94
合计		48	73	92	56	100.00	5	100.00	31	100.00

（2）地理成分

该秃杉生境群落是以种子植物为主导的群落结构，按照吴征镒（1991）对中国种子植物属的分布区类型统计，群落中种子植物 64 个属的地理分布型统计结果见表 10.37：共有 17 个分布区类型，世界分布型 2 属，占种子植物属总和的 3.13%，属于热带起源的有 25 属，占种子植物属总和的 39.06%，其中，泛热带分布型有 12 属，占种子植物属总和的 18.76%；属于温带起源的有 22 属，占种子植物属总和的 34.38%；属东亚分布型 6 属，占种子植物属总和的 9.57%；属西马来（基本上在新华莱斯线以西，北达中南半岛或印度东北或热带喜马拉雅，南达苏门答腊）分布类型的有 4 属，占种子植物属总和的 6.45%；属新几内亚特有、欧亚和南美洲温带间断、中国—日本、中国—喜马拉雅分布类型的各有 1 属，分别占种子植物属总和的 1.56%。上述分析表明，本群落组成物种地理分布型较为复杂，热带分布成分占优势，其次为温带分布的属。

表 10.37　秃杉生境群落种子植物属的分布区类型

序号	分布区类型	属数（个）	百分比（%）
1	世界广布	2	3.12
2	泛热带	12	18.75
3	热带东南亚至印度—马来，太平洋诸岛（热带亚洲）	4	6.25
4	热带亚洲—热带非洲—热带美洲（南美洲）	1	1.56
5	热带亚洲至热带大洋洲	5	7.81
6	热带亚洲至热带非洲	1	1.56
7	旧世界热带	3	4.69
8	北温带	19	29.69
9	北温带和南温带间断分布	3	4.69
10	东亚	1	1.56
11	东亚（热带、亚热带）及热带南美间断	1	1.56
12	东亚及北美间断	4	6.45
13	西马来（基本上在新华莱斯线以西，北达中南半岛或印度东北或热带喜马拉雅，南达苏门答腊）	4	6.25

（续）

序号	分布区类型	属数（个）	百分比（%）
14	新几内亚特有	1	1.56
15	欧亚和南美洲温带间断	1	1.56
16	中国—日本	1	1.56
17	中国—喜马拉雅	1	1.56
合计		64	100.00

10.2.7.2　秃杉生境群落的外貌特征

　　构成群落的植物的生活型决定了该群落的外貌特征（王伯荪，1987）。该秃杉天然群落中，组成群落的植物的生活型见表 10.38、表 10.39，其中高位芽植物 43 种，占总种数的 46.74%，叶革质植物 42 种，占总种数的 45.65%，叶纸质植物 44 种，占总种数的 47.83%，可见该群落叶革质和叶纸质相差不是很大，其景观主要由叶革质、纸质叶和高位芽植物所决定，具有典型的常绿针阔叶混交林的外貌和结构特征。生长季节，呈现出一派绿色的景象；6~8 月，秃杉、大果马蹄荷绿色点缀在上层乔木林中，可见优势树种的景观；秋冬时节，秃杉、大果马蹄荷等常绿阔叶、针叶树种在林分上层呈现翠绿相间的季相色彩，秃杉、大果马蹄荷叶的绿色比例较高；冬季时节，秃杉常绿傲立其中，翠绿的树冠更加显见。

表 10.38　秃杉生境群落植物生活型统计信息

植物生活型		数量（种）	百分比（%）
高位芽植物	大高位芽植物 30m 以上	0	0
	中高位芽植物 8~30m	17	18.48
	小高位芽植物 2~8m	21	22.83
	攀缘植物	5	5.43
地面芽植物		37	40.22
地下芽植物		12	13.04
总计		92	100.00

表 10.39　秃杉生境群落植物叶质统计信息

叶质		数量（种）	百分比（%）
革质	厚革质	1	1.08
	革质	33	35.87
	薄革质	8	8.7
纸质	厚纸质	5	5.43
	薄纸质	3	3.26
	纸质	36	39.14
膜质		4	4.36
肉质		2	2.16
合计		92	100.00

10.2.7.3 群落的垂直结构

（1）乔木层

秃杉生境群落成层现象较为明显，可分为乔木层、灌木层、草本层3层。

乔木层郁闭度75%，植物共有16科21属23种163株，可分为3个亚层。第1亚层高20m以上，有秃杉1种3株，优势较明显；第2亚层高11~20m，有大果马蹄荷、秃杉、石灰花楸、亮叶桦、木荷、西桦、云南松、山核桃等共8种60株，其中大果马蹄荷25株、秃杉6株、石灰花楸2株、亮叶桦1株、木荷7株、西南桦13株、云南松4株、山核桃2株，大果马蹄荷优势明显；第3亚层高4.5~10m，有大果马蹄荷、秃杉、木荷、亮叶桦、紫茎、山矾、野八角、越橘（*Vaccinium vitis-idaea*）、兴山榆（*Ulmus bergmanniana*）、水红木、血桐、红色木莲、桤木（*Alnus cremastogyne*）、秃叶黄檗、红淡比、野柿、厚皮香、水东哥（*Saurauia tristyla*）、齿叶红淡比、西桦等共20种100株，其中大果马蹄荷16株、秃杉11株、木荷7株、山矾14株、水红木14株、厚皮香8株、水东哥5株、野八角7株、齿叶红淡比5株，紫茎、越橘各3株、石灰花楸、亮叶桦、山核桃、桤木、秃叶黄檗各2株，血桐、红色木莲、红淡比、兴山榆、野柿各1株。胸径20cm以上乔木有26株，其中大果马蹄荷有9株，占胸径20cm以上株数的34.62%，秃杉有8株，占30.77%，2个种共占65.39%，西桦、云南松各3株，分别占11.54%，木荷2株，占7.69%，山核桃1株，占3.85%。

从平均胸径及平均树高来看，胸径20cm以上乔木大果马蹄荷、秃杉株数占65.39%，树高第1、2亚层大果马蹄荷、秃杉株数占53.97%，并且秃杉3个亚层均有分布，大果马蹄荷在第2、3亚层有分布还占优势，该群落为大果马蹄荷、秃杉占优势，其次为西桦。

纵观整个群落中的乔木层，乔木种类与数量较多，23种163株，第1亚层仅有秃杉分布，共3株，第2亚层8种60株，第3亚层20种100株，秃杉在乔木层3个层次有分布，大果马蹄荷在乔木层的2个层次有分布，15m以上的大树有28株，其中大果马蹄荷11株、秃杉6株、西南桦5株、云南松3株、木荷2株、石灰花楸1株；第2亚层分布的种类和株数都较多。第3亚层分布的植物不论从植物的种类和株数都更多。此外，从乔木层重要值来看，大果马蹄荷为0.67、秃杉为0.43，说明在整个群落中常绿树种的大果马蹄荷、秃杉占绝对优势，群落属于常绿针阔叶混交林的森林群落类型（表10.40）。但是，从该海拔高度和该自然保护区的相应海拔的植被看，顶级群落的天然林都是常绿阔叶林（周政贤和姚茂森，1989），说明该群落是较为稳定的顶级森林群落。

表 10.40　秃杉生境群落乔木层特征值

序号	物种名	层次 1	层次 2	层次 3	株数（株）	平均树高（m）	高度范围（m）	相对密度	频度	相对频度	相对显著度	重要值	重要值序
1	大果马蹄荷 *Exbucklandia tonkinensis*		√	√	41	11.7	6.5~16	0.25	0.9	0.13	0.29	0.67	1
2	秃杉 *Taiwania cryptomerioides*	√	√	√	20	11.9	5~25	0.12	0.8	0.11	0.19	0.43	2
3	西桦 *Betula alnoides*		√	√	14	13.5	8~18	0.09	0.5	0.07	0.11	0.26	3
4	木荷 *Schima superba*		√	√	14	10.4	5~15	0.09	0.6	0.08	0.07	0.24	4
5	山矾 *Symplocos sumuntia*		√		14	7.6	5~9	0.09	0.5	0.07	0.06	0.22	5
6	水红木 *Viburnum cylindricum*		√		10	6.7	5~9	0.06	0.6	0.08	0.03	0.18	6
7	厚皮香 *Ternstroemia gymnanthera*		√		8	6.4	5~8	0.05	0.4	0.06	0.03	0.13	7
8	水东哥 *Saurauia tristyla*		√		5	8	5~10	0.03	0.4	0.06	0.03	0.12	8
9	云南松 *Pinus yunnanensis*	√			4	14.8	13~16	0.02	0.3	0.04	0.04	0.11	9
10	野八角 *Illicium simonsii*		√		7	7.1	5.5~8.5	0.04	0.2	0.03	0.03	0.10	10
11	齿叶红淡比 *Cleyera lipingensis*		√		5	7.7	7~8	0.03	0.3	0.04	0.02	0.09	11
12	紫茎 *Stewartia sinensis*		√		3	7	6~8	0.02	0.3	0.04	0.01	0.07	12
13	石灰花楸 *Sorbus folgneri*	√			2	14.3	13~15.5	0.01	0.2	0.03	0.01	0.05	13
14	亮叶桦 *Betula luminifera*		√	√	2	10.5	8~13	0.01	0.2	0.03	0.01	0.05	14
15	山核桃 *Juglans cathayensis*	√			2	12	12~12	0.01	0.1	0.01	0.02	0.05	15
16	桤木 *Alnus cremastogyne*		√		2	8	8~8	0.01	0.2	0.03	0.01	0.05	16
17	越橘 *Vaccinium vitis-idaea*		√		3	4.8	4.5~5	0.02	0.1	0.01	0.01	0.04	17

（续）

序号	物种名	层次			株数（株）	平均树高（m）	高度范围（m）	相对密度	频度	相对频度	相对显著度	重要值	重要值序
		1	2	3									
18	秃叶黄檗 *Phellodendron chinense*			√	2	7.5	7~8	0.01	0.1	0.01	0.01	0.03	18
19	血桐 *Macaranga tanarius*			√	1	10	10	0.01	0.1	0.01	0.01	0.03	19
20	红色木莲 *Manglietia insignis*			√	1	6	6	0.01	0.1	0.01	0.00	0.02	20
21	红淡比 *Cleyera japonica*			√	1	7	7	0.01	0.1	0.01	0.00	0.02	21
22	兴山榆 *Ulmus bergmanniana*			√	1	6	6	0.01	0.1	0.01	0.00	0.02	22
23	野柿 *Diospyros morrisiana*			√	1	6	6	0.01	0.1	0.01	0.00	0.02	23

（2）灌木层

灌木层植物种类也较多，共有 10 科 24 属 33 种（不含层间植物），覆盖度 55%。经调查，有杜鹃、五加（*Acanthopanax gracilistylus*）、山矾、滇白珠（*Gaultheria leudarpa* var. *erenulata*）、构棘（*Maclura cochinchinensis*）、水麻（*Debregeasia orientalis*）、尖子木（*Oxyspora paniculata*）、杨桐、狭叶桃叶珊瑚（*Aucuba chinensis* var. *angusta*）、鼠李（*Rhamnus davurica*）、黄泡、异叶榕（*Ficus heteromorpha*）、清香藤（*Jasminum lanceolarium*）、小果蔷薇（*Rosa cymosa*）、白花树罗卜（*Agapetes manmi*）、草珊瑚（*Sarcandra glabra*）、黔桂悬勾子（*Rubus feddei*）、白叶莓、西域旌节花、粗叶木（*Lasianthus chinensis*）等，以杜鹃、悬勾子属（*Rubus*）较多，覆盖度分别为 15%、10%。其他种类零星分布，数量较少；说明杜鹃是灌木层的优势种。在该群落中，灌木层种类分布少且稀疏，主要是由于乔木层郁闭度大，林下光照弱。

（3）层间植物

层间植物有 4 科 3 属 5 种，矮菝葜（*Smilax nana*）、小叶菝葜（*Smilax microphylla*）、暗色菝葜（*Smilax lanceifolia* var. *opaca*）、绒毛鸡矢藤、云南崖爬藤（*Tetrastigma yunnanense*）。主要攀缘在其他乔木、灌木树种上。

（4）草本层

草木层种类相对较多，有 18 科 25 属 31 种，总覆盖度 80%，主要都是喜湿耐阴的种类，经调查有：里白、蕙兰（*Cymbidium faberi*）、淡竹叶、瘤足蕨、乌蔹莓（*Cayratia japonica*）、碎米草（*Cyperus iria*）、卵叶盾蕨（*Neolepisorus ovatas*）、瓦韦（*Lepisorus thunbergianus*）、芒萁、大叶金腰、三脉紫菀（*Aster trinervius* subsp. *ageratoides*）、斑叶兰（*Goodyera schlechtendaliana*）、兔耳兰（*Cymbidium lancifolium*）、牛耳朵（*Chirita eburnea*）、金星蕨、石斛（*Dendrobium nobile*）、十字薹草（*Carex cruciata*）、艾纳香（*Blumea balsamif-*

era）、铁皮石斛（*Dendrobium officinale*）、紫麻、火烧兰（*Epipactis helleborine*）、心叶堇菜（*Viola yunnanfuensis*）、铁线蕨（*Adiantum capillus-veneris*）、石韦（*Pyrrosia lingua*）、黄毛草莓（*Fragaria nigerrensis*）、石松（*Diaphasiastrum japonicum*）、细风轮草（*Clinopodium gracile*）、求米草（*Oplismentls undulatifolius*）等，其中蕨类植物和兰科植物种类较多，蕨类植物覆盖度达到40%，说明该群落的草本层植物种类较多。但其优势种比较单一。草本层植物覆盖度大，原因是土壤的湿度比较大，有利于喜湿耐阴的种类生长。

10.2.7.4　群落径级结构

大果马蹄荷、秃杉群落乔木层各径级的个体数目随着径级增大而逐渐减少（表10.41），但是大果马蹄荷除最大径级35cm以上无植株外，其他各径级中都有出现，并且有大量的幼苗、幼树，秃杉在各径级中都有出现，并且在灌木层中有更新幼苗，样地中有秃杉幼树3株、平均高1.5m，幼苗5株、平均高0.5m，说明群落是稳定的，从种群发展趋势看未来大果马蹄荷、秃杉群落的群体数量有增加趋势。森林植被主要是朝着常绿针阔叶混交林的地带性植被演替。

在群落的径级结构中，胸径5~10cm有74株，占总株数的45.4%；10.1~15cm有36株，占总株数的22.1%；15.1~20cm有27株，占总株数的16.6%；20.1~25cm有11株，占总株数的6.8%；25.1~30cm有10株，占总株数的6.1%；30.1~35cm有2株，占总株数的1.2%；35cm以上有3株，占总株数的1.8%。在胸径5~30cm各径级大果马蹄荷株数所占比例均是较高的，其次为秃杉，特别是大径级的上层林木以大果马蹄荷和秃杉为主，说明大果马蹄荷和秃杉是本群落的优势种。

表 10.41　乔木层径级和株数统计信息

序号	径级（cm）	株数（株）	比例（%）	种类
1	5~10	74	45.4	水东哥1株、齿叶红淡比5株、厚皮香7株、野柿1株、大果马蹄荷10株、亮叶桦1株、红色木莲1株、秃叶黄檗2株、木荷8株、山矾7株、红淡比1株、桤木2株、水红木10株、秃杉3株、杨桐属sp1 2株、野八角6株、兴山榆1株、越橘3株、紫茎3株
2	10.1~15	36	22.1	水东哥1株、大果马蹄荷8株、亮叶桦1株、木荷3株、山矾6株、石灰花楸1株、秃杉5株、西桦6株、血桐1株、水东哥1株、野八角1株、山核桃1株、云南松1株
3	15.1~20	27	16.6	大果马蹄荷14株、木荷1株、水东哥1株、山矾1株、石灰花楸1株、秃杉4株、西桦5株
4	20.1~25	11	6.8	大果马蹄荷7株、木荷1株、秃杉1株、西桦1株、云南松1株
5	25.1~30	10	6.1	大果马蹄荷2株、秃杉4株、西桦2株、云南松2株
6	30.1~35	2	1.2	木荷1株、秃杉1株
7	35.1以上	3	1.8	秃杉2株、山核桃1株
	合计	163	100	

10.2.7.5　群落演替发展趋势

从群落垂直结构的种类分布分析，在乔木层的23种乔木种类中，大果马蹄荷、秃杉、西桦、云南松、木荷、山核桃处于群落上层，处于群落亚层的除有大果马蹄荷、秃杉、西南桦、云南松、木荷外，还有杜鹃、亮叶桦、红色木莲、秃叶黄檗、山矾、桤木、水红木、杨桐属、野八角、兴山榆、越橘、紫茎、水东哥、石灰花楸、血桐等。大果马蹄荷株数最多，但呈团状分布，有23株，平均胸径15.8cm，其次是秃杉20株，分布均匀，平均胸径21.0cm，并有一定数量的幼苗、幼树，乔木层各层各径级的23个种163株中，大果马蹄荷和秃杉占样地总株数的26.4%。由此推论：现存的大果马蹄荷和秃杉群落是在某一时期，原有的植被由于人为等原因受到破坏后，而且又具有充足的大果马蹄荷和秃杉天然种源，使大果马蹄荷和秃杉得以迅速更新，特别是大果马蹄荷成为先锋树种，导致今天我们看见了大果马蹄荷和秃杉为优势的群落出现，现该处于人为活动罕至区，极可顺向演替为以秃杉为主的常绿针阔叶混交林。

10.2.7.6 结论

① 该秃杉生境植物群落组成共有48科73属92种植物，组成群落的植物的生活型见表10.35、表10.36，其中高位芽植物43种，占总种数的46.74%，叶革质植物42种，占总种数的45.65%，叶纸质植物44种，占总种数的47.83%，可见该群落叶革质和叶纸质相差不大，其景观主要由叶革质、纸质叶和高位芽植物所决定，具有典型的常绿针阔叶混交林的外貌和结构特征，属于常绿针阔叶混交林。

② 在秃杉生境群落中大果马蹄荷、秃杉与云南松、西桦共同组成处于优势种地位，大果马蹄荷和秃杉是本群落的优势种，决定了群落乔木层的外貌。从该自然保护区相应的海拔植被看，顶级群落的天然林都是常绿阔叶林，说明该群落是较为稳定的顶级森林群落，群落结构较为稳定（谢镇国等，2019）。

10.2.8 秃杉根系的研究

10.2.8.1 根系的生长过程

研究了1~50年生秃杉根系，见图10.10至图10.12和表10.42至表10.45。秃杉系半深根性树种，属疏散型根系。主根退化为3~4条明显的垂直根系，成熟期（40年以后）根深1.5~2.5m，侧根非常发达，8年或9年以后根系开始连生，构成特殊的根群结构，实属裸子植物中罕见。因此，秃杉长寿、速生、高产，为林中巨树，究其原因也就在此。

表10.42 样地立地条件

地点及样号	地位指数	林龄（年）	密度（株/hm²）	平均木			地形因子			土壤条件							
				树高（m）	胸径（cm）	海拔（m）	坡位	坡向	坡度（°）	名称	岩石	厚度（cm）	质地	结构	容量（g/cm³）	比重（g/cm³）	含水率（%）	孔隙度（%）
云南滇西龙陵																	
18	12	9.5	4680	5.6	6.3	1510	下部	阳	10	黄壤	花岗岩	43	轻黏	核状	0.94	2.35	36.7	66
11	14	15.5	1095	10.6	10.5	1620	下部	阴	30	黄壤	花岗岩	95	轻壤	核状	1.01	2.34	30.6	59

（续）

地点及样号	地位指数	林龄（年）	密度（株/hm²）	平均木			地形因子			土壤条件							
				树高（m）	胸径（cm）	海拔（m）	坡位	坡向	坡度（°）	名称	岩石	厚度（cm）	质地	结构	容量（g/cm³）	比重（g/cm³）	含水率（%）	孔隙度（%）
17	12	15.5	1185	10.5	6.9	1680	山脊	阳	3	黄壤	砂岩	56	重壤	块状	1.21	2.73	22.3	51.7
24	10	44	2220	15.4	16.3	1680	中上	阳	25	黄壤	砂岩	59	重壤	块状	1.2	2.71	21.7	50.8
35	14	50	900	40.6	40.6	2150	中部	阴	15	黄棕壤	砂岩	110	轻壤	核状	1.05	2.45	31.3	68

表 10.43　秃杉根系生长情况

地点及标准地点	海拔（m）	坡向	土壤名称	土层厚度（cm）	年龄（年）	H（m）	D（cm）	冠幅（cm）	根密集（cm）	根长（cm）	根径（m）	根幅（cm）	垂直根数（根）	侧根数（根）	根连生数	备注
云南滇西																
龙陵																
9	1630	阴坡	黄壤		1	0.19				21	0.3		1	5	无	播种苗
36	1850	阴坡	黄壤		1	0.13				18	0.25		1	7	无	野生苗
11	1710	半阴	黄壤	95	1.5	0.29		31		34	0.4	25	2	5	无	播种苗
14	1650	阴坡	黄壤	78	3	0.84		41	10~20	39		49	2	8	无	天然
17	1760	阴坡	黄壤	84	3	1.4		63	10~30	38		71	2	10	无	人工林
20	1860	阴坡	黄壤	76	4	2.2		120	10~35	58		134	2	15	无	人工林
23	1810	阴坡	黄壤	65	5	3.6	5.1	180	10~40	71		190	3	19	无	人工林
27	1560	阴坡	黄壤	95	6	4.4	6.3	200	10~43	86		220	3	20	无	人工林

秃杉 1 年生的幼苗，主根明显且较长，侧根很短；野生苗根系特别发达为苗高的 1.3 倍（表 10.43），播种苗为 1.1 倍。1 年生以后的幼苗主根伸长 20~34cm，根长仍大于苗高，侧根 5~7 条近水平方向伸展，主根明显或分为 2 条垂直根系。苗木生长健壮，1.5~2 年生苗即可出圃造林。一般生长正常的苗木，造林后 3~5 年内（表 10.43），幼树根系扩展很快，根幅大于冠幅，冠幅 41~180cm，根幅 49~190cm，侧根 8~19 条，根长 40~71cm，根系密集于 10~40cm 的土层中，树高和直径开始增长很快，主根开始退化为 3~4 个垂直根系。若定植不当，根系不舒展弯曲，则由弯曲部位萌发一轮二重根系，在造林成活率调查时多次发现，幼树生长不良。因此，造林时必须使苗木根系舒展，才能保证成活率。造林时根系弯曲长势很差；造林时定植规范，生长正常。6~8 年侧根和细根系特别发达，根长超过 80cm，根幅大于冠幅，侧根超过 20 条，根系密集在 10~45cm 的土层中，垂直根系趋于稳定，并开始退化。9 年以后侧根和垂直根系不再增加，但根系粗度不断增大。此时，经多次调查发现，垂直根系与侧根，或垂直根系之间，或侧根之间开始连生，一般 3~4 处（图 10.10，图 10.11，表 10.44）形成庞大的根系群体结构，能从土壤中吸收充足的水分和养分供给植物生活生长利用。此时，树高、胸径连年生长量出现最高峰，材积增加很快，持续至 50 年以后。

表 10.44　秃杉根系生长情况

| 地点及标准地点 | 土层厚度（cm） | 水平根系 | | | | | | 垂直根系 | | | | 根系连生数（处） | 最粗根径（cm） | 最长根径（cm） | 树高/根深 |
| | | 根幅（m） | 主要侧根 | | | 细根密集范围（cm） | 条数（条） | 基径（cm） | 分布深度（m） | 细根密集范围（cm） | | | | |
			条数（条）	基径（cm）	分布深度（m）									
云南滇西龙陵														
18	43	2.1	21	2~3	35	70	4	3~4	98	50	3	5	150	5.7
11	95	3.9	24	5~8	63	110	3	6~12	110	90	3	14	240	9.5
17	56	2.5	25	3~6	51	95	3	5~9	105	75	3	10	157	6.5
24	59	2.9	27	4~15	56	140	4	7~20	120	80	4	23	160	13.6
35	110	4.5	28	7~23	60	210	3	9~30	150	100	3	33	185	14.2

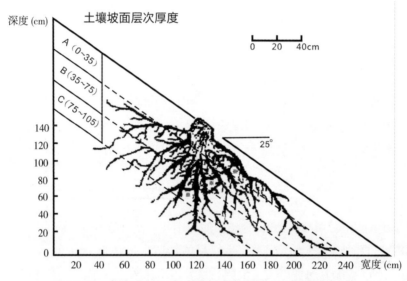

图 10.10　龙陵后山 44 年生秃杉垂直根系（※根系连生处）

秃杉 20 年以后进入干材阶段，垂直根系生长衰退，侧根发达，密集在 30~50cm 的土层深度，垂直根系细根分布于 60~80cm 深的土体中，构成根群网。短根常与土壤中的真菌共生，形成菌根，白色菌丝体在 10~30cm 以上的土体中和短根上都有分布，并且短根还被菌根套所包围，菌根的发育，对秃杉生长有利，它能扩大根系吸收营养和水分的能力。此时材积连年生长量可达到最高峰，但不急速下降，可延迟到 40 年；立地条件差的林地，材积连年生长量高峰期推迟到 30 年以后，因为根系还没有完全发育好。

秃杉根系连生（9 年）以后（表 10.44），垂直根系条数和连生根系、主要水平侧根数量不再增加。但侧根和垂直根系的长度、密集的深度、密集分布的范围以及粗生长，随着林龄的增加而增长，水平根系的密集范围，始终大于垂直根系的密集范围。如表 10.44，秃杉 9.5~50 年，根幅 2.1~4.5m；水平根系分布深度 35~60cm，细根密集范围 70~210cm，基径 3~23cm；垂直根系分布深度 98~150cm，基径 4~30cm，细根密集范围 50~

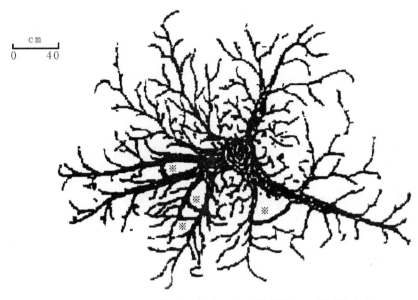

图 10.11　龙陵后山 44 年生秃杉水平根系分布图（※根系连生处）

100cm；最粗根径 5~33cm，根最长 150~185cm，树高与根长之比 5.7~14.2。

秃杉根系再生能力很强，造林一旬后即开始生长幼根，根系的发育对地上部分影响很大。由于秃杉幼龄期根系生长很快，所以秃杉的树高生长速度很快，连年生长量的高峰期一般在第 8 年开始出现，比云南松、杉木都快。杉木 10 年出现，云南松 10 年以后才出现。

秃杉根系对土壤黏重、排水不良、缺氧特别敏感。当遇到此情况，垂直根系更加退化，整个根系发育都不良。但是秃杉侧根具有很强的穿透力，能在岩石缝隙中扎根生长，因此，可以在岩石裸露地的缝隙中造林。如浙江舟山海岛引种的秃杉，能在海滩上 pH 8.0、含盐量 1% 的轻碱土上生长。经调查在较差的立地上营造的秃杉与杉木混交林，秃杉比杉木提高产量 20%~30%。

10.2.8.2　秃杉根系连生

秃杉根系连生现象，有异于杉科其他树种，可能是在庞大的根系群里，植根产生根系黏化而形成，表 10.44 中 9.5 年、15.5 年、44 年、50 年的秃杉人工林的根系调查中都有连生。一般 3~4 处，这种连生现象在植生组中没有发现。N. N. 西什柯夫在对于云杉纯林的植生组中调查发现林木根系有连生现象，甚至距 2~3m 时其根系亦能连生，在某些情况下，2~3 株或 3~6 株树的根系都可以连生，但这种根系的连生植株只占成年林木的 30%。另外，近年湖南绥宁县黄双天然次生林考察队，《对黄双林区长苞铁杉群落现状的初步研究》中报道了长苞铁杉（*Tsuga longibracteata*）植生组中有连生现象。秃杉根系的连生现象实属罕见。

秃杉通过根系连生形成庞大的根系群体，从土壤中吸取营养物质和水分，加上水热条件配合，这样就能保证光合作用的顺利进行，充分利用光能这个优势积累更多的干物质，促进秃杉长寿、高产、快速地生长，如表 10.44 中 35 号样地 50 年生秃杉人工林蓄积量 2.104m³/（0.067hm²·年）。树干解析研究表明，秃杉在正常生长的情况下，树高和胸径的年生长量在 8 年时或以后出现生长量的最高峰，这是因为 8 年以后秃杉根系连生组成紧密的根系网，促进生长。如果立地条件差根系发育不好，高峰期推迟到 15 年才出现。

10.2.8.3 秃杉根系的形态结构

秃杉根系形态结构和在土层中的分布状况，以图 10.10 至图 10.12 和表 10.44 中 24 号样地 44 年秃杉根系为例，加以说明。秃杉树高 16.3m，胸径 15.4cm，林分郁闭度 0.6，每 0.067hm² 株数 148 株（表 10.42）。

① 根径粗 19.7cm，下伸到 10~15cm 处，分为 4 个直径 11cm 以上的侧根 1 条及垂直根 3 条，组成第一级根系。

② 15~25cm 处由一级根系分成 10 条侧根和 3 条垂直根系，组成第二级根系。

③ 二级侧根和垂直根于 25~40cm 处，又分出 20 条以上根系组成第三级根系，互相交织组成根群网。

④ 根系连生共 4 处，即侧根与侧根 2 处，侧根与垂直根 1 处，垂直根与垂根 1 处；连生根系根幅 290cm，水平根系密集范围为 140cm，大于垂直根系的密集范围。这种根系连生的形态结构实属罕见。

⑤ 在较大的坡度下，一般根系是不对称的，在坡上方及两侧各具一级侧根 2 条，以大于 75° 倾角伸展，起到固定的作用；山坡下方由主根分出 2 条二级侧根和 2 条二级垂直根系，以小于 45° 的倾角向下延伸，起到支撑的作用。因此，下坡方向根系比上坡方向发达（图 10.10，图 10.11）。

⑥ 主根退化后形成明显的 4 条垂直根系。侧根分枝多，在主根周围以平均 70° 的倾角舒展而密集，分布于 20~40cm 的土层内交织形成网状，侧根一部分附着在长侧根上，且向水平方向伸展，根幅 2.9m，另一部分附着在垂直根上（图 10.10，图 10.11）深入 40~80cm 的土层中。

⑦ 生理活动区间（根系的垂直分布见图 10.10 和图 10.12）小于 1cm 的吸收根系 83% 分布在 20~40cm 的土层内，根系数量比杉木多 1~1.5 倍。吸收根分布的深度仅达 40~50cm；1~3cm 的细根 90% 分布在 20~60cm 的土层中，10% 的分布在 60~80cm 的土层内。

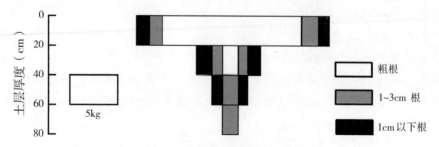

图 10.12　44 年生秃杉根系在土层中分布

⑧ 秃杉菌根非常发达，是根系的短根与土壤中的真菌共生的结果形成菌根。对生长

常有利，它可以扩大根系的吸收面积，提高对营养物质的吸收能力，特别是土壤腐殖质层比较多的条件下。

⑨ 根系的生物量（表 10.45，图 10.12）全株 248.75kg，其中地上部分 221.1kg（干重 196.1kg，枝叶重 25kg），地下部分 27.65kg（根径重 22.5kg，粗根>2cm 重 3.5kg，细根<2cm，重 1.65kg），地上部分占 88.9%，地下部分占 11.1%。根与干重比为 7∶1，地下与地上部分重量之比为 8∶1。

表 10.45　秃杉不同林分类型生物量比较

地点及标准地点	林分类型	单株生物量(kg)	地上生物量（kg）				地下生物量（kg）				地上/地下	干/根	林分生物量(t/hm²)	枯枝落物(t/hm²)	活地被物(t/hm²)	备注
			计	干	枝	叶	计	根径(cm)	粗根>2(cm)	细根<2(cm)						
云南滇西龙陵																鲜重
18	Ⅲ	21.43	18.6	11.1	4.2	3.2	2.8	1.7	0.5	0.6	7	2	100	0.3	0.9	
11	Ⅱ	193.1	150.1	95.1	31	24	43	25	11.3	6.7	4	4	182.5	1.7	2.3	
17	Ⅳ	119.3	98.1	62.2	20.2	15.7	21.2	17.1	30	1.1	5	3	123.5	2.2	2.7	
24	Ⅳ	248.75	221.1	196.1	14.4	10.6	27	22.5	3.5	1.6	8	7	562.2	4.1	16.3	
35	Ⅱ	956.7	846.6	664.3	120.8	61.5	110.1	73.1	24.1	11	7.7	6	1018.8	3.2	15.4	

10.2.8.4　秃杉根系的生长量

秃杉根系的生长量，由于林龄以及立地条件的不同，即便是同龄林木根量也不一样，林地愈好，林龄愈小，单位面积根系生长量也就愈多（陶国祥，2001）。

10.3　福建天然秃杉资源

2011 年，在我国南方集体林区重点林业县福建省三明市尤溪县的中仙乡文井村彭溪自然村，发现了一株巨大的珍稀濒危树种秃杉王。胸径 245cm，高达 32m，围径为逾 10m，冠幅 12m×14m，需 6 个成人手牵手才能把这株巨大秃杉王围住，可谓树木家族中的"巨人"。据考证，在文井村彭溪自然村发现的这株巨大秃杉王，为举世罕有的"子遗"子树。树龄距今已有 1000 年，四季常青，树干通直高大，挺拔如雪松，紫红褐色的材质轻软散发出清香，树冠呈塔形，枝条修长下垂，树姿优美，透出了几分秀色，具有很高的观赏价值。该株秃杉已被尤溪县政府定为县级重点名木古树对其实施管护（林盛，2011）。它的发现，刷新了我国"秃杉王"的记录。

在福建鹫峰山戴云山山脉古田、屏南、尤溪等发现有秃杉 30 株，其中古木 22 株，分布海拔 300~900m。大树林冠下及附近幼树、幼苗稀少，秃杉古树种群渐趋没落（杨万民等，1999）。

10.3.1　管胞形态

测量得出各生长年轮早、晚材东西南北向 64 根管胞长度和宽度，依照国家标准 GB

1928—1991《木材物理力学试验方法总则》进行统计，结果见表10.46。各生长轮早、晚材管胞长度和宽度的准确指数均小于0.05，说明测量数据是准确可靠的。

表10.46 秃杉早晚材管胞长度和宽度

轮序（年）		4	8	12	16	20	24	28	32	36	40	44
算术平均数	长度	1.29	2.07	2.57	2.49	3.27	3.1	3.22	3.35	3.67	3.71	3.32
	（mm）	1.64	2.49	2.98	2.96	3.33	3.2	3.84	3.8	3.37	3.89	3.17
	宽度	36.5	49.2	52.2	62.3	67.1	67.4	69.3	75.8	82.7	79.7	72.9
	（μm）	33.8	33.4	39.6	44.8	53.6	41.3	52.8	58.7	53.5	49	48.2
标准差	长度	0.21	0.36	0.54	0.43	0.57	0.53	0.62	0.38	0.42	0.55	0.36
	（mm）	0.25	0.49	0.45	0.62	0.65	0.36	0.74	0.45	0.57	0.59	0.58
	宽度	7.28	6.68	8.62	8.54	10.43	6.26	12.57	5.9	9.2	7.68	8.65
	（μm）	6.31	8.62	8.51	9.29	9.81	8.4	9.03	7.73	8.83	8.74	6.03

注：每轮上行为早材，下行为晚材。

（1）管胞长度和宽度

从表10.46可知，在树干半径方向上，早晚材管胞长度4~12年间迅速增加，早材管胞长度由1.29mm增至2.57mm，晚材由1.64mm增至2.98mm；而12~40年间管胞长度，早材由2.57mm增至3.71mm，晚材由2.98mm增至3.89mm，说明增加缓慢。40年以后，早晚材管胞均明显降低。早晚材管胞宽度在4~36年间明显增加，早材管胞宽度从36.58μm增至82.76μm，晚材由33.42μm增至58.70μm。而36~44年间管胞宽度呈下降趋势，早材管胞宽度从82.76μm减至72.90μm，晚材由53.50μm减至48.20μm。

从以上分析可知，秃杉管胞最大长度在40年左右，最大宽度有36年左右，而早晚材变化趋势一致。在36~40年内管胞的长度和宽度与材龄呈正相关。

（2）管胞长宽比

由表10.47可知，秃杉管胞的长宽比早晚材差异很大，早材管胞长宽比在4~44年间，为36.27~50.59，晚材为48.49~78.68。晚材管胞的长宽比明显大于早材。早晚材管胞的长宽比均随树龄的增加略有增加，但波动较大。

（3）管胞形态与杉木、马尾松比较

秃杉早材管胞长度为1.29~3.7mm，平均宽度为36.48~82.66μm，晚材管胞平均长度为1.64~3.89mm，平均宽度为33.82~58.66μm。早晚材管胞平均长度大于3.0mm的管胞占63.64%，秃杉的管胞平均长度与杉木相近，但比马尾松短。秃杉早晚材管胞平均宽度大于杉木和马尾松。

表10.47 秃杉早晚材管胞长宽比

轮序	4	8	12	16	20	24	28	32	36	40	44
早材	36.27	41.98	49.00	39.57	49.42	46.07	50.59	47.15	44.09	47.29	45.67
晚材	48.49	75.55	75.86	65.51	62.23	77.18	72.72	66.55	70.40	78.68	65.61

纤维材料通常要求管胞长宽比大于 35~40，秃杉管胞长宽比小于杉木和马尾松，但基本上均大于 40。因此，可认为秃杉是林产工业中良好的纤维材料树种。

10.3.2　化学成分

测定秃杉木材的化学成分，并与杉木等树种进行比较分析。秃杉灰分含量 1.01%，热水抽提物含量 4.98%，1%NaOH 抽提物 14.95，苯醇抽提物含量 3.74%，均高于杉木和马尾松。所以秃杉木材颜色偏深，且抗蛀耐腐。秃杉纤维合量 47.59%，戊聚糖含量 10.58%，木素含量 31.25%。与杉木和马尾松相比，秃杉纤维素含最稍高，戊聚糖含量略低，木素含量高于马尾松，而略低于杉木。综观秃杉木材的化学成分，它作为纤维原料是理想的。

10.3.3　结论

① 秃杉轴向管胞长度和宽度从髓心到材表不断增加，36~40 年后略有下降。

② 秃杉管胞长宽比大于 40，纤维交织能力好，制品强度高，是良好的纤维材料树种。

③ 与杉木和马尾松比较，秃杉灰分含量及其各类抽提物均高，纤维素含量稍高，戊聚糖含量略低，木素含量居其中。所以，秃杉颜色偏深，抗蛀耐腐。

因此，秃杉是福建省中北部山区大有发展前途的一种速生造林更新树种（陈瑞英等，1998）。

10.4　台湾地区的秃杉资源

秃杉是在台湾地区首先被发现，由于乱砍滥伐导致这个树种濒临绝种。秃杉最早于 1904 年 2 月由小西成章（N. Konishi）在台湾中央山脉海拔 2000m 的玉山所采集，1906 年由日本植物学家早田文藏（Hayata）发表在林奈学会杂志上（Journal of the Linneab Society），以台湾之名来命名这个属，并被命名为台湾杉，不过在将各地区的标本比较后，发现其所主张的不同并不一致，与在中国大陆地区分布的秃杉有细微的区别，一些植物学家将亚洲大陆上的族群划为另一个种类秃杉（*Taiwania flousiana*），即秃杉和台湾杉曾经为杉科台湾杉属的 2 个种，分布在台湾地区的叫台湾杉，分布在大陆地区的叫秃杉，主要是由于地理区位形成的差异，但没有质的区别，后将其合并为一个种，即台湾杉，但在大陆地区仍习惯叫秃杉。

秃杉在台湾省主要分布于台湾中部约 1500~2500m 高的中央山脉（模式标本产地）、阿里山、玉山、太平山等山区，常常生长在红桧、台湾扁柏、常绿橡树、灰木斗、樟科树种组成有林中，形成十分壮观的森林景观，间有小块纯林，是台湾的一种珍稀植物，是台湾 4 个古世纪的孑遗植物之一（油杉、肖楠、峦大杉、秃杉），也是台湾的主要造林树种。由于种子在密林中无法发芽，在森林中天然小树不多见，幼树也稀少。分布区年平均气温 12~20℃，1 月平均气温 6~10℃，7 月平均气温 16~24℃。年降水量 2000mm 以上，相对湿度 85%；土壤为发育良好的暗棕壤，表土疏松，呈酸性反应，pH 5~6。

1918 年美国人 Wilson 从台湾阿里山成功将秃杉幼苗引种到美国 Arnold 植物园，1924年秋天，又从台湾引进种子在 Arnold 植物园育苗成功。

2007 年 12 月 8~10 日，由台湾大学生物资源及农学院实验林管理处在台湾大学实验林管理处溪头自然教育园区召开由林业相关专家、学者、学生、林业从业人员及社会各界人士 200 余人参加的秃杉（台湾杉）命名 100 周年国际学术研讨会，就大陆和台湾地区秃杉异同、台湾与大陆产秃杉类遗传变异、生长叶绿体（DNA）之差异比较、秃杉植群变迁与生活史、秃杉二次代谢物生物活性之研究进展与展望、秃杉花粉之繁育、秃杉芽生长之物候学、秃杉基因库之建立、秃杉组织培养苗的组织培养与生长、疏伐对秃杉人工林分生长与构造之影响、疏伐对秃杉人工林枯落物的影响、秃杉人工林经营研究之回顾展望等方面进行学术交流，并实地参观阿里山秃杉林区。为这一珍稀树种在台湾地区的生存发展起到了积极的作用。

2014 年 4 月，贵州省野生动植物保护管理站组织以张华海研究员为团长，成员有省林业厅野生动植物保护处（动管站）和雷公山、梵净山、茂兰、大沙河、宽阔水、六盘水野钟自然保护区及省林科院、思南县林业局领导及专家，赴台湾地区考察学习自然保护区管理建设和湿地资源保护经验，考察团到阿里山考察了秃杉及秃杉林，据介绍，阿里山在日本殖民统治时期，对秃杉古大树进行大量采伐，所到之处，当年采伐的古树伐桩还未腐烂的随处可见。现存的秃杉林主要为后来的人工林。

第11章
影响天然秃杉及其生境因素

11.1　人为因素对秃杉的影响

11.1.1　人为破坏树体

当地社区居民有在野外耕作区搭建圈养耕牛圈舍的习惯，在夏季常用 20cm 以上能将整块树皮剥下的树种如杉木等的树皮剥下用作圈舍顶部的遮雨棚，由于分布区的秃杉树皮与杉木一样能将整块树皮剥下，并与杉木树皮有着相同的功能，秃杉树皮被剥时有发生，影响秃杉树体生长甚至导致死亡。

11.1.2　人为耕作的影响

秃杉分布区有社区居民开展生产、生活活动，秃杉生长在社区居民赖以生存的耕地（农田、农土）周边，由于秃杉为常绿大乔木，耕地周边秃杉影响农作物生长而受到居民的破坏，如砍伐、整枝、剥皮致死时有发生。

11.1.3　人为活动对生境的影响

由于秃杉生长在较为原生的常绿阔叶或常绿落叶阔叶混林中，保护区建立以来，对秃杉的保护宣传效果虽然明显，对秃杉植株的保护意识有所提高，但对秃杉生境的保护意识还有待加强，如在秃杉分布区采伐其他林木、放牧、毁林造林、毁林烧木炭时有发生，对秃杉的生境造成极大的影响。

11.1.4　人为原因引起的火灾

1999 年 11 月，秃杉集中分布区方祥乡格头村小地名"也依"发生一起山火，烧毁林地面积约 30 亩，其中烧死胸径 50cm 以上秃杉大树 12 株，小树、幼树不计其数，至今近 20 年，被烧死的大秃杉枯立木还耸立于已经更新恢复成林的秃杉针阔叶混交林中。

11.2 自然因素对秃杉的影响

11.2.1 雷击灾害

2010年8月，保护区小丹江管理站辖区"老乔水"阔叶林中1株高27m、胸径102cm秃杉被雷电击中，树干被劈成两半裂开且部分粉碎，枝叶、碎片散落满地，有的飞出30m远，造成秃杉及周围环境的破坏。

11.2.2 山体崩塌

由于秃杉分布区坡度较大，土质疏松，极易发生山体崩塌。2010年9月位于保护区太拥乡昂英村，位于"薅菜冲"海拔780m处的1株树高35m、胸径180cm、树龄200余年的秃杉，因山体崩塌致使该株秃杉翻蔸死亡。

11.2.3 凝冻灾害

2008年，贵州省特别是黔东南地区遭受100年不遇的特大凝冻灾害，雷公山也不例外。由于秃杉为常绿大乔木，特大凝冻灾害致使秃杉断梢、折枝、折干、翻蔸、劈裂等。经调查，此次受灾面积132亩，受灾株数300余株，胸径在5~160cm，蓄积达1158m^3（谢镇国等，2017）。

第12章
秃杉的保护与开发利用

12.1　秃杉的保护

12.1.1　就地保护

秃杉种群在雷公山能长期地维持下来，说明该种群在此地有很强的适应能力，在以后的森林经营管理和保护中应以就地保护为主，适当的人工抚育；对于乔木层和灌木层的非目的树种适当间伐，以改善群落的透光条件，减少枯枝落叶层的厚度，增加秃杉种子接触地面的机会，从而促进秃杉幼苗和幼树的生长发育，以利于秃杉种群的自然更新。

12.1.2　迁地保存

迁地保存秃杉种质资源应掌握秃杉"喜阴好湿，怕高温日灼"的重要生物学特性和需土壤湿度、空气湿度较大的环境基本生态需求，按照"相似生态学原理"，选择适宜的生境模拟栽植，并遵循地带性植被演替规律，选择适宜的树种或疏林地进行混交和异龄复层栽植，构建具地带性特征的较稳定的森林群落，寻求伴生树种和当地大树庇护，保障种子正常生长发育和中长期保存。

12.1.3　庭园绿化模式保护

保存模式中以风景名胜区疏林复层混植模式综合效果最好。不仅保存率高，而且可形成复层林景观，为风景区森林景观增添了绿量、绿景和层次，达到既保存秃杉种质资源，又能发掘利用秃杉景观资源的目的。庭园绿化模式也是较好的保存模式，虽然生长较好，但小块状栽植未与其他树种紧密配置成群落，故秃杉幼树顶部少部分小枝仍会受到夏季持续高温干旱影响出现日灼危害。

秃杉林木寿命长，生长周期长。种质资源是人类的宝贵财富，也是社会发展与人类文明及自然变迁的历史见证。一个树种的形成，是自然界千百万年物种进化演替的结果，一个树种的消失，是人类无法弥补的巨大损失，不仅会使人类失去宝贵的物种资源，而且会因此带来相关植物群落的衰亡和生态风险。秃杉是古老的孑遗植物之一，保存这一宝树资源,不仅在植物学、林学、森林生态学方面有重要的价值,而且在林业经济建设、林业生态建设和城市森林建设中也有重要的利用潜力。因此,秃杉种质资源保护应引起林业界和社会各界高度的关注。

12.2 开发利用

秃杉是我国重点保护的易危树种。作为一种宝贵的生物资源,秃杉还是一种极具应用价值的优良用材林、风景林、水源涵养林树种。尤其雷公山是秃杉天然主要分布区,在秃杉的保存与利用方面具有巨大的发展潜力。但是由于种源试验等基础性工作的落后,秃杉的栽培及利用工作难以科学地开展。在雷公山自然保护区范围内开展秃杉种源试验研究,通过系统研究苗期及幼林种源变异,探讨适合雷公山自然保护区的优良种源选择指标体系,建立种源选择区划体系并开展栽培区划分,充分发挥优良种源的生产潜力,对保护和发掘秃杉这一特有珍稀树种的优良种质,其资源开发具有重要意义。秃杉既是珍贵树种又是速生树种,它的木材具有纹理直、结构细而匀、干燥快、耐腐蚀、易加工等特点,是建筑、家具、造纸等的优良用材,应借鉴云南经验,在秃杉自然分布的雷公山地区或分布区以外人工引种营造秃杉用材林,成林、成材后应根据相关规定给予采伐利用。

秃杉在贵州很少作为用材树种开展人工造林,主要是在秃杉分布区的雷山、台江、剑河、榕县境内部分种植,还有分布区外的如黎平东风林场、龙里林场种植小部分,用作对珍稀植物的培育研究所有,面积数量均不是很大。从利用方面来看,除纹理美观以外,主要是材质不如杉木,加上是国家重点保护植物,在采伐利用方面受到限制。秃杉树冠树形优美,可作园林、庭院、道路的绿化树种。

金叶秃杉为一栽培变种,现在雷公山仅发现 2 株,主要是黔东南州林业科学研究所成功进行了无性嫁接繁殖,现在黎平东风林场有几株,不具规模,可开发作为园林、庭院的优良的绿化树种。

广西梧州、河池、南丹及福建泉州等地国有林场到雷公山引种用作绿化、用材树种造林,生长良好。

在云南滕冲市从贡山县引种秃杉育苗成功后,当地林业部门大力发展秃杉人工用材林,1995 年以后鉴于秃杉已大面积繁育成功,国家将人工种植的秃杉纳入了正常采伐范围。该市目前已种植秃杉 17330hm^{2}约 3900 万株,其中 4000hm^{2}已经成林,成为当地的主要用材树种。

湖北与贵州相似,秃杉目前主要也是作为园林、庭院、道路的绿化树种。

建议在秃杉分布区营造的秃杉人工林,也应该像云南滕冲市一样,可作为用材树种开展造林培育,可采伐利用,提高当地林农种植秃杉的积极性,同时也保护了野生天然秃杉种质资源。

12.2.1 建筑工程用材

木材作为建筑材料等承重构件的要求，顺纹抗压强度和抗弯强度是两项很重要的衡量指标。根据建筑承重结构木材（针叶材）应力等级的检验标准，AS 级为 29.9~32.2MPa，秃杉木材的顺纹抗压强度为 31.40MPa 达到最低等级建筑材抗压强度的要求。根据木材（针叶材）弦向静力弯曲检验标准，最高等级 TC17 级为>72MPa，秃杉木材的抗弯强度为 85.11MPa，比最高等级要求还高 18.21%。由此可见，秃杉木材作为建筑木质承重构件的质量是有充分保证的。

12.2.2 家具制作

秃杉木材的干缩系数、差异干缩性小，稳定性好，不易翘曲变形，材质虽轻，但结构细致，易于加工，具紫黄相间的自然花纹，木材能持久散发芳香气味，能起到防蛀效果。另据解剖学研究发现，其木材的管胞、薄壁细胞内含物多为非淀粉沉积物，防腐性能好，加之其弦面硬度较高，因此，是制作家具的理想材料，可广泛用于各种中、高档家具制作，室内装饰装修、包装箱盒、衣柜、礼品盒以及车、船等多方面的加工利用。

12.2.3 人造板加工

秃杉适应性强，后期生长潜力大，有利于培育大径级木材，用作人造板工业用材拥有巨大优势。秃杉木材材质细腻，尺寸稳定性好，前期吸水迅速，有利于旋切加工，单板不开裂，不起毛，具紫黄相间的花纹。因此，对于 18cm 以上径级木材可旋切后进行胶合板、装饰单板贴面人造板等产品加工，对于中小径材可用于中密度纤维板、细木工板等加工。目前细木工板的板芯多以杨树为主，因其材质较轻，耐压强度、胶粘性能好，而秃杉的抗压强度远高于杨树，其材质细致易于胶粘，是加工细木工板的上好材料。

12.2.4 制浆造纸

木材作为最主要的造纸原料，是世界造纸工业一百多年来科学经济选择的结果。由于木材造纸原料日益短缺，已严重影响了我国造纸工业的发展，为缓解造纸原料的不足，急需寻找新的速生材种用于制浆造纸。秃杉木纤维长、宽大，纤维素含量较高，成浆纤维柔软，成纸结合强度大，是制浆造纸的优良原料，可用于生产牛皮纸、箱板纸和包装纸等（聂少凡等，1998）。

12.2.5 秃杉观赏价值

秃杉生长迅速、树叶茂密，树姿、树形优美，适应性强、寿命长，极耐阴等优良特性，作为园林观赏树种和耐阴盆景植物具有广阔的利用前景。

12.3 保护成效

雷公山自然保护区建立 30 多年来，经过了两次的综合科学考察，并出版了《雷公山自然保护区科学考察集》（1989）和《雷公山国家级自然保护区生物多样性研究》（2007）两部专著，都对秃杉有记载研究，查阅并分析其中的秃杉种群变化情况，同时通过网络查阅雷公山自然保护区秃杉（台湾杉）发表期刊文献，总结分析研究数据，找出共性，对比研究雷公山自然保护区秃杉更新状况及保护成效。

查阅 1989 年贵州人民出版社出版的《雷公山自然保护区科学考察集》。从中了解到秃杉数据是在 1985 年前调查的秃杉数据，距今也有 35 年的历史。该书中记载，对雷公山自然保护区秃杉种群研究，主要采用样方法和样带法相结合调查方法。共设了 19 个 20m×20m 的样地，据调查样地资料统计，样地中有 60 科 115 属 170 种，其中蕨类植物 8 科 10 属 10 种，裸子植物 4 科 5 属 5 种，双子叶植物 43 科 91 属 146 种，单子叶植物 5 科 9 属 9 种。秃杉种群胸径在 10cm 以上共有 5000 株左右，主要分布在雷公山东南面斜坡中部 800～1300m 沟谷两侧，集中分布且保存完好的秃杉天然林有 35 片，面积约 15hm²，最大一片面积约 2hm²。

2007 年贵州科技出版社出版《雷公山国家级自然保护区生物多样性研究》，书中有"雷公山国家级自然保护区秃杉种质资源研究"专题。对秃杉研究是在 2005—2006 年，主要是对秃杉天然林和散生植株进行了较为详细的调查研究。方法是收集资料、数据，对秃杉分布的一个初步了解，然后用 1∶50000 地形图到实地勾绘，在小班内对胸径大于 10cm 的秃杉进行检尺；对于散生秃杉则以线路调查为主，访问群众为辅。调查到成片分布共有 41 片，面积 77.1hm²。胸径在 10cm 以上的植物有 6382 株，主要分布在雷公山东南面斜坡中部 800～1300m 沟谷两侧，其中成片状分布的有 4922 株。对于秃杉群落中物种多样性没有研究。

通过查阅 2000—2010 年关于雷公山自然保护区秃杉研究期刊共计 7 篇，通过统计有 23 个 20m×20m 样地，进行调查的物种统计，样地中有 78 科 186 属 235 种，其中蕨类植物 12 科 14 属 25 种，裸子植物 4 科 5 属 5 种，双子叶植物 57 科 127 属 125 种，单子叶植物 5 科 40 属 80 种。

2018 年对雷公山自然保护区 20 个 20m×20m 的样地调查，共调查到 74 科 105 属 163 种，其中蕨类植物 15 科 20 属 30 种，裸子植物 4 科 5 属 5 种，双子叶植物 49 科 56 属 89 种，单子叶植物 6 科 21 属 39 种。并在 2012—2018 年对雷公山自然保护区秃杉种群胸径 10cm 以上进行普查，共有 5452 株，分布在雷公山东南面斜坡中部 650～1695m 沟谷两侧，集中分布且保存完好的秃杉天然林有 42 片，面积约 78hm²（罗波等，2019）。

12.3.1　物种多样性

从以上数据显示，调查数据中存在一定的误差，因为不是固定的样地，不是同一个人，加上调查人员对植物的识别也存在差异。但从整体来看，雷公山自然保护区秃杉群落物种多样性从 1985—2015 年都是很丰富的。调查发现，样地中物种科的范围在 60～80 科，属的变化范围在 110～190 属，尤其是 2000—2010 年，属数达到 186 属；种的变化范围在 140～240 种，同属一样在 2000—2010 年达到最高峰，有 235 种。从秃杉的立地条件看，从保护区建立到 2018 年秃杉群落没有发生破坏。产生属和种的波动可能是研究的人员多，调查季节不同，还有可能是选择样地有主观性等原因。

12.3.2 种群数量

根据雷公山自然保护区秃杉种群胸径在 10cm 以上株数可知，1985 年天然秃杉有 5000 株左右，2005 年有 4922 株，2015 年实测 5452 株。从分布海拔高度发现，雷公山自然保护区的秃杉可能在向高海拔和低海拔两个方向移动，具体分布高差是否在发生变化，还有待今后的研究。

以上说明，自建立雷公山自然保护区 35 多年来，秃杉种群数量和物种多样性的保护取得了良好的成效。雷公山自然保护区区内居住人口众多，大多数是苗族，达到 3 万多人，且秃杉集中分布区都离村子 2~3km，人为活动频繁。成立保护区后加大了保护力度，尤其是村民自行制定了村规民约，不准乱砍滥伐，加上雷公山自然保护区管理局在秃杉分布区设立了管理站，对其进行保护、宣传、教育和管理，还有雷公山自然保护区成立了森林公安局，对破坏秃杉种群加大了打击处罚力度，使雷公山自然保护区秃杉种群得到了有效的保护。

12.4 民族文化与秃杉保护

格头苗寨大约建立于 1605 年，至今已有 400 多年的历史。在还没有人迁居格头前，周边的人把格头一带叫"虎局乌迷"（苗语）。因现台江县南宫镇有一条河叫乌迷河，乌迷河的源头就在格头，苗语的"虎局"是源头的意思，"乌迷"是河的意思。后有一罗姓老人从现在的榕江县平阳乡的小丹江村迁到格头，在一棵大秃杉的树下搭起了简陋的棚子居住。周边的人出于对这棵秃杉的敬仰，把格头叫"甘丢"（苗语）。"甘丢"苗语是朝下弯的意思。

格头是雷公山自然保护区内秃杉保存得最好的村寨，最大的秃杉王就耸立在苗寨中央，村寨周边随处可见秃杉及秃杉林，胸径 100cm 左右的古老秃杉比比皆是，即使在"文化大革命"时期，也没人敢破坏秃杉。秃杉树体高大挺拔，干形通直，高达 30~50m，枝条呈弧形弯曲向外伸展，长 5~15m，树枝优美，叶密并常年浓绿，是世界珍稀植物。秃杉是中文名，当地苗语称秃杉为"豆机欧"。他们认为"豆机欧"是他们的祖先、神树和老人。格头人把秃杉当做神树，认为只有保护好秃杉，秃杉才会保佑全村人平平安安、大吉大利、振兴家业、子子孙孙兴旺发达。他们认为，他们种族能够发展、安康幸福是秃杉的帮助和恩赐。格头苗族村民与秃杉之间的关系，是人与自然之间的关系，是相辅相成、互相依赖、肝胆相照、荣辱与共、情同"兄弟"般的关系。传说 1895 年前后，格头发生一场大洪水，一妇女不慎落入河中，被洪水冲走约一里多路，后自己爬上岸来，却未伤一根毫毛，她感到很惊奇，便请巫师到家来看"米"（苗族同胞预测灾祸的一种仪式，主要用祭品就是大米），巫师看后说这次她没有被冲走是因为有本寨的秃杉相救才幸免于难。格头人常说，整个方祥乡都有五步蛇，并且近年来数量还在增多，基本上每个村每隔几年就听说有人被五步蛇咬死，只有格头村从来没有人被五步蛇咬死，他们说这也是秃杉保佑的原因。格头人之所以如此崇拜秃杉，有一个广为流传的传说：从前有罗姓两亲兄弟从小丹江村到格头一带打猎，看天色已晚，便准备返回小丹江，但没看见他们的猎狗，于是朝天鸣枪，猎狗听到枪声便跑到他们跟前。他俩一看，从下面上来的猎狗全身湿透并粘满浮漂，兄弟俩便商量，现小丹江人多地少，无法养活我们，下面山谷有浮漂，可以种稻谷，干脆下去看一下，能否住人。于是，两兄弟便下到现在的格头村驻地，并找到了猎狗洗澡的水塘，两兄弟看看周围的环境，觉得人可以居住。兄弟俩返回小丹江后，其中一个便迁到格头居住。迁到格头居住的罗公，一时没有房住，恰好在现在格头寨子中间有一棵9人才能环抱的秃杉，在离地面4m左右，有一大树枝朝下呈弧形向外伸展，老人便将就把它当做房檩来用，在树枝下搭起了简陋的棚子居住下来。后罗公到都匀（地名）做买卖，在他住的旅店遇到一位英俊的青年，罗公问青年："你从哪里来？"青年人答："我从格头来，我俩是邻居。"罗公想，格头只有我一个人，从不见这位青年人，认为青年人骗他，就不再理青年人，独自睡了。半夜，青年人给罗公托梦，在梦中对罗公说："我没有骗你，确从格头来，我是你住在下面的秃杉变来保护你的，以后你也要教你的子孙保护我。"罗公一惊，醒来往身边一看，原来睡在旁边的青年不见了，于是罗公相信了青年人真的是秃杉变的。罗公回到格头，便教育子孙，要把秃杉当做兄弟看待，任何人不可伤害秃杉，否则必遭报应。于是一代传一代，格头人除了崇拜秃杉外，谁也不去伤害它。即使秃杉自然枯死倒下，格头人不但没人去利用它，而且还杀猪祭它后，才把它推下河让大水冲走，使它变成龙来保护格头人。2001年11月17日上午10时左右，倒了一棵大秃杉压在格头村民杨文成、杨你里家田里，全村人都十分震惊。后杨文成、杨你里合伙买了一头猪，请来巫师，并邀请了寨上的杨文刚、杨伟贤、杨先里等10多人，按送葬人的仪式，杀猪祭这棵倒下的秃杉树后，众人才将它推下河，不久大水便把它冲走了。后拿米去看巫师，巫师说："这棵秃杉已到了洞庭湖，并成龙了。"

格头人对秃杉有着深厚的感情和无限的崇拜。为此，格头人代代相传，从古到今，不管是哪朝哪代，山林使用权和所有权可归个人，但在山林中以及房前屋后、田边地角等地的秃杉，所有权归全村人所有，任何人不得砍伐。格头秃杉能保护得如此完好，与格头人对秃杉的崇拜、对秃杉所有权的明确有着重要的关系。

苗族人尊重秃杉，崇拜秃杉，视秃杉为自己的老人、兄弟、姐妹，与之和睦相处，互相爱护，并从感情升华到具体的行动上，加强对秃杉的保护。格头人在保护秃杉上有这样的口头自然协定：不准任何人、任何时候找借口砍伐秃杉；起房子、装房子、打家具不准用秃杉；秃杉是集体的、是国家的，不准个人占有；秃杉枯死，也仍然留在山上，不准任何人去砍来用。

为了使秃杉真正得到保护，以前老人就封了咒语：谁破坏秃杉、谁砍伐秃杉，谁家断子绝孙、倾家荡产。上述规定形成了民间法律，传承至今，现在人们仍然遵守，无人破坏民间律条。现在，在格头山头上就可以看到一些枯死的秃杉仍然立在地上。据杨文清老人介绍：从古代，老人对秃杉的保护意识相当强，并形成了自然习惯，一直传到现在。因而，长期以来从没有出现过破坏或偷砍秃杉行为。只是在 1930 年的时候，格头村的杨无误（已故）烧田坎时，不小心烧死了一株秃杉。按当时格头的习俗，他自己承认做错了事，主动买酒 40kg，买猪肉 40kg，请寨老、巫师去拜祭秃杉。在格头人心目中，保护和爱护秃杉像保护和爱护自己的亲人一样。格头苗族保护秃杉的思想理念历史悠久，并且用这种思想理念教育和激励子孙后代传承下去，把保护秃杉作为一种传统美德（杨从明，2009）。

附件1 汉拉植物名录

序号	中文名	拉丁名
1	矮菝葜	*Smilax nana*
2	艾纳香	*Blumea balsamifera*
3	暗色菝葜	*Smilax lanceifolia* var. *opaca*
4	八月瓜	*Holboellia latifolia*
5	菝葜	*Smilax china*
6	白背叶	*Mallotus apelta*
7	白花树萝卜	*Agapetes mannii*
8	白花越橘	*Vaccinium albidens*
9	白接骨	*Asystasia neesiana*
10	白栎	*Quercus fabri*
11	白茅	*Imperata cylindrica*
12	白辛树	*Pterostyrax psilophyllus*
13	白叶莓	*Rubus innominatus*
14	百两金	*Ardisia crispa*
15	斑叶兰	*Goodyera schlechtendaliana*
16	半边铁角蕨	*Asplenium unilaterale*
17	半枫荷	*Semiliquidambar cathayensis*
18	薄果猴欢喜	*Sloanea leptocarpa*
19	薄叶山矾	*Symplocos anomala*
20	豹皮樟	*Litsea coreana* var. *sinensis*
21	背囊复叶耳蕨	*Arachniodes cavalerii*
22	笔罗子	*Meliosma rigida*
23	变叶榕	*Ficus variolosa*
24	波叶新木姜子	*Neolitsea undulatifolia*
25	伯乐树	*Bretschneidera sinensis*
26	苍背木莲	*Manglietia glaucifolia*
27	草珊瑚	*Sarcandra glabra*
28	茶	*Camellia sinensis*
29	檫木	*Sassafras tzumu*

（续）

序号	中文名	拉丁名
30	常春藤	*Hedera nepalensis* var. *sinensis*
31	长萼赤瓟	*Thladiantha longisepala*
32	常绿榆	*Ulmus lanceifolia*
33	长毛红山茶	*Camellia polyodonta*
34	长蕊杜鹃	*Rhododendron stamineum*
35	常山	*Dichroa febrifuga*
36	长托菝葜	*Smilax ferox*
37	长叶冻绿	*Rhamnus crenata*
38	长叶红砂	*Reaumuria trigyna*
39	长叶铁角蕨	*Asplenium prolongatum*
40	长柱红山茶	*Camellia longistyla*
41	齿叶红淡比	*Cleyera lipingensis*
42	赤车	*Pellionia radicans*
43	赤杨叶	*Alniphyllum fortunei*
44	川鄂连蕊茶	*Camellia rosthorniana*
45	川桂	*Cinnamomum wilsonii*
46	川黔润楠	*Machilus chuanchienensis*
47	川杨桐	*Adinandra bockiana*
48	刺参	*Oplopanax elatus*
49	刺楸	*Kalopanax septemlobus*
50	粗榧	*Cephalotaxus sinensis*
51	粗毛杨桐	*Adinandra hirta*
52	粗叶木	*Lasianthus chinensis*
53	翠柏	*Calocedrus macrolepis*
54	翠云草	*Selaginella uneinata*
55	大白杜鹃	*Rhododendron decorum*
56	大萼杨桐	*Adinandra glischroloma* var. *macrosepala*
57	大果冬青	*Ilex macrocarpa*
58	大果马蹄荷	*Exbucklandia tonkinensis*
59	大果润楠	*Machilus macrocarpa*
60	大果山香圆	*Turpinia pomifera*
61	大头茶	*Polyspora axillaris*

（续）

序号	中文名	拉丁名
62	大叶贯众	*Cyrtomium macrophyllum*
63	大叶金腰	*Chrysosplenium macrophyllum*
64	大叶鼠刺	*Itea macrophylla*
65	大叶新木姜子	*Neolitsea levinei*
66	淡红忍冬	*Lonicera acuminata*
67	淡竹叶	*Lophatherum gracile*
68	当归藤	*Embelia parviflora*
69	地菍	*Melastoma dodecandrum*
70	滇白珠	*Gaultheria leucocarpa* var. *erenulata*
71	滇北杜英	*Elaeocarpus borealiyunnanensis*
72	滇青冈	*Cyclobalanopsis glaucoides*
73	冬青	*Ilex chinensis*
74	杜茎山	*Maesa japonica*
75	杜鹃	*Rhododendron simsii*
76	杜英	*Elaeocarpus decipiens*
77	杜仲	*Eucommia ulmoides*
78	短尾杜鹃	*Rhododendron brevicaudatum*
79	短尾柯	*Lithocarpus brevicaudatus*
80	短柱柃	*Eurya brevistyla*
81	椴树	*Tilia tuan*
82	盾叶莓	*Rubus peltatus*
83	多脉青冈	*Cyclobalanopsis multinervis*
84	峨眉鸡血藤	*Callerya nitida* var. *minor*
85	鹅掌柴	*Schefflera heptaphylla*
86	鹅掌楸	*Liriodendron chinense*
87	鄂赤瓟	*Thladiantha oliveri*
88	耳蕨属	*Polystichum*
89	飞龙掌血	*Toddalia asiatica*
90	粉背南蛇藤	*Celastrus hypoleucus*
91	粉叶爬山虎	*Parthenocissus thomsonii*
92	风藤	*Piper kadsura*
93	枫香树	*Liquidambar formosana*

（续）

序号	中文名	拉丁名
94	凤丫蕨	*Coniogramme japonica*
95	福建柏	*Fokienia hodginsii*
96	福建观音座莲	*Angiopteris fokiensis*
97	高粱泡	*Rubus lambertianus*
98	高山木姜子	*Litsea chunii*
99	格药柃	*Eurya muricata*
100	葛	*Pueraria montana*
101	珙桐	*Davidia involucrata*
102	贡山木兰	*Magnolia cambelia*
103	贡山润楠	*Machilus gongshanensis*
104	钩栲	*Castanopsis tibetana*
105	狗脊	*Woodwardia japonica*
106	构棘	*Maclura cochinchinensis*
107	光脚金星蕨	*Parathelypteris japonica*
108	光叶山矾	*Symplocos lancifolia*
109	光叶水青冈	*Fagus lucida*
110	光枝楠	*Phoebe neuranthoides*
111	广东蛇葡萄	*Ampelopsis cantoniensis*
112	贵定山柳	*Clethra cavaleriei*
113	贵州杜鹃	*Rhododendron guizhouense*
114	贵州鹅耳枥	*Carpinus kweichowensis*
115	贵州榕	*Ficus guizhouensis*
116	桂南木莲	*Manglietia chingii*
117	海南木犀榄	*Olea hainanensis*
118	海南树参	*Dendropanax hainanensis*
119	海通	*Clerodendrum mandarinorum*
120	合轴荚蒾	*Viburnum sympodiale*
121	褐叶青冈	*Cyclobalanopsis stewardiana*
122	黑果菝葜	*Smilax glaucochina*
123	黑老虎	*Kadsura coccinea*
124	黑鳞珍珠茅	*Scleria hookeriana*
125	红淡比	*Cleyera japonica*

（续）

序号	中文名	拉丁名
126	红豆杉	*Taxus chinensis*
127	红麸杨	*Rhus punjabensis* var. *sinica*
128	红色木莲	*Manglietia insignis*
129	红松	*Pinus koraiensis*
130	猴欢喜	*Sloanea sinensis*
131	厚斗柯	*Lithocarpus elizabethae*
132	厚皮香	*Ternstroemia gymnanthera*
133	厚朴	*Magnolia officinalis*
134	湖北海棠	*Malus hupehensis*
135	蝴蝶荚蒾	*Viburnum plicatum* var. *tomentosum*
136	虎皮楠	*Daphniphyllum oldhami*
137	花椒	*Zanthoxylum bungeanum*
138	花椒簕	*Zanthoxylum scandens*
139	花榈木	*Ormosia henryi*
140	华木莲	*Sinomanglietia glauca*
141	华南桦	*Betula austrosinensis*
142	华山松	*Pinus armandii*
143	华中瘤足蕨	*Plagiogyria euphlebia*
144	华中五味子	*Schisandra sphenanthera*
145	华中樱桃	*Cerasus conradinae*
146	化香树	*Platycarya strobilacea*
147	黄丹木姜子	*Litsea elongata*
148	黄脉莓	*Rubus xanthoneurus*
149	黄毛草莓	*Fragaria nilgerrensis*
150	黄牛奶树	*Symplocos cochinchinensis*
151	黄泡	*Rubus pectinellus*
152	黄杉	*Pseudotsuga sinensis*
153	黄樟	*Cinnamomum porrectum*
154	灰背铁线蕨	*Adiantum myriosorum*
155	蕙兰	*Cymbidium faberi*
156	火烧兰	*Epipactis helleborine*
157	鸡矢藤	*Paederia foetida*

（续）

序号	中文名	拉丁名
158	姬蕨	*Hypolepis punctata*
159	吉祥草	*Reineckea carnea*
160	戟叶堇菜	*Viola betonicifolia*
161	檵木	*Loropetalum chinense*
162	尖齿木荷	*Schima khasiana*
163	尖萼厚皮香	*Ternstroemia luteoflora*
164	尖叶川杨桐	*Adinandra bockiana* var. *acutifolia*
165	尖子木	*Oxyspora paniculata*
166	剑叶耳草	*Hedyotis caudatifolia*
167	箭竹	*Fargesia spathacea*
168	江南花楸	*Sorbus hemsleyi*
169	江南越橘	*Vaccinium mandarinorum*
170	交让木	*Daphniphyllum macropodum*
171	接骨草	*Sambucus javanica*
172	金线吊乌龟	*Stephania cephalantha*
173	金星蕨	*Parathelypteris glanduligera*
174	金叶秃杉	*Taiwania cryptomerioides* 'Auroifolia'
175	堇菜	*Viola verecunda*
176	锦香草	*Phyllagathis cavaleriei*
177	荩草	*Arthraxon hispidus*
178	具芒碎米莎草	*Cyperus microiria*
179	开口箭	*Campylandra chinensis*
180	凯里杜鹃	*Rhododendron kailiense*
181	凯里石栎	*Lithocarpus levis*
182	康定冬青	*Ilex franchetiana*
183	阔瓣含笑	*Michelia platypetala*
184	蓝果树	*Nyssa sinensis*
185	老鸹铃	*Styrax hemsleyanus*
186	老鼠矢	*Symplocos stellaris*
187	乐东拟单性木兰	*Parakmeria lotungensis*
188	雷公鹅耳枥	*Carpinus viminea*
189	雷公山杜鹃	*Rhododendron legongshanense*

（续）

序号	中文名	拉丁名
190	雷公山槭	*Acer legongsanicum*
191	雷山杜鹃	*Rhododendron leishanicum*
192	雷山瓜楼	*Trichosanthes leishanensis*
193	雷山瑞香	*Daphne leishanensis*
194	棱果海桐	*Pittosporum trigonocarpum*
195	棱茎八月瓜	*Holboellia pterocaulis*
196	里白	*Hicriopteris glauca*
197	利川润楠	*Machilus lichuanensis*
198	栗	*Castanea mollissima*
199	亮叶桦	*Betula luminifera*
200	裂叶秋海棠	*Begonia palmata*
201	瘤足蕨	*Plagiogyria adnata*
202	龙里冬青	*Ilex dunniana*
203	楼梯草	*Elatostema involucratum*
204	庐山楼梯草	*Elatostema stewardii*
205	卵叶盾蕨	*Neolepisorus ovatus*
206	罗浮栲	*Castanopsis fabri*
207	葎草	*Humulus scandens*
208	麻栎	*Quercus acutissima*
209	马蹄参	*Diplopanax stachyanthus*
210	马蹄荷	*Exbucklandia populnea*
211	马尾树	*Rhoiptelea chiliantha*
212	马尾松	*Pinus massoniana*
213	满山红	*Rhododendron mariesii*
214	芒	*Miscanthus sinensis*
215	芒萁	*Dicranopteris dichotoma*
216	毛秆野古草	*Arundinella hirta*
217	毛花猕猴桃	*Actinidia eriantha*
218	毛棉杜鹃花	*Rhododendron moulmainense*
219	毛叶木姜子	*Litsea mollis*
220	毛枝格药枰	*Eurya muricata* var. *huiana*
221	毛竹	*Phyllostachys edulis*

（续）

序号	中文名	拉丁名
222	矛叶荩草	*Arthraxon lanceolatus*
223	茅栗	*Castanea seguinii*
224	美叶柯	*Lithocarpus calophyllus*
225	蒙古栎	*Quercus mongolica*
226	米槁	*Cinnamomum migao*
227	米槠	*Castanopsis carlesii*
228	密齿酸藤子	*Embelia vestita*
229	闽楠	*Phoebe bournei*
230	木瓜红	*Rehderodendron macrocarpum*
231	木荷	*Schima superba*
232	木姜润楠	*Machilus litseifolia*
233	南方红豆杉	*Taxus chinensis* var. *mairei*
234	南蛇藤	*Celastrus orbiculatus*
235	南酸枣	*Choerospondias axillaris*
236	南五味子	*Kadsura longipedunculata*
237	楠木	*Phoebe zhennan*
238	牛鼻栓	*Fortunearia sinensis*
239	牛耳朵	*Chirita eburnea*
240	牛膝	*Achyranthes bidentata*
241	爬藤榕	*Ficus sarmentosa* var. *impressa*
242	泡花树	*Meliosma cuneifolia*
243	桤木	*Alnus cremastogyne*
244	千金藤	*Stephania japonica*
245	黔桂润楠	*Machilus chienkweiensis*
246	黔桂悬钩子	*Rubus feddei*
247	乔松	*Pinus wallichiana*
248	青冈	*Cyclobalanopsis glauca*
249	青灰叶下珠	*Phyllanthus glaucus*
250	青钱柳	*Cyclocarya paliurus*
251	青榨槭	*Acer davidii*
252	清香藤	*Jasminum lanceolaria*
253	秋海棠	*Begonia grandis*

（续）

序号	中文名	拉丁名
254	求米草	*Oplismenus undulatifolius*
255	日本杜英	*Elaeocarpus japonicus*
256	日本蛇根草	*Ophiorrhiza japonica*
257	绒毛鸡矢藤	*Paederia lanuginosa*
258	榕江茶	*Camellia yungkiangensis*
259	柔毛油杉	*Keteleeria pubescens*
260	锐尖山香圆	*Turpinia arguta*
261	瑞木	*Corylopsis multiflora*
262	润楠	*Machilus nanmu*
263	三尖杉	*Cephalotaxus fortunei*
264	三裂蛇葡萄	*Ampelopsis delavayana*
265	三脉紫菀	*Aster trinervius* subsp. *ageratoides*
266	三叶地锦	*Parthenocissus semicordata*
267	三叶木通	*Akebia trifoliata*
268	沙梨	*Pyrus pyrifolia*
269	山地杜茎山	*Maesa montana*
270	山矾	*Symplocos sumuntia*
271	山拐枣	*Poliothyrsis sinensis*
272	山核桃	*Carya cathayensis*
273	山槐	*Albizia kalkora*
274	山鸡椒	*Litsea cubeba*
275	山姜	*Alpinia japonica*
276	山橿	*Lindera reflexa*
277	山莓	*Rubus corchorifolius*
278	山桐子	*Idesia polycarpa*
279	山香圆	*Turpinia montana*
280	杉木	*Cunninghamia lanceolata*
281	蛇葡萄	*Ampelopsis glandulosa*
282	深山含笑	*Michelia maudiae*
283	十齿花	*Dipentodon sinicus*
284	十字薹草	*Carex cruciata*
285	石斛	*Dendrobium nobile*

（续）

序号	中文名	拉丁名
286	石灰花楸	*Sorbus folgneri*
287	石栎	*Lithocarpus glaber*
288	石木姜子	*Litsea elongata* var. *faberi*
289	石松	*Lycopodium japonicum*
290	石韦	*Pyrrosia lingua*
291	疏花卫矛	*Euonymus laxiflorus*
292	鼠李	*Rhamnus davurica*
293	薯豆	*Elacocarpus japonicus*
294	栓叶安息香	*Styrax suberifolius*
295	水东哥	*Saurauia tristyla*
296	水红木	*Viburnum cylindricum*
297	水麻	*Debregeasia orientalis*
298	水马桑	*Weigela japonica* var. *sinica*
299	水青冈	*Fagus longipetiolata*
300	水青树	*Tetracentron sinense*
301	水曲柳	*Fraxinus mands*
302	丝栗栲	*Castanopsis fargesii*
303	四川樱桃	*Cerasus szechuanica*
304	碎米莎草	*Cyperus iria*
305	穗花杉	*Amentotaxus argotaenia*
306	穗序鹅掌柴	*Schefflera delavayi*
307	棠叶悬钩子	*Rubus malifolius*
308	桃叶珊瑚	*Aucuba chinensis*
309	藤黄檀	*Dalbergia hancei*
310	天麻	*Gastrodia elata*
311	天门冬	*Asparagus cochinchinensis*
312	天女木兰	*Magnolia sieboldii*
313	甜槠	*Castanopsis eyrei*
314	铁坚油杉	*Keteleeria davidiana*
315	铁皮石斛	*Dendrobium officinale*
316	铁杉	*Tsuga chinensis*
317	铁线蕨	*Adiantum capillus−veneris*

（续）

序号	中文名	拉丁名
318	透茎冷水花	*Pilea pumila*
319	凸果阔叶槭	*Acer amplum* var. *convexum*
320	秃杉	*Taiwania cryptomerioides*
321	秃叶黄檗	*Phellodendron chinense* var. *glabriusculum*
322	兔耳兰	*Cymbidium lancifolium*
323	网脉酸藤子	*Embelia rudis*
324	尾叶冬青	*Ilex wilsonii*
325	尾叶樱桃	*Cerasus dielsiana*
326	尾叶樟	*Cinnamomum foveolatum*
327	乌蔹莓	*Cayratia japonica*
328	无梗越橘	*Vaccinium henryi*
329	五加	*Acanthopanax gracilistylus*
330	五节芒	*Miscanthus floridulus*
331	五裂槭	*Acer oliverianum*
332	五月瓜藤	*Holboellia fargesii*
333	西藏吊灯花	*Ceropegia pubescens*
334	西藏山茉莉	*Huodendron tibeticum*
335	西桦	*Betula alnoides*
336	西南粗叶木	*Lasianthus henryi*
337	西南红山茶	*Camellia pitardii*
338	西南赛楠	*Nothaphoebe cavaleriei*
339	西域旌节花	*Stachyurus himalaicus*
340	溪畔杜鹃	*Rhododendron rivulare*
341	细齿叶柃	*Eurya nitida*
342	细风轮菜	*Clinopodium gracile*
343	细枝柃	*Eurya loquaiana*
344	虾脊兰	*Calanthe discolor*
345	狭叶方竹	*Chimononambusa angustifolia*
346	狭叶南烛	*Lyonia ovalifolia* var. *lanceolata*
347	狭叶润楠	*Machilus rehderi*
348	狭叶桃叶珊瑚	*Aucuba chinensis* var. *angusta*
349	腺鼠刺	*Itea glutinosa*

（续）

序号	中文名	拉丁名
350	香港四照花	*Dendrobenthamia hongkongensis*
351	香果树	*Emmenopterys henryi*
352	香木莲	*Manglietia aromatica*
353	香叶树	*Lindera communis*
354	香叶子	*Lindera fragrans*
355	响叶杨	*Populus adenopoda*
356	小赤麻	*Boehmeria spicata*
357	小果冬青	*Ilex micrococca*
358	小果蔷薇	*Rosa cymosa*
359	小果润楠	*Machilus microcarpa*
360	小花姜花	*Hedychium sinoaureum*
361	小蜡	*Ligustrum sinense*
362	小叶安息香	*Styrax wilsonii*
363	小叶菝葜	*Smilax microphylla*
364	小叶白辛树	*Pterostyrax corymbosus*
365	小叶红豆	*Ormosia microphylla*
366	小叶楼梯草	*Elatostema parvum*
367	小叶女贞	*Ligustrum quihoui*
368	斜方复叶耳蕨	*Arachniodes rhomboidea*
369	心叶堇菜	*Viola yunnanfuensis*
370	新木姜子	*Neolitsea aurata*
371	新樟	*Neocinnamomum delavayi*
372	兴安落叶松	*Larix gmelinii*
373	兴山榆	*Ulmus bergmanniana*
374	悬铃叶苎麻	*Boehmeria tricuspis*
375	穴子蕨	*Ptilopteris maximowiczii*
376	血桐	*Macaranga tanarius*
377	沿阶草	*Ophiopogon bodinieri*
378	杨梅	*Myrica rubra*
379	杨桐	*Adinandra millettii*
380	野八角	*Illicium simonsii*
381	野茉莉	*Styrax japonicus*

（续）

序号	中文名	拉丁名
382	野牡丹	*Melastoma malabathricum*
383	野漆	*Toxicodendron succedaneum*
384	野柿	*Diospyros kaki* var. *sylvestris*
385	宜昌荚蒾	*Viburnum ichangense*
386	异形玉叶金花	*Mussaenda anomala*
387	异叶梁王茶	*Metapanax davidii*
388	异叶榕	*Ficus heteromorpha*
389	阴香	*Cinnamomum burmannii*
390	银木	*Cinnamomum septentrionale*
391	银木荷	*Schima argentea*
392	瘿椒树	*Tapiscia sinensis*
393	硬齿猕猴桃	*Actinidia callosa*
394	硬斗石栎	*Lithocarpus hancei*
395	油茶	*Camellia oleifera*
396	油柿	*Diospyros oleifera*
397	羽叶蛇葡萄	*Ampelopsis chaffanjonii*
398	鸢尾	*Iris tectorum*
399	圆锥绣球	*Hydrangea paniculata*
400	越橘	*Vaccinium vitis-idaea*
401	云广粗叶木	*Lasianthus japonicus* subsp. *longicaudus*
402	云贵鹅耳枥	*Carpinus pubescens*
403	云南松	*Pinus yunnanensis*
404	云南崖爬藤	*Tetrastigma yunnanense*
405	云南樟	*Cinnamomum glanduliferum*
406	樟	*Cinnamomum camphora*
407	珍珠莲	*Ficus sarmentosa* var. *henryi*
408	枳椇	*Hovenia acerba*
409	中国旌节花	*Stachyurus chinensis*
410	中华猕猴桃	*Actinidia chinensis*
411	中华槭	*Acer sinense*
412	中日金星蕨	*Parathelypteris nipponica*
413	楮头红	*Sarcopyramis napalensis*

（续）

序号	中文名	拉丁名
414	苎麻	*Urtica nivea*
415	锥栗	*Castanea henryi*
416	紫金牛	*Ardisia japonica*
417	紫茎	*Stewartia sinensis*
418	紫柳	*Salix wilsonii*
419	紫麻	*Oreocnide frutescens*
420	紫楠	*Phoebe sheareri*
421	总状山矾	*Symplocos botryantha*

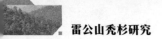

附件2 秃杉工业原料林定向培育技术规程

前言

本标准按照 GB/T 1.1—2009 给出的规则起草。

本标准由黔东南州林业科学研究所提出。

本标准由贵州省林业厅提出并归口。

本标准起草单位：黔东南州林业科学研究所、黔东南州林业局。

本标准主要起草人：伍铭凯、杨汉远、王定江、杨秀益、杨学义、杨秀钟。

1. 范围

本标准规定了秃杉 *Taiwania cryptomerioides* 工业原料林定向培育的术语和定义、苗木培育、苗木出圃、造林、抚育管理、病虫害防治。

本标准适用于秃杉工业原料林培育和生产。

2. 规范性引用文件

下列文件对于本文件的应用是必不可少的。凡是注日期的引用文件，仅注日期的版本适用于本文件。凡是不注日期的引用文件，其最新版本（包括所有的修改单）适用于本文件。

GB 2772 林木种子检验规程

GB 7908 林木种子质量分级

GB/r832（所有部分）农药合理使用准则

GB/T 10016 林木种子贮藏

GB/T 15782 营造林总体设计规程

LY/T 1000 容器育苗技术

Y/T 1078 速生丰产用材林检验方法

LY/T 1607 造林作业设计规程

LY/T 1646 森林采伐作业规程

LY/T 1607 造林作业设计规程

LY/T 1646 森林采伐作业规程

3. 种苗

3.1 种子

3.1.1 种源

选用经过省级以上良种审定的良种或优良种源种子，优先选用种子园种子育苗，种子来源不足时可采用母树林种子。

3.1.2 种子品质

种子质量应符合 GB 7908 的规定，发芽率70%以上。

种子检验方法按 GB 2772 的规定执行。

3.1.3　种子贮藏

果穗采收后置于阴凉通风处，经 4~5d 晾干后，去掉总梗和杂质，得到纯净种子。种子可以采用干藏和密封袋藏两种方法：干藏是将种子装入透气的布袋或网袋吊在干燥、通风的室内贮藏。密封袋藏是将种子装入保鲜袋内密封贮藏。种子贮藏应符合 GB/T 10016 的规定。

3.2　苗圃

建立固定苗圃，繁育造林用苗木，苗圃建设遵循 LY/T 1028 的规定。苗圃地宜选择地势平缓、排灌方便、交通便捷、通风良好、阳光充足的半阴坡或半阳坡，肥沃、疏松砂质壤土。

3.3　苗木

3.3.1　苗木繁殖方式

苗木繁殖方式以播种繁殖主。

3.3.2　播前准备

3.3.2.1　苗床

苗床整理时，应清除杂草、石块等杂质，铲平压实作垄床，床高 10cm，床宽 1~1.2m，床高 10cm，步道 40cm，床长依地形而定，若面平整。育苗地周围要挖排水沟，做到内水不积，外水不淹。

3.3.2.2　基质

基质采用腐殖土和黄心土为材料，先筛细，再按照 3∶1 的比例，加入 5% 的过磷酸钙进行混合，边混合边用硫酸亚铁，福尔马林等进行灭菌消毒，堆放好后用塑料薄膜覆盖备用。

3.3.2.3　容器

本标准专指规格为 10cm×16cm 的营养杯。提倡选用可降解育苗容器。先用药剂将苗床进行杀虫和杀菌，再将准备好的基质装入容器，整齐摆放于苗床等待播种。

3.3.3　种子处理

3.3.3.1　种子消毒

用高锰酸钾、硫酸亚铁、退菌特等药剂对种子进行消毒，清水洗净后待用。

3.3.3.2　种子催芽

种子消毒后，用 40℃ 温水浸泡，自然冷却浸种 24h，捞出后用纱布包好进行催芽，每天用清水冲洗 1~2 次，注意保温保湿，当种子大部分露芽时即可播种。

3.3.4　播种时间

2 月底至 3 月初。

3.3.5　播种

播种前将育苗袋淋透水，待表土层稍干，泥土不粘竹签时即可播种，将催芽种子播在容器中央，每个容器播种 2 粒，做到不重播，不漏播。播后及时盖土，盖土厚度以不见种子为度，覆土后用喷雾方式将基质浇透水。播种后至出苗期间要保持基质湿润。

3.3.6 苗期管理

3.3.6.1 保湿遮阴

容器苗在幼苗期需要保湿，在苗床上搭小拱棚覆盖塑料薄膜。基质表面缺水后，打开塑料薄膜喷水后再覆盖。

容器苗在幼苗期，易遭高温日灼危害，应遮阴。遮阴可采用搭遮阴架或大棚覆盖遮阳网，遮光度一般控制在 60%~80%，在 9 月中、下旬揭除。

3.3.6.2 追肥

a) 容器苗追肥时间、次数、肥料种类和施肥量根据基质肥力和要求的苗木规格而定。一般在进入速生期前开始追肥。速生期以氮肥为主，生长后期停止使用氮肥，适当增加磷、钾肥，促使苗木木质化。

b) 追肥结合浇水进行，浓度宜控制在 0.1%~0.2%。一般速生期每月施三次。

c) 追肥宜在傍晚进行，严禁在午间高温时施肥，追肥后要及时用清水冲洗幼苗叶面。

3.3.6.3 浇水

a) 浇水要适时适量，播种或移植后随即浇透水，在出苗期和幼苗生长初期要勤浇水，保持培养基质湿润；速生期应量多次少，在基质达到一定的干燥程度后再浇水；生长后期要控制浇水。

b) 在出圃前一般要停止浇水，以减少重量，便于搬运。

3.3.6.4 除草

掌握"除早、除小、除了"原则，做到容器内、床面和步道上无杂草，容器内用人工除草，人工除草在基质湿润时连根拔除，要防止松动苗根。苗圃周边的杂草可用草甘膦进行防治。

3.3.6.5 间苗和补苗

幼苗出土后 7d，间除过多的幼苗，最后每个容器中保留 1 株壮苗。

对缺株容器及时补苗，补苗后随即浇透水。

3.3.6.6 其他管理措施

a) 育苗期发现容器内基质下沉，须及时填满。

b) 经常挪动容器进行重新排列或截断伸出容器外的根系，促使容器苗在容器内形成根团。

3.3.6.7 病虫害防治

本着"预防为主，综合治理"的方针，及时防治，拔除病株。每 1 周使用杀菌剂喷洒一次，每 2 周使用杀虫剂喷洒一次，预防病虫害发生。

3.3.6.8 分级管理

按照苗木长势差异情况分床摆放，对生长较弱的苗木适当在每个月增加追肥量和追肥次数。

3.3.6.9 出圃

在苗木停止生长，并且无病虫害时即可进行分级。达到规定的Ⅱ级以上苗木出圃造林。

4. 造林

4.1 造林地选择

疏松湿润、排水良好的土壤有利于秃杉生长。适宜与杉木栽培的林地都适宜栽培秃杉，尤其海拔较高的生地，秃杉生长表现更优。

4.2 造林地清理

4.2.1 清理要求

对杂灌木、杂草较多的荒山、荒地、迹地，整地前要进行清山除杂。

4.2.2 清理方式

造林地清理分全面清理、带状清理、块状清理三种。可依据造林地坡度、植被状况、采伐剩余物数量和散布情况、造林方式及经济条件等不同，选择其中一种实施。

4.2.3 造林地保护

坡地的山顶、山脊及与农田相邻地段，应保留一部分天然植被或缓冲带。

溪流两岸 10~20m 范围内的保留天然植被。

4.3 整地

4.3.1 整地时间

整地在秋冬季节进行。

4.3.2 整地方式

整地为块状整地。按造林密度挖定植穴，规格为 60cm×60cm×40cm。

4.3.3 回填表土与施基肥

定值前一个月左右，将穴周表土铲下回至定值穴中，土块应敲碎，土粒直径小于 2cm，捡净石块及草根，回土至穴深的一半左右。然后施入尿素、过磷酸钙、氯化钾等配制的复合肥，氮、磷、钾参考比例为 1:2:1，每穴施肥量为 250~400g，并充分与回填的表土搅拌均匀，然后再将穴周表土回填至满穴。

4.3.4 造林密度

造林密度以 1667~2500 株/hm^{-2} 为宜，即 2m×3m 或 2.5m×2.5m。

4.4 植苗

4.4.1 栽植时间

春季的阴雨天。

4.4.2 植苗方法

将容器苗逐株送至穴旁，挖开定值穴，退脱营养袋，将带土的苗木置于穴中央，垂直且不曲根，然后培土踏实固定，栽植深度应高于苗木根茎处原土痕 2~3cm，定植后将营养袋集中回收。

4.5 补植

定植后 30d 内进行 1~2 次查苗补植。保证当年造林成活率达 95% 以上。

4.6 追肥

在定植后 2~3 个月进行。追肥有效成分参考比例为氮：磷：钾为 2：2：1，并配以适量硼铜、锌等微量元素，施肥时在离幼树基部 20~30cm 外开小穴（20cm×20cm×15cm），将肥料放于穴中，盖实土。

4.7 幼林抚育

4.7.1 除草

将林地上杂草灌木（包括植株旁）割除后，将其平放在幼树的周围，但不得堆积或压倒幼树，如杂草灌木过多可堆置行间。

4.7.2 松土

松土是以植株为中心，半径 50cm 内将土壤锄松，第一次抚育在原穴范围内松土深度 5~10cm，扩穴部分松土深度 10~15cm；第二、三次松土时，可加深至 15~20cm。

4.7.3 追肥

造林后 2~3 个月、二、三年各追施一次复合肥，每次造肥量 200~300g/株，有条件的应多施有机肥、菌肥或其他液体肥。施追肥应配合除草同时进行，第一次追肥应于植株上坡方向 25cm 处挖长 3cm、宽 13cm、深 15cm 的施肥沟，将肥料均匀撒于沟内，随后覆土平于地面，第二、三次于植株上坡方向沿树冠投影的半径挖半圆施施肥沟追肥。

4.7.4 抚育次数和时间

幼林抚育应在春天和秋天进行，一年抚育 2 次，连续抚育 3 年。抚育应根据林地的实际状况进行除草、松土、追肥。

5. 林地管护

在发生林火地段及与主风方向垂直的宽谷，主要的山脊线应设计防火线或防火林带，并尽可能利用天然屏障，同时还应配备护林员，设置瞭望台。加强对牲畜的看管，防止毁坏林木。

6. 病虫害防治

6.1 主要病害

6.1.1 枯萎病

由真菌或细菌引致的植物病害，发病突然，症状包括严重的点斑、凋萎或叶、花、果、茎或整株植物的死亡。生长迅速的幼嫩组织常被侵袭。

防治方法：①挖出病株进行销毁。②用 25% 多菌灵 300~500 倍液进行喷药防治。

6.1.2 猝倒病

苗期主要为猝倒病，

防治方法：用敌克松 500~800 倍液、苏农 6401 可湿性剂 800~1000 倍，每隔 10d 左右施用 1 次，也可用 8：2 草木灰石灰粉撒施。

6.2 主要虫害

秃杉很少发生虫害。

7. 采伐更新

7.1 采伐

7.1.1 采伐作业

遵循 LY/T 164。

7.1.2 主伐年龄

10 年。

7.2 更新

7.2.1 更新方式

更新为植苗更新。

7.2.2 植苗更新

重新挖树桩、整地、植苗造林。

8. 造林规划设计

造林规划设计按 LY/T 1607 的规定执行。

9. 检查验收

检查验收按 GB/T 15782、LY/T 1078、LY/T 1607 的规定执行。

10. 档案建立

以小班为单位建立基本档案。

10.1 档案记录

小班调查设计记录、小班用苗记录、小班用肥记录、小班经营管护记录、小班采伐更新记录。

10.2 档案管理

技术档案应专人管理，如实按时填写，应由业务领导和技术人员审查签字。技术档案应输入电脑建立信息管理系统。

附件3 秃杉容器育苗技术规程

前言

本标准按照 GB/T 1.1—2009 给出的规则起草。

本标准由黔东南州林业科学研究所提出。

本标准由贵州省林业厅提出并归口。

本标准起草单位：黔东南州林业科学研究所、黔东南州林业局。

本标准主要起草人：伍铭凯、杨汉远、王定江、杨秀益、杨学义、杨秀钟。

1. 范围

本标准规定了秃杉 *Taiwania cryptomerioides* 容器育苗的育苗容器、育苗基质、圃地选择、圃地整理和作床、种子贮藏与播种、苗期管理、容器苗出圃等技术要求。本标准适用于秃杉容器育苗。

2. 规范性引用文件

下列文件中的条款通过本标准的引用而成为本标准的条款。凡是注日期的引用文件，其随后所有的修改单（不包括勘误的内容）或修订版均不适用于本标准，然而，鼓励根据本标准达成协议的各方研究是否可使用这些文件的最新版本。凡是不注日期的引用文件，其最新版本适用于本标准。

GB/T 6001—1985　育苗技术规程

GB 7908—1999　林木种子质量分级

LY 1000—1991　容器育苗技术

DB33/T 179—2005　林业育苗技术规程

3. 定义

本标准采用下列定义。

3.1　容器

在育苗中，容器是指用来盛装苗木培育基质的器具。

3.2　基质

基质是指用于支撑植物生长的材料或几种材料的混合物。

3.3　芽苗

播种育苗后子叶展开后至长出若干真叶的幼苗。

4. 育苗容器

4.1　育苗容器应具备的条件

有利于秃杉苗木生长，制作材料来源广，加工容易，成本低廉，操作使用方便，保水性能好、浇水、搬运不易破碎等。

4.2 容器种类

4.2.1 软质塑料容器

是用厚度为 0.02~0.06mm 的无毒塑料薄膜加工制成的容器。

4.2.2 硬质塑料容器

用硬质塑料制成六角形、方形或圆锥形，底部有排水孔的容器。

4.2.3 穴盘穴盆

按照制造材料的不同通常分聚苯泡沫穴盆和塑料穴盆。

4.2.4 网袋

轻型基质网袋一般由聚乙烯或聚丙烯制成（DB3309/T 21—2005）。

4.2.5 容器规格

因育苗地区、育苗期限、苗木规格不同可相应选择适宜容器规格，本标准专指规格为 12cm×12cm、10cm×16cm 的营养杯。

5. 育苗基质

5.1 基质成分及配制要求

5.1.1 秃杉容器育苗用的基质要因地制宜，就地取材并应具备下列条件：

a）来源广，成本较低，具有一定的肥力；

b）理化性状良好，保湿、通气、透水；

c）重量轻，不带病原菌、虫卵和杂草种子。

5.1.2 配制基质的材料有黄心土、火烧土、腐殖质土、泥炭、蛭石、珍珠岩等，按一定比例混合后使用。

5.1.3 配制基质用的土壤应选择疏松、通透性好的壤土，不得选用菜园地及其他污染严重的土壤。

5.1.4 基质中的肥料

5.1.4.1 基质必须添加适量基肥，多施有机肥。

5.1.4.2 有机肥应就地取材，要既能提供必要的营养又能调节基质物理性状的作用。基肥以厩肥、堆肥、饼肥较好，但施用前要堆沤发酵，充分腐熟。无机肥以复合肥、尿素为主。

5.2 基质的消毒及酸度调节

5.2.1 为预防苗木发生病虫害，基质要严格消毒，常用的药剂有福尔马林、硫酸亚铁、代森锌、辛硫磷等，具体施用方法详见附录 A。

5.2.2 配制基质时宜将 pH 值控制在 5.5~6.5。

5.3 秃杉容器育苗常用基质

a）泥炭 30%~50%，黄心土 20%~30%，锯木屑 20%~30%，有机肥 3%~10%。

b）林地中的腐殖质土、未经耕作的山地土、黄心土、火烧土和泥炭沼泽土等其中的一种或两种约占 50%~60%，取细沙土、蛭石、珍珠岩或碎稻壳（需发酵后）中的 1~2 种，约占 20%~25%，腐熟的堆肥 20%~25%。

6. 圃地选择

苗圃地宜选择地势平缓、排灌方便、交通便捷、避风向阳的地方。

7. 圃地整理和作床

7.1　圃地整理主要是清除杂草、石块，做到地面平整。

7.2　苗圃作床在平整的圃地上，划分苗床与步道，苗床一般宽1～1.2m，床长依地形而定，步道宽40cm。根据当地降雨情况，苗床分高床、平床两种。育苗地周围要挖排水沟，做到内水不积，外水不淹。

7.3　将配制好的基质装入容器，松紧适中，装好后整齐摆放于苗床内，准备播种。

8. 播种育苗

8.1　种子采集

选择经过省级以上良种审定的良种或优良种源，优先选用种子园种子，种子来源不足时可采用母树林种子。在9～10月，当荚果变为褐色时将果穗采下。种子品质达到GB 7908规定的二级以上种子。

8.2　种子加工贮藏

果穗采收后置于阴凉通风处，经4～5d晾干后，去掉总梗和杂质，得到纯净种子。种子可以采用干藏和密封袋藏两种方法：干藏是将种子装入透气的布袋或网袋吊在干燥、通风的室内贮藏。密封袋藏是将种子装入保鲜袋内密封贮藏。

8.3　种子消毒

消毒常用药剂有高锰酸钾、硫酸亚铁、退菌特等，施用方法见附录B。

8.4　播前种子处理

种子消毒后，用40℃温水浸泡，自然冷却浸种24h，捞出后放在向阳出盖上湿草帘或麻袋催芽，每天用清水冲洗1～2次，当种子有1/2裂嘴或大部分种壳开裂露出胚根时即可播种。

8.5　播种期

2月底至3月底。

8.6　播种方法

8.6.1　容器直播

容器内的基质要在播种前充分湿润，将催芽种子播在容器中央，每个容器播种2粒，做到不重播，不漏播。播后及时覆土。覆土厚度为种子厚度13倍，覆土后，随即浇透水。播种后至出苗期间要保持基质湿润。

8.6.2　芽苗移植

8.6.2.1　将贮藏种子均匀撒播于沙床上，芽苗出土后移植到容器中。

8.6.2.2　移植前将培育芽苗的沙床浇透水，轻拨芽苗放入盛清水的盆内，芽苗要移植于容器中央，移植深度掌握在根颈以上0.5～1.0cm。每个容器移芽苗1株，晴天移植应在早、晚进行。移植后随即浇透水，一周内要坚持每天早、晚浇水，并遮阴。

8.6.3　幼苗移植

8.6.3.1　在生长季节，将裸根幼苗移植到容器内，在苗高 8～10cm 时移植，应选无病虫害、有顶芽的小苗，在早、晚或阴雨天移植。

8.6.3.2　移植时用手轻轻提苗，使根系舒展，填满土充分压实，使根土密接，防止栽植过深、窝根或露根。每个容器内移苗一株，移植后随即浇透水，并遮阴。

9. 苗期管理

9.1　秃杉容器苗在幼苗期，易遭高温日灼危害，应遮阴。遮阴可采用搭遮阴架或大棚覆盖遮阳网，遮光度一般控制在 50%～70%，在 9 月中、下旬揭除。

9.2　追肥

9.2.1　秃杉容器苗追肥时间、次数、肥料种类和施肥量根据基质肥力和要求的苗木规格而定。一般在进入速生期前开始追肥。速生期以氮肥为主，生长后期停止使用氮肥，适当增加磷、钾肥，促使苗木木质化。

9.2.2　追肥结合浇水进行，浓度宜控制在 0.1%～0.2%。一般速生期每月施 3 次。

9.2.3　追肥宜在傍晚进行，严禁在午间高温时施肥，追肥后要及时用清水冲洗幼苗叶面。

9.3　浇水

9.3.1　浇水要适时适量，播种或移植后随即浇透水，在出苗期和幼苗生长初期要勤浇水，保持培养基质湿润；速生期应量多次少，在基质达到一定的干燥程度后再浇水；生长后期要控制浇水。

9.3.2　在出圃前一般要停止浇水，以减少重量，便于搬运。

9.4　除草

掌握"除早、除小、除了"原则，做到容器内、床面和步道上无杂草，容器内用人工除草，人工除草在基质湿润时连根拔除，要防止松动苗根。苗圃周边的杂草可用草甘膦进行防治。

9.5　病虫害防治

本着"预防为主，综合治理"的方针，及时防治，拔除病株。具体防治方法详见附录 C。

9.6　间苗和补苗

9.6.1　间苗

幼苗出土后 7d，间除过多的幼苗，最后每个容器中保留 1 株壮苗。

9.6.2　补苗

对缺株容器及时补苗，补苗后随即浇透水。

9.7　其他管理措施

9.7.1　育苗期发现容器内基质下沉，须及时填满。

9.7.2　经常挪动容器进行重新排列或截断伸出容器外的根系，促使容器苗在容器内形成根团。

10. 容器苗出圃

10.1 出圃规格

10.1.1 秃杉容器苗分级

表1 1年生秃杉容器苗分级标准

等级	地径（cm）	苗高（cm）	顶芽	根系	根团	容器	检疫性病虫
一级	> 0.7	> 50	饱满	发达	良好	无损伤	不得检出
二级	0.4~0.7	20~50	较饱满	发达	良好	无损伤	不得检出

10.1.2 符合表中规定的苗木为合格苗，合格苗可以出圃造林。

10.1.3 检验方法

10.1.3.1 苗高：用卷尺测量从地径沿苗干至顶芽基部的长度。

10.1.3.2 地径：用游标卡尺测量苗干基部土痕处的粗度。

10.1.3.3 顶芽：目测顶芽的饱满程度。

10.1.3.4 病虫：目测苗木的病虫害情况。

10.1.4 检验规则

10.1.4.1 检验工作限在原苗圃进行。

10.1.4.2 检验用随机抽样方法，抽样数量见表2。

表2 抽取样苗数量表

苗木数量（株）	抽样数（个）
1000 以下	50
1001~10000	100
10001~50000	250
50001~100000	350
100001~500000	500
500001 以上	750

10.1.5 判定规则

10.1.5.1 对抽样的样本苗木逐株检验，同一株中有一项不合格的即判为不合格。

10.1.5.2 根据检验结果，计算出样本中合格株数和不合格株数，当合格株数大于95%时，该批为合格苗，当合格株数小于和等于95%时，该批为不合格苗。

10.2 证书

苗木出圃应附苗木检验证书。向外县、省调运根据有关规定办理出运手续。

10.3 起苗运苗

10.3.1 起苗应与造林时间相衔接，做到随起、随运、随栽植。

10.3.2 起苗时要注意保持容器内根团完整，防止容器破碎。

10.3.3 苗木在搬运过程中，轻拿轻放，运输损耗率不得超过2%。每批苗木要附标签，标签格式。

附 录 A
（资料性附录）
常用基质消毒药剂及使用方法

药剂名称	使用方法	用途
硫酸亚铁（工业用）	每立方米用30%的水溶液2kg，于播种前7d均匀地浇在土壤中	灭菌
福尔马林	每立方米用50mL，加水6~12L，在播种前	灭菌，浇后用塑料膜覆盖3~5d
代森锌	每立方米用3g，混拌适量细土，撒于土壤中	灭菌
辛硫磷（50%）	每立方米用2g，混拌适量细土，撒于土壤，表面覆盖	杀虫

附 录 B
（资料性附录）
种子消毒常用药剂

名称	使用方法
亚硫酸铁	用0.5%的溶液浸种2h，捞出用清水冲洗后，阴干
高锰酸钾	用0.5%~1%的溶液浸种2h，捞出密闭30min后，阴干
退菌特（80%）	用800倍液浸种30min

附 录 C
（资料性附录）
病虫害防治常用药剂

防治对象	药品名称	用法
立枯病、菌核性根腐病（白绢病）	硫酸铜	100倍液浇灌苗木根部
立枯病、叶枯病、赤枯病、叶斑病、叶锈病、白粉病、炭疽病	波尔多液	100~150倍液，出苗后每15~20d喷雾1次，连续2~3次
立枯病、炭疽病	硫酸亚铁	100~200倍液，出苗后每周喷雾1次，连续2~3次
叶枯病、叶锈病、白粉病、煤污病	石硫合剂	0.2~0.3波美度，出苗后，每周喷雾1次，连续2~3次

（续）

防治对象	药品名称	用法
叶枯病、叶锈病、白粉病、赤枯病	代森锌	60%~75%可湿性 500~1000 倍液，雨季前每 10~15d 喷洒 1 次，连续 2~3 次
叶枯病、赤枯病、叶斑病、白粉病、炭疽病	多菌灵（50%可湿性粉剂）	30400 倍液，10~15d 喷洒 1 次，连续 2~3 次
立枯病、叶斑病、白粉病、炭疽病、菌核性根腐病	托布津（50%可湿性粉剂）	800~1000 倍液，10~15d 喷洒 1 次，连续 2~3 次
立枯病、梢腐病、炭疽病、菌核性根腐病	敌克松（70%可湿性粉剂）	500~800 倍液，10~15d 喷洒 1 次，连续 2~3 次
立枯病、赤枯病、叶斑病、白粉病、炭疽病	退菌特（50%可湿性粉剂）	800~1000 倍液，10~15d 喷洒 1 次，连续 2~3 次
叶锈病	敌锈钠原粉	200 倍液，锈子器形成破裂前，每半月喷雾 1 次，连续 2~3 次
地下害虫、食叶害虫	敌百虫（50%可湿性粉剂）	500 倍液喷雾按 1∶100 的比例与麦麸或米糖制成毒饵，于傍晚撒于苗床诱杀

附件4　中国野生植物保护协会文件

中植协秘字〔2014〕16 号

中国野生植物保护协会关于授予贵州省

雷山县为"中国秃杉之乡"称号的决定

贵州省野生动植物保护协会、雷山县人民政府：

　　贵州省雷山县位于贵州省黔东南苗族侗族自治州西南部，属中亚热带季风湿润气候，气候温和，雨量充沛，为众多珍稀野生植物的繁衍生息提供了良好的自然条件，是第三纪孑遗种、国家二级保护植物——秃杉（又名"台湾杉"）重要的自然分布区和理想的生长地；雷山县秃杉资源丰富，其古树大树数量多、集中分布面积大、群落结构完整，在全国具有一定代表性。雷山县委、县政府十分重视秃杉资源保护工作：建立了以秃杉等为主要保护对象的国家级自然保护区，成立了保护管理机构；将秃杉集中分布区全部调整为核心区进行严格保护，对零星分布的秃杉实行挂牌保护，从而强化了保护管理措施；组织开展秃杉资源专项调查与监测，摸清了家底；严格执法、强化资源管护；加大宣传力度，推广社区共管机制，全面提高了当地群众自觉参与保护的意识；在加强对秃杉野生资源保护的同时，还大力推动秃杉人工繁育，促进秃杉资源的可持续发展。

　　鉴于雷山县是我国秃杉重要的集中分布区，保护机构健全，保护措施得力，人工培育不断推进，社会影响深远，为了表彰贵州省雷山县保护秃杉资源的成就，进一步调动雷山县人民保护和种植秃杉等野生植物的积极性，提高社会公众的保护意识，经组织专家评审通过，我会决定授予贵州省雷山县为"中国秃杉之乡"称号。

　　希望贵州省雷山县坚持科学发展观，坚持不懈地开展保护野生植物的科普宣传教育活动，切实加强秃杉的保护与管理，为野生植物保护工作做出新的更大的贡献。

中国野生植物保护协会（章）

2014 年 12 月 23 日

抄　报：陈凤学副局长、马福会长

抄　送：国家林业局野生动植物保护与自然保护区管理司，贵州省林业厅

中国野生植物保护协会办公室　　　2014 年 12 月 23 日印发

参考文献

柴文菡, 白静文, 陈卫. 2007. 北京玉渊潭公园鸟类群落特征 [J]. 四川动物, 26 (3): 557-560.

陈光富, 杨琴军, 陈龙清. 2008. 台湾杉 DNA 提取及 RAPD 反应体系的建立 [J]. 湖北农业科学, (10): 1108-1110+1121.

陈强, 袁明, 刘云彩, 等. 2012. 秃杉的物种确立、天然林种群特征、保护、引种和种源选择研究 [J]. 西部林业科学, 41 (2): 1-16.

陈瑞英, 林金国, 彭彪. 1998. 福建秃杉管胞形态及化学成分的研究 [J]. 四川农业大学学报, (01): 106-109.

陈绍林, 张志华, 廖于实, 等. 2008. 星斗山自然保护区秃杉原生种群生境现状及保护对策 [J]. 安徽农业科学, 36 (11): 4624-4625.

陈小勇. 2000. 生境片断化对植物种群遗传结构的影响及植物遗传多样性保护 [J]. 生态学报, (05): 884-892.

陈训, 巫华美. 1989. 贵州雷公山秃杉核型分析 [J]. 贵州科学, (02): 34-38.

陈远征, 马祥庆, 冯丽贞, 等. 2006. 濒危植物沉水樟的种群生命表和谱分析 [J]. 生态学报, 36 (12): 4267-4272.

陈志强, 付建平, 赵欣如, 等. 2010. 北京圆明园遗址公园鸟类组成 [J]. 动物学杂志, 45 (4): 21-30.

陈志阳, 杨宁, 姚先铭, 等. 2012. 贵州雷公山秃杉种群生活史特征与空间分布格局 [J]. 生态学报, 32 (7): 2158-2165.

范兆飞, 徐化成, 于汝元. 1992. 大兴安岭北部兴安落叶松种群年龄结构及其与自然干扰关系的研究 [J]. 林业科学, (01): 2-11.

冯金朝, 袁飞, 徐刚. 2009. 贵州雷公山自然保护区秃杉天然种群生命表 [J]. 生态学杂志, 28 (07): 1234-1238.

高东, 何霞红. 2010. 生物多样性与生态系统稳定性研究进展 [J]. 生态学杂志, 29 (12): 2507-2513.

葛继稳. 1991. 鄂西秃杉群落特点的研究 [J]. 湖北林业科技, 78 (4): 38-44+25.

工力军, 洪美玲, 袁晓, 等. 2011. 上海市区主要公园两栖爬行动物多样性调查 [J]. 四川动物, 30 (1): 69-73.

龚玉霞, 张文慧, 姜自见, 等. 2008. 秃杉叶挥发油的成分及其生物活性 [J]. 江苏农业科学.

何维明, 钟章成. 2000. 攀援植物绞股蓝幼苗对光照强度的形态和生长反应 [J]. 植物生态学报, (03): 375-378.

洪菊生, 潘志刚, 施行博, 等. 1997. 秃杉的引种与栽培研究 [J]. 林业科技通讯, (1): 7-4.

侯伯鑫, 肖国华, 程政红. 1996. 秃杉自然分布区的研究 [J]. 湖南林业科技, 23 (3): 7-14.

胡玉熹, 林金星, 王献溥, 等. 1995. 中国特有植物秃杉的生物学特性及其保护 [J]. 生物多样性, 3 (4): 206-212.

黄海仲, 邓绍林, 蒙跃环. 2007. 秃杉苗期生长特性研究 [J]. 农业科技, 34 (73): 1672-3791.

黄建, 闵炜, 蔡长春, 等. 2006. 不同密度对杉木中龄林生长的影响 [J]. 数理统计与管理, 25 (1): 112-116.

吉灵波, 许彦红, 李骄, 等. 2014. 腾冲市秃杉人工林立地条件与林分生长关系分析 [J]. 林业调查规划，39（02）：147-154.

江洪. 1992. 云杉种群生态学 [M]. 北京：中国林业出版社，1-139.

蒋志刚，马克平，韩兴国. 1997. 保护生物学 [M]. 杭州：浙江科技出版社.

蓝开敏. 1998. 台湾杉一新栽培变种 [J]. 植物分类学报，36（5）：469.

李博. 2000. 生态学 [M]. 北京：高等教育出版社.

李东平，李性苑. 2009. 贵州雷公山秃杉林林窗及边界木特征研究 [J]. 安徽农业科学，37（9）：3988-3991.

李凤华，于曙明. 1987. 秃杉在我国的自然分布与生长 [J]. 亚热带林业科技，15（3）：215-220.

李慧，洪永密，邹发生，等. 2008. 广州市中心城区公园鸟类多样性及季节动态 [J]. 动物学研究，29（2）：203-211.

李江伟，杨琴军，刘秀群，等. 2014. 秃杉遗传多样性的 ISSR 分析 [J]. 林业科学，50（6）.

李金亮，姜健发. 2017. 高黎贡山秃杉人工林林分密度与生长关系研究 [J]. 42（06）：122-126.

李军超，苏陕民，李文华. 1995. 光强对黄花菜植株生长效应的研究 [J]. 西北植物学报，（01）：78-81.

李先琨，向悟生，唐润琴. 2002. 濒危植物元宝山冷杉种群生命表分析 [J]. 热带亚热带植物学报，10（1）：9-14.

李小双，彭明春，党承林. 2007. 植物自然更新研究进展 [J]. 生态学杂志，26（12）：2081-2088.

李性苑. 2011. 雷公山秃杉群落 β 多样性分析 [J]. 遵义师范学院学报，13（3）：64-65.

李性苑，李东平. 2011. 贵州雷公山秃杉种群分布格局的研究 [J]. 凯里学院学报，29（3）：72-75.

李性苑，李东平. 2005. 贵州雷公山秃杉种群统计分析 [J]. 黔东南民族师范高等专科学校学报，23（3）：28-30.

李性苑，李东平. 2009. 秃杉种群更新与环境因子的关系 [J]. 湖北农业科学，48（3）：649-652.

李性苑，李东平. 2009. 异质环境条件下秃杉种群的更新 [J]. 凯里学院学报，27（3）：56-57.

李性苑，李旭光，李东平. 2005. 贵州雷公山秃杉种群生态学研究 [J]. 西南农业大学学报，27（3）：334-338.

李性苑，李旭光，李东平，等. 2007. 贵州雷公山秃杉种群格局的分形特征——信息维数 [J]. 安徽农业科学，35（33）：10660-10661.

李性苑，李旭光，李东平，等. 2008. 贵州雷公山秃杉种群空间分布格局和分形特征研究 [J]. 安徽农业科学，36（28）：12264-12266.

李延梅，牛栋，张志强，等. 2009. 国际生物多样性研究科学计划与热点述评 [J]. 生态学报，4（29）：2115-2123.

梁胜耀. 2003. 优良濒危珍稀树种——秃杉 [J]. 广东林业科技，19（1）：31-33.

廖凤林，李久林，吴士章，等. 2004. 贵州雷公山秃杉种群结构及空间分布格局 [J]. 贵州师范大学学报（自然科学版），22（2）：6-9.

林盛. 2011. 尤溪发现树木家族"巨人"千年秃杉王 [J]. 林业科技开发，25（01）：56.

刘建泉. 2002. 甘肃民勤西沙窝唐古特白刺群落的生态特征 [J]. 植物资源与环境学报，11（3）：36-40.

刘胜祥，瞿建平. 2003. 湖北星斗山自然保护区科学考察集 [M]. 武汉：湖北科学技术出版社.

罗波，余德会，谢镇国，等. 2019. 雷公山自然保护区秃杉保护成效 [J]. 现代农业科技,（15）:145-146.

罗良才，徐莲芳. 1982. 秃杉木材物理力学性质的研究 [J]. 云南林业科技，（1）：24-35.

马克平. 1994. 生物群落多样性测度方法，生物多样性的原理与方法 [M]. 北京：中国科学技术出版社，141-165.

聂少凡，林金国，陈瑞英，等. 1998. 秃杉制浆造纸的研究 [J]. 福建林业科技，（02）：2-6.

漆荣，宋丛文，张家来. 2005. 国家一级保护树种秃杉观赏价值的利用 [J]. 湖北林业科技, 132（2）：37-38.

漆荣. 2005. 秃杉地理种源变异的研究 [D]. 武汉：华中农业大学.

秦燕燕，李金花，王刚，等. 2009. 添加豆科植物对弃耕地土壤微生物多样性的影响 [J]. 兰州大学学报（自然科学版），45（3）：55-60.

邱显权，吴述渊，龙开湖. 1984. 贵州省雷公山秃杉林的初步研究 [J]. 植物生态学与地植物学丛刊，（04）：264-278.

斯波尔 S H，巴思斯 B V. 1982. 森林生态学 [M]. 赵克绳，周祉，译. 北京：中国林业出版社.

宋朝枢，张清华. 1992. 秃杉繁殖栽培技术 [M]. 北京：中国林业出版社.

宋永昌. 2001. 植被生态学 [M]. 上海：华东师范大学出版社，326-327.

孙光钦，周绪平，卢清，等. 1994. 秃杉播种育苗试验研究 [J]. 山东林业科技，（04）：14-16.

陶国祥. 1996. 秃杉人工林立地指数表的编制 [J]. 贵州林业科技，24（4）：44-48.

陶国祥. 2001. 秃杉 [M]. 昆明：云南科技出版社.

陶国祥. 2001. 秃杉根系的研究 [J]. 贵州林业科技，29（3）.

陶菊. 2003. 夏季不同浓度的 NAA 对秃杉扦插苗的影响 [J]. 安庆师范学院学报（自然科学版），9（4）.

童书振，盛炜彤，张建国. 2002. 杉木林分密度效应研究 [J]. 林业科学研究，15（1）：66-75.

涂祥闻，赵执夫. 1999. 黔中地区秃杉引种初步研究 [J]. 贵州林业科技，27（03）：15-18.

汪开治. 2005. 秃杉香精油可杀灭居室尘螨 [J]. 生物技术通报.（5）.

王伯荪，李鸣光，彭少麟. 1995. 植物种群学 [M]. 广东：广州高等教育出版社.

王伯荪. 1987. 论季雨林的水平地带性 [J]. 植物生态学与地植物学学报，（02）：154-158.

王加国，李晓芳，安明态，等. 2015. 雷公山濒危植物台湾杉群落主要乔木树种种间联结性研究 [J]. 西北林学院学报，30（04）：78-83.

王明怀，陈建新，谢金链，等. 2009. 秃杉优树自由授粉子代测定研究 [J]. 华南农业大学学报，30（01）：60-63+68.

王挺良. 1995. 秃杉 [M]. 北京：中国林业出版社，4-8.

王祎玲. 2006. 七筋菇植物遗传多样性与分子系统地理学研究 [D]. 西安：西北大学.

王震洪，段昌群，杨建松. 2006. 半湿润常绿阔叶林次生演替阶段植物多样性和群落结构特征 [J]. 应用生态学报，17（9）：1583-1587.

王孜昌. 1995. 秃杉在贵州省自然生长与引种栽培研究 [J]. 贵州林业科技，33（01）：8-13.

王子明，王兴祥，袁明，等. 2007. 雷公山自然保护区秃杉资源调查分析 [J]. 山地农业生物学报，26（6）：557-560.

王子明，袁明，王兴祥，等. 2007. 雷公山秃杉资源初步调查 [J]. 贵州林业科技，35（2）：18-22.

魏辅文，冯祚建，王祖望，等. 1999. 相岭山系大、小熊猫主食竹类峨热竹的生长发育与环境因子间的相互关系 [J]. 生态学报，（05）：122-126.

吴承祯，洪伟，谢金寿，等. 2000. 珍稀濒危植物长苞铁杉种群生命表分析 [J]. 应用生态学报，11（03）：333-336.

吴持抨. 1989. 秃杉的引种繁殖与适应性研究 [J]. 浙江林学院学报，6（01）：37-46.

吴代坤. 2002. 秃杉组织培养技术研究 [J]. 林业实用技术，（10）：11-13.

吴甘霖，王志高，段仁燕，等. 2010. 安徽大别山多枝尖山区植物物种多样性 [J]. 林业科学，46（6）：128-132.

吴毅，周全，李燕梅，等. 2007. 广州市越秀公园鸟类多样性与保护对策 [J]. 四川动物，26（1）：161-164.

吴玉斌，睢国荣，华自忠，等. 1989. 秃杉播种育苗试验初报 [J]. 江苏林业科技，（01）：22-35.

吴征镒. 1991. 中国种子植物属的分布区类型 [J]. 云南植物研究，4：1-139.

西南林学院，云南省林业调查规划设计院，云南省林业厅. 1995. 高黎贡山国家级自然保护区 [M]. 北京：中国林业出版社.

肖猛. 2006. 濒危植物桃儿七（*Sinopodophyllum hexandrum*（Royle）Ying）的遗传多样性研究 [D]. 成都：四川大学.

谢文雷. 2004. 秃杉人工林密度管理技术研究 [J]. 防护林科技，（05）：23-25.

谢镇国，谢丹，余德会，等. 2018. 贵州雷公山自然保护区人工促进秃杉天然更新研究 [J]. 吉林农业，（22）：90-91.

谢镇国，谢丹，余永富，等. 2017. 雷公山自然保护区秃杉原生种群现状及保护对策 [J]. 吉林农业，（15）：77-79.

谢镇国，余德会，陈绍林，等. 2018. 星斗山国家级自然保护区秃杉生境现状调查研究 [J]. 吉林农业，（19）：117-119.

谢镇国，余德会，和正军，等. 2019. 云南高黎贡山自然保护区贡山天然台湾杉生境植物群落结构研究 [J]. 贵州林业科技，47（02）：11-17.

谢镇国，余德会，余永富，等. 2019. 贵州雷公山国家级自然保护区昂英秃杉群落结构研究 [J]. 吉林农业，（15）：95-98.

徐俊森，罗美娟，危孝棋. 1999. 台湾杉属的木材比较解剖学研究 [J]. 福建林学院学报，19（04）：361-364.

阳含熙，伍业钢. 1988. 长白山自然保护区阔叶红松林林木种属组成、年龄结构和更新策略的研究 [J]. 林业科学，（01）：18-27.

杨从明. 2009. 苗族生态文化 [M]. 贵阳：贵州人民出版社，9.

杨大应. 1996. 秃杉扩大栽培苗期试验 [J]. 贵州林业科技，（04）：52-54.

杨萌，史红全，李强，等. 2007. 北京天坛公园鸟类群落结构调查 [J]. 动物学杂志，42（6）：136-146.

杨宁，陈璟，杨满元，等. 2013. 贵州雷公山秃杉林不同林冠环境下箭竹分株种群结构特征 [J]. 西北植物学报，33（11）：2326-2331.

杨宁，彭晚霞，邹冬生，等. 2011. 贵州喀斯特土石山区水土保持生态经济型植被恢复模式 [J]. 中国人口资源与环境，21（S1）：474-477.

杨宁，邹冬生，李建国，等. 2010. 衡阳盆地紫色土丘陵坡地主要植物群落自然恢复演替进程中种群生态位动态 [J]. 水土保持通报，30（4）：87-93.

杨宁，邹冬生，杨满元，等. 2011. 贵州雷公山秃杉的种群结构和空间分布格局 [J]. 西北植物学报，31（10）：2100-2105.

杨琴军，徐辉，严志国，等. 2006. 湖北省原生秃杉资源及其保护 [J]. 广西植物，26（5）：551-556.

杨琴军，陈光富，刘秀群，等. 2009. 湖北星斗山台湾杉居群的遗传多样性研究 [J]. 广西植物，29（04）：450-454+567.

杨万民，姜顺兴. 1999. 福建残存秃杉调查研究 [J]. 中国林副特产，51（4）：55-57.

杨秀钟，龙开湖，吴朝斌. 2008. 金叶台湾杉果实形态特征的初步研究 [J]. 种子，（08）：56-57.

杨秀钟，龙开湖，吴朝斌. 2008. 金叶台湾杉育苗及造林技术 [J]. 林业实用技术，（07）：23-24.

叶功富，林武星，张水松，等. 1995. 不同密度管理措施对杉木林分的生长、生态效应的研究［J］. 福建林业科技，（03）：1-8.

于曙明，何秀根，冉庆忠. 1992. 秃杉种源苗期试验研究［J］. 贵州林业科技，（02）：5-8.

于永福，傅立国. 1996. 杉科植物的系统发育分析［J］. 植物分类学报，34（2）：124-141.

于永福. 1994. 杉科植物的分类学研究［J］. 植物研究，14（4）：368-384.

余德会，谢镇国，陈绍林，等. 2019. 雷公山、高黎贡山和星斗山自然保护区秃杉群落对比研究［J］. 浙江林业科技，39（03）：9-15.

张峰，上官铁梁. 2000. 山西翅果油树群落优势种群分布格局研究［J］. 植物生态学报，24（5）：590-594.

张华海，张旋，谢镇国. 2007. 雷公山国家级自然保护区生物多样性研究［M］. 贵阳：贵州科技出版社.

张瑞麟. 2005. 台湾杉遗传多样性之研究［D］. 高雄：国立中山大学.

张先动. 2009. 根外追肥对秃杉一年生苗木生长的影响［J］. 福建林业科技，36（3）.

张学顺，戴慧堂，哈登龙. 2006. 珍稀濒危物种秃杉繁殖技术研究［J］. 信阳师范学院学报（自然科学版），19（01）：77-79+85.

张玉梅，徐刚标，申响保，等. 2012. 珙桐天然种群遗传多样性的 ISSR 标记分析［J］. 林业科学，48（08）：62-67.

张志伟，岳彩荣，邢海涛. 2012. 腾冲县秃杉人工林林分直径结构分析［J］. 安徽农学通报，18（19）：138-140.

张志祥，刘鹏，刘春生，等. 2008. 浙江九龙山南方铁杉（*Tsuga tchekiangensis*）群落结构及优势种群更新类型［J］. 生态学报，28（9）：4547-4558.

章健，徐英宏，唐宁. 2003. 秃杉不同种源苗期及幼林生长分析［J］. 安徽农业科学，（05）：784-785.

赵峰. 2012. 贵州雷公山秃杉优势种群的生态位特征［J］. 中国农学通报，28（01）：17-23.

赵欣如，房继明，宋杰，等. 1996. 北京的公园鸟类群落结构研究［J］. 动物学杂志，31（3）：17-21.

赵学农，刘伦辉，高圣义，等. 1993. 版纳青梅种群结构动态与分布格局［J］. 植物学报，35（7）：552-560.

郑世锴，刘奉觉，徐宏远，等. 1990. 山东临沂地区杨树人工林密度及经济效益的研究［J］. 林业科学研究，（02）：166-171.

郑万均，傅立国. 1978. 中国植物志（第七卷）［M］. 北京：科学出版社.

周崇军. 2005. 赤水桫椤保护区桫椤种群特征［J］. 贵州师范大学学报（自然科学版）32（2）：10-15.

周政贤，姚茂森，莫文理. 1989. 雷公山自然保护区科学考察集区［M］. 贵阳：贵州人民出版社.

安藤贵. 1982. 林分の密度管理［M］. 东京：农林出版，126.

Armesto J J, Casassa I, Dollenz O. 1992. Age structure and dynamics of Patagonian beech forests in Torres del Paine National Park, Chile［J］. Vegetation, 98: 13-22.

Barry R G. 2008. Mountain Weather and Climate［M］. Cambridge: Cambridge University Press.

Begon M, Mortimer M. 1982. Population ecology: a unified study of animals and plants［J］. Journal of Applied Ecology, 70（3）: 906.

Brodie C, Howle G, Fortin M J. 1995. Development of a Populus balsamifera clone in subarctic Quebec reconstructed from spatial analysis［M］. Journal of Ecology, 83: 309-320.

CURTIS J T, MCINTOSH R P. 1951. An Upland Forest Continunm in the Prairie forest the Prairie-forest Border Region of Wisconsin［J］. Ecology, 32: 476-496.

Dunn R R, Gavin M C, Sanchez M C, et al. 2007. The pigeon paradox: Dependence of global conservation on urban nature [J]. Conservation Biology, 20 (6): 1814–1816.

Esselman E J, Li J Q, Crawford D J, et al. 1999. Clonal diversity in the rare Calamagrostis porteri ssp. insperata (Poaceae): comparative results for allozymes and random amplified polymorphic DNA (RAPD) and intersimple sequence repeat (ISSR) markers [J]. Molecular Ecology, 8 (3): 443–451.

Fischer P. 2000. Time dependent flow in equimolar micellar solutions: transient behaviour of the shear stress and first normal stress difference in shear induced structures coupled with flow instabilities [J]. Rheologica Acta, 39 (3): 234–240.

Ge X J, Sun M. 1999. Reproductive biology and genetic diversity of a cryptoviviparous mangrove *Aegiceras corniculatum* (Myrsinaceae) using allozyme and intersimple sequence repeat (ISSR) analysis [J]. Molecular Ecology, 8 (12): 2061–2069.

Hamrick J L, Godt M J W. 1990. Allozyme diversity in plant species // Brown A H D, Clegg M T, Kahler A L. Plant population genetics, breeding, and genetic resources [M]. Sunderland, M A: Sinauer Associates, 43–63.

Hamrick J L, Godt M J W. 1996. Effects of life history traits on genetic diversity in plant species. Philosophical Transactions of the Royal Society of London Series B: Biological Sciences, 351 (1345): 1291–1298.

Harper J L. 1977. The Population Biology of Plants [M]. New York: Academin Press.

Hayata B, On Taiwania, a new genus of coniferae from the island of Formose [J]. Linn. Soc. Bot. 37: 330–331.

Hedrick P W, Kalinowski S T. 2000. Inbreeding depression in conservation biology [J]. Annual Review of Ecology and Systematics, 31: 139–162.

Hedrick P W, Kalinowski S T. 2000. Inbreeding depression in conservation biology [J]. Ann Rev Ecol Sys, 31: 139–162.

Herrera J. 1995. Acorn predation and seedling production in a low–density population ofcork oak (*Quercus suber* L.) [J]. Forest Ecology and Management, 76: 197–201.

Kang U, Chang C S, Kim Y S. 2000. Genetic structure and conservation considerations of rare endemic *Abeliophyllum distichum* Nakai (Oleaceae) in Korea [J]. Journal of Plant Research, 113 (2): 127–138.

Lande R. 1988. Genetics and demography in biological conservation [J]. Science, 241: 1455–1460.

Li Ang, Ge Song. 2002. Advances in plant conservation genetics [J]. Biodiversity Science, 10 (1): 61–71.

Li Q Y, Wang X P. 2013. Elevational pattern of species richness in the Three Gorges region of the Yangtze River: Effecte of climate, geometric constraints, area and topographical heterogeneity [J]. Biodivercity Science, 21 (2): 141–152.

Li Zhongchao, Wang Xiaolan, Ge Xunjun. 2008. Genetic diversity of the relict plant *Taiwania cryptomerioides* Hayata (Cupressaceae) in Mainland China [J]. Silvae Genetica, 57 (4): 242–248.

Lin T P, Lu C S, Chung Y L, et al. 1993. Allozyme variation in four populations of *Taiwania cryptomerioides* in Taiwan [J]. Silvae Genetica, 42: 278–284.

Liu Q, Li Y X, Zhong ZH CH. 2004. Effects of moisture availability on clonal growth in bamboo *Pleioblastus maculate* [J]. Plant Ecology, 173 (1): 107–113.

Loreau M, Naeem S, lnchausti P, et al. 2001. Biodiversity and ecosystem functioning: Current knowledge and future challenges [J]. Science, 294: 804–808.

Luck G W, Davidson P, Boxall D, et al. Bird and plant communities and human well–being and connection to nature [J]. Conservation Biology, 25 (4): 816–826.

McGregor C E, Lambert C A, Greyling M M, et al. 2000. A comparative assessment of DNA fingerprinting techniques (RAPD, ISSR, AFLP and SSR) in tetraploid potato (*Solanum tuberosum* L.) germplasm [J]. Euphytica, 113 (2): 135-144.

Miller J R. 2005. Biodiversity conservation and the axtinction of experience [J]. Trends in Ecology & Evolution, 20 (8): 430-434.

Nybom H, Bartish I V. 2000. Effects of life history traits and sampling strategies on genetic diversity estimates obtained with RAPD markers in plants [J]. Perspectives in Plant Ecology, Evolution and Systematics, 3 (2): 93-114.

Nybom H. 2004. Comparison of different nuclear DNA markers for estimating intraspecific genetic diversity in plants [J]. Molecular Ecology, 13 (5): 1143-1155.

Pergama O R W, Zaradic P A. 2008. Evidence for a fundamental and pervasive shift away from nature-based recreation [J]. Proceedings Of the National Academy Of Sciences of the United States of America, 105 (7): 2295-2300.

Rivard D H, Poitevin J, Plasse D, et al. 2000. Changing species richness and composition in Canadian National Parks [J]. Conservation Biology, 14 (4): 1099-1109.

Rowe G, Beebee T J C, Burke T. 1998. Phylogeography of the natterjack toad Bufo calamita in Britain: genetic differentiation of native and translocated populations [J]. Molecular Ecology, 7 (6): 751-760.

Skoglund J, Venvijst S. 1989. Age structure of woody species populations in relation to seed rain, germination and establishment along the river Dalälven, Sweden [J]. plant Ecology, 82: 25-34.

Tang Z Y, Fang J Y. 2004. A review on the elevational patterns of plant species diversity. Biodiversity Science, 12 (1): 20-28.

Turner W R, Nakamura T, Dinetti M. 2004. Global urbanization and the separation of humans from nature [J]. BioScience, 54 (6): 585-590.

Uhl C, Clark K, Dezzeo N, et al. 1988. Vegetation dynamics in Amazonian treefalls gaps [J]. Ecology, 69 (3): 751-763.

United Nations. 2008. World urbanization prospects: the 2007 revision [C]. New York: Department of Economic and Social Affairs, United Nations.

Widmer Y. 198. Pattern and performance understory bamboos (*Chusquea* spp.) under different canopy bamboos closures in old-growth oak forest in Costa Rica [J]. Biotropica, 30 (3): 400-415.

Wolhf K, Zietkiewicz E, Hofstra H, et al. 1995. Identification of chrysanthemum cultivars and stability of fingerprint patterns [J]. Theoretical and Applied Genetics, 91 (3): 439-447.

Xue Dawei, Ge Xuejun, Hao Gang, et al. 2004. High genetic diversity in a rare, narrowly endemic primrose species: *Primula interjacens* by ISSR analysis [J]. Acta Botanica Sinica, 46 (10): 1163-1169.

Zawko G, Krauss S L, Dixon K W, et al. 2001. Conservation genetics of the rare and endangered *Leucopogon obtectus* (Ericaceae) [J]. Molecular Ecology, 10 (10): 2389-2396.

结　语

　　为将雷公山自然保护区的科研成果展现在世人面前，保护区管理局新一届领导班子决定成立学术委员会，由该委员会牵头，有关专业技术人员承担相应的专题研究，要求在近几年的时间里每年出版1~2集科研专集，《雷公山秃杉研究》一书在此时问世了。虽然本人在雷公山保护区工作了30年，但承担这样一个科技含量较高的工作还是第一次，加之时间和水平有限，收集整理中难免存在遗漏和不尽如人意乃至错误之处，恳请各位读者指正，在今后的工作中加以改进和完善，为以后的科研专集研究、出版积累和总结经验。

　　本研究得到贵州省林业局、贵州省生态环境厅、国家天然林保护工程资金支持，得到贵州省黎平县林业局、贵州省黎平县东风林场、贵州省黔东南州林业科学研究所、贵州省龙里林场、贵州梵净山国家级自然保护区管理局、广西梧州市天洪岭林场、福建省泉州市德化葛坑林场、福建省洋口国有林场、云南省林业厅、云南高黎贡山国家级自然保护区保山管理局腾冲分局和怒江管理局贡山分局、湖北星斗山国家级自然保护区管理局等单位的大力支持，得到贵州省野生动植物管理站站长冉景丞研究员、贵州省野生动植物管理站张华海研究员、贵州大学林学院谢双喜教授、安明态教授的悉心指导，在此表示衷心感谢！

编者

2019 年 11 月

雷公山国家级自然保护区内格头村"秃杉王"（胸径 218.9cm，树高 45m，平均冠幅 20m×20m）

雷公山国家级自然保护区桥水片区秃杉天然林

雷公山国家级自然保护区桥水片区秃杉天然林

雷公山国家级自然保护区桥水片区秃杉天然林

雷公山国家级自然保护区桥水片区秃杉天然林

雷公山国家级自然保护区薅菜冲片区秃杉天然林

雷公山国家级自然保护区薅菜冲片区秃杉天然林

雷公山国家级自然保护区白虾坡片区秃杉天然林

雷公山国家级自然保护区格头片区秃杉天然林

雷公山国家级自然保护区格头片区秃杉天然林

贵州省榕江县乐里片区秃杉天然林

雷公山国家级自然保护区交密片区秃杉天然林

雷公山国家级自然保护区交密片区秃杉天然林

雷公山国家级自然保护区平祥片区秃杉天然林

贵州省雷山县大塘镇秃杉古树

雷公山秃杉研究

贵州省雷山县永乐镇小开屯村秃杉古树

雷公山国家级自然保护区格头片区天然林中秃杉古树

雷公山国家级自然保护区内两株金叶秃杉之一

雷公山国家级自然保护区内两株金叶秃杉之一

雷公山国家级自然保护区科技人员调查金叶秃杉

雷公山国家级自然保护区内金叶秃杉树干

雷公山国家级自然保护区秃杉天然更新的幼苗、幼树

雷公山国家级自然保护区秃杉天然更新的幼苗、幼树

雷公山国家级自然保护区管理局杨少辉局长考察保护区国有林场人工秃杉林

雷公山国家级自然保护区管理局杨少辉局长考察保护区国有林场人工秃杉林

雷公山国家级自然保护区退休人员参与秃杉资源普查

雷公山国家级自然保护区科技人员开展秃杉资源普查

雷公山国家级自然保护区科技人员开展秃杉资源普查

雷公山国家级自然保护区科技人员开展秃杉资源普查

雷公山国家级自然保护区科技人员开
展秃杉天然更新调查

雷公山国家级自然保护区科技人员开
展秃杉天然更新调查

雷公山国家级自然保护区科技人员开
展秃杉天然更新调查

雷公山国家级自然保护区科技人员开展天然秃杉群落调查

雷公山国家级自然保护区科技人员开展天然秃杉群落调查

雷公山国家级自然保护区科技人员开展天然秃杉群落调查

雷公山国家级自然保护区科技人员开展秃杉更新生长量调查

雷公山国家级自然保护区科技人员开展秃杉更新生长量调查

雷公山国家级自然保护区科技人员开展秃杉更新生长量调查

雷公山国家级自然保护区科技人员开展秃杉更新生长量调查

雷公山国家级自然保护区秃杉球果

雷公山国家级自然保护区秃杉种子

雷公山国家级自然保护区秃杉苗圃育苗

雷公山国家级自然保护区秃杉营养袋苗

雷公山国家级自然保护区秃杉苗木带土移栽　　　雷公山国家级自然保护区秃杉营养袋苗

雷公山国家级自然保护区 1991 年培育的人工秃杉纯林

雷公山国家级自然保护区 1991 年培育的人工秃杉纯林

雷公山国家级自然保护区 1991 年培育的人工秃杉纯林

雷公山国家级自然保护区 1991 年培育的人工秃杉纯林

雷公山国家级自然保护区 1991 年培育的人工秃杉杉木混交林

雷公山国家级自然保护区 1991 年培育的人工秃杉杉木混交林

雷公山国家级自然保护区 1991 年培育的人工秃杉杉木混交林

雷公山国家级自然保护区 1991 年培育的人工秃杉杉木混交林

雷公山国家级自然保护区秃杉保护宣传石碑

雷公山国家级自然保护区格头村秃杉王村落石刻

雷公山国家级自然保护区天然秃杉林中自然死亡的枯立木

雷公山国家级自然保护区小丹江片区 2010 年被风吹折断
的秃杉大树

雷公山国家级自然保护区天然秃杉林中自然死亡的秃杉枯立木

雷公山国家级自然保护区天然秃杉林中自然死亡的秃杉枯立木

雷公山国家级自然保护区小丹江片区 2010 年 8 月被雷电击倒的秃杉大树

雷公山国家级自然保护区小丹江片区 2010 年 8 月被雷电击倒的秃杉大树

雷公山国家级自然保护区小丹江片区 2010 年自然翻蔸倒伏的秃杉大树

雷公山国家级自然保护区小丹江片区 2010 年自然翻蔸倒伏的秃杉大树

2008 年雷公山地区遭遇特大凝冻灾害，雷公山国家级自然保护区受灾的秃杉人工林

2008 年雷公山地区遭遇特大凝冻灾害，雷公山国家级自然保护区受灾的秃杉人工林

贵州省委考察组到雷公山国家级自然保护区考察秃杉天然林

贵州省委考察组到雷公山国家级自然保护区考察秃杉天然林

世界人与生物圈保护区专家组成员到雷公山国家级自然保护区考察天然秃杉林

世界人与生物圈保护区专家组成员到雷公山国家级自然保护区考察天然秃杉林

国家林业与草原局专家到雷公山国家级自然保护区考察天然秃杉林

中国科学院专家到雷公山国家级自然保护区考察天然秃杉林

贵州省林业局专家到雷公山国家级自然保护区考察天然秃杉林

贵州省龙里林场从雷公山国家级自然保护区引种培育的秃杉人工林（杜华东 提供）

贵州梵净山自然保护区 1982 年从雷公山引种种植的秃杉，现最大胸径超过 50cm，树高 50m（石磊 提供）

贵州梵净山自然保护区 1982 年从雷公山引种种植的秃杉，现最大胸径超过 50cm，树高 50m（石磊 提供）

贵州省黎平县东风林场从雷公山国家级自然保护区引种培育的人工秃杉林（吴芳明 提供）

贵州省黎平县东风林场从雷公山国家级自然保护区采集秃杉母树穗条人工嫁接的秃杉种子园

贵州省黎平县东风林场从雷公山国家级自然保护区采集秃杉母树穗条人工嫁接的秃杉种子园

贵州省黎平县东风林场从雷公山国家级自然保护区采集秃杉母树穗条人工嫁接的秃杉种子园

贵州省黎平县东风林场从雷公山国家级自然保护区采集金叶秃杉母树穗条人工嫁接繁殖的子一代金叶秃杉

贵州省及黔东南州林业专家考察黎平县东风林场在雷公山国家级自然保护区引种建立的秃杉种子园

贵州省黎平县东风林场建立的雷公山秃杉种质资源收集区（吴芳明 提供）

福建顺昌洋口林场1990年从雷公山国家级自然保护区引进秃杉种子育苗，1992年营造的秃杉人工林（黄金华 提供）

福建顺昌洋口林场1990年从雷公山国家级保护区引进秃杉种子育苗，1992年营造的秃杉人工林（黄金华 提供）

广西苍梧县天洪岭林场 2014 年从雷公山引种育苗，2015 年造林，2016 年秃杉平均高达 125cm（张文洪 提供）

广西苍梧县天洪岭林场 2015 年造林，2017 年 11 月秃杉平均高达 265cm，地径 6.6cm（张文洪 提供）

湖北星斗山、贵州雷公山国家级自然保护区科研人员调查星斗山保护区天然秃杉林生境

湖北星斗山国家级自然保护区秃杉公路行道树绿化

湖北星斗山国家级自然保护区秃杉人工林

湖北星斗山国家级自然保护区秃杉庭园绿化

湖北星斗山国家级自然保护区建档立卡保护天然秃杉古大树

湖北星斗山国家级自然保护区天然秃杉林及生境

湖北星斗山国家级自然保护区天然秃杉林及生境

云南高黎贡山国家级自然保护区贡山管理局天然秃杉王（胸径 211.1cm，树高 50m，冠幅 20m×20m）

云南高黎贡山国家级自然保护区贡山管理局仅次于秃杉王的古大秃杉（胸径 209.1cm，树高 50m，冠幅 20m×20m）

云南高黎贡山、贵州雷公山国家级自然保护区科研人员调查高黎贡山天然秃杉林生境

云南高黎贡山国家级自然保护区贡山管理局片区天然秃杉林生境

云南高黎贡山国家级自然保护区贡山管理局片区天然秃杉林生境

云南高黎贡山国家级自然保护区贡山管理局片区天然秃杉林生境

雷公山国家级自然保护区科技人员到云南高黎贡山腾冲考察百年人工秃杉林

云南高黎贡山国家级自然保护区腾冲秃杉百年人工林

云南高黎贡山国家级自然保护区腾冲秃杉百年人工林

云南高黎贡山国家级自然保护区腾冲秃杉百年人工林

云南高黎贡山国家级自然保护区腾冲秃杉百年人工林保护宣传

云南高黎贡山国家级自然保护区腾冲秃杉百年人工林保护宣传

云南高黎贡山国家级自然保护区腾冲秃杉百年人工林碑文介绍

云南高黎贡山国家级自然保护区腾冲秃杉百年人工林碑文介绍

2014 年原贵州省林业厅组织省内有关专家学者到台湾考察秃杉和秃杉林

2014 年原贵州省林业厅组织省内有关专家学者到台湾考察秃杉和秃杉林

台湾省阿里山的秃杉人工林

台湾省阿里山早年被掠夺性采伐的秃杉，尚存的伐桩

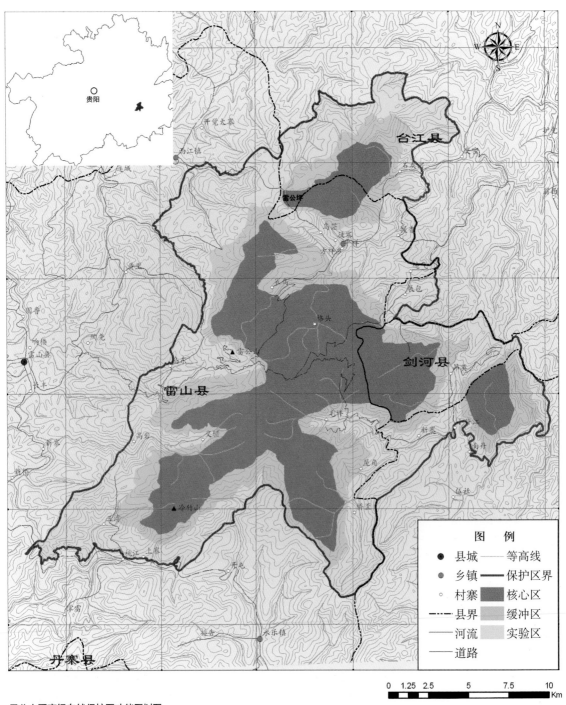

雷公山国家级自然保护区功能区划图